模糊时空数据在数据库间的转换方法

柏禄一　著

U0305817

科学出版社

北京

内 容 简 介

　　本书的主体内容直接来源于作者近年来在相关领域取得的一系列研究成果。本书作为数据库领域的学术专著，目的是通过系统地介绍当前模糊时空数据建模、转换及查询技术在理论研究和应用方面的成果，一方面为数据库研究人员提供国际前沿信息，另一方面为信息领域从事时空应用的专业人员提供技术帮助。

　　本书可作为高等院校计算机科学与技术、智能科学与技术、信息系统等专业的研究生和高年级本科生教材，也可作为计算机及相关专业科技工作者的参考书。

图书在版编目（CIP）数据

　　模糊时空数据在数据库间的转换方法 / 柏禄一著. —北京：科学出版社，2018.9

　　ISBN 978-7-03-058791-6

　　Ⅰ. ①模… Ⅱ. ①柏… Ⅲ. ①计算机网络-可扩充语言-程序设计 Ⅳ. ①TP312

　　中国版本图书馆 CIP 数据核字（2018）第 209262 号

责任编辑：闫　悦　王迎春 / 责任校对：王萌萌
责任印制：师艳茹 / 封面设计：迷底书装

科 学 出 版 社 出版

北京东黄城根北街 16 号
邮政编码：100717
http://www.sciencep.com

保定市中画美凯印刷有限公司印刷

科学出版社发行　各地新华书店经销

*

2018 年 9 月第 一 版　开本：720×1000　1/16
2018 年 9 月第一次印刷　印张：14 1/4　插页：2
字数：270 000

定价：89.00 元

（如有印装质量问题，我社负责调换）

前　言

随着时空应用在生产、生活中的推广,一系列关于时空数据的研究应运而生。由于时空数据的时间和空间属性在实际应用中通常是模糊的,关于模糊时空数据的研究,尤其是在数据存储、数据共享及数据查询等方面,已经获得了相关领域学者的密切关注。随着对模糊时空数据在时间和空间信息表示和推理应用方面需求的不断增长,人们对模糊时空数据的管理越来越重视。

互联网技术的高速发展促进了 XML 技术的发展与应用。XML 将用户界面和结构化数据分隔开来,这种数据与显示的分离有助于数据集成与交换,因此,XML 作为数据集成与交换的媒介也逐渐被接受和认可。在互联网中,XML 被认为是下一代数据表示、交换以及查询的标准语言,具有较强的自描述性以及良好的扩展性。因此,基于 XML 的模糊时空数据的表示将成为一个发展趋势。

由于模糊时空数据自有的特点,对保存在 XML 文档中的模糊时空数据进行操作时,在 XML 文档中涉及这些操作的节点和边可能会产生不一致性,也就是违反了预先定义的空间和时间约束条件,这就可能导致数据不一致问题。在 XML 文档中,虽然这些不一致问题已经被广泛研究,但是这些研究只考虑到一般数据,对模糊时空数据一致性问题的研究还比较少。虽然已有很多研究工作致力于时态数据、空间数据或者模糊数据的一致性问题,但有关模糊时空数据的一致性问题还存在尚未解决的问题。因此,对这些节点和边的不一致性问题的修复迫在眉睫。本书提出了检查和修复模糊时空 XML 文档中不一致性问题的方法。首先,提出适用于一致性约束的模糊时空 XML 数据模型,并在数据模型的基础上分析模糊时空 XML 文档要保持一致性的条件以及可能出现的不一致状态。这些不一致状态包括在一些入射边的时间标签上出现不连续、重叠或者包含环的情况。其次,本书提出基于一致性状态的算法来检查和修复模糊时空 XML 文档。最后,通过实验测试与分析,证明本书提出的方法的正确性和有效性,并通过与其他有关方法的比较,从另一方面证明本书所提出的方法在修复模糊时空 XML 文档的不一致状态方面具有较好的性能。

此外,由于关系数据库具有可靠性、成熟性和独立性的特点,目前大量数据都存储在传统的关系数据库中。模糊时空信息在 Web 中的共享性较差,而 XML 可以自由实现信息表现和信息交互,并且在数据库支撑方面颇具优势,对关系数据库系统更专一,实现模糊时空数据在 XML 与关系数据库之间的转换显得尤为重要。因此，本书进行了基于 XML 的模糊时空数据建模、基于关系数据库的模糊时空数据建模、模糊时空数据从 XML 到关系数据库的转换方法以及从关系数据库到 XML 的转换方法的研究。为完成转换工作，本书分别使用 XML 和关系数据库设计了一种能捕捉模糊时空语义特点的模型；为了更好地共享以关系格式存储的模糊时空数据，并且不受平台约束，提出一种时间边的方法实现模糊时空 XML 数据与关系数据库之间的转换。这种方法的独特之处在于进行模糊时空数据转换时不需要模式信息；而且，对于 XML 文档中的模糊时空数据的时间、空间、模糊特点均在考虑之中。这种转换方法将会解决模糊时空数据在关系数据库与 XML 之间不能自由进行信息共享、信息传递的问题。接下来，针对所提出的方法还进行了实验，实验结果证明了该方法的性能优势，这种转换方法为模糊时空数据在 XML 与关系数据库之间的互操作性提供了重要参考。

与此同时，具有很多优秀特性的面向对象数据库的应用也越来越广泛，面向对象数据库把面向对象的方法和数据库技术结合起来，使数据库系统的分析与设计最大程度上与人们对客观世界的认识相一致。面向对象数据库系统是为了满足新的数据库应用需要而产生的新一代数据库系统。考虑到处理模糊时空数据的需求、XML 和面向对象数据库在处理模糊时空数据时的优势，以及 XML 和面向对象数据库在互联网应用方面的差异和联系，本书进行了关于建立模糊时空数据模型、实现模糊时空数据在 XML 和面向对象数据库之间的转换方法的研究。首先根据模糊时空数据的特性获取其语义，如模糊时间属性和模糊空间属性，提出基于 XML 和基于面向对象数据库的模糊时空数据模型。其次，对于模糊时空数据在 XML 中的表现形式，由于 XML 文档只能表示具体的数据，在实用性和代表性方面存在不足，而 XML Schema 作为 XML 文档定义语言，一方面可用于定义 XML 文档的结构，另一方面还可以验证 XML 文档是否满足指定的格式，因此，使用 XML 表示模糊时空数据更具有通用性。对于模糊时空数据在面向对象数据库中的表示，可以选择 UML 类图，将类、属性和方法都直观地表示出来。在模糊时空数据从 XML 转换到面向对象数据库时，针对 XML 的树状结构和 UML 基于类定义的结构，研究根节点、非叶子节点和叶子节点间的映射规则以及根节点与根节点之间的关系的映射规则。在模糊时空数据从面向对象数据库转换到 XML 时，本书提出一个类及其属性和方法的映射规则以及类与类之间关系的映射规则。这些映射规则对模糊时空数据在 XML 和面向对象数据库之间的互操作性有着重要的价值。

最后，本书提出了关于模糊时空数据的查询技术。由于模糊时空数据中复杂的模糊时间和模糊空间属性与传统关系型数据库中的二维表有很大差异，关于模糊时空数据查询应用的研究受到了很大的限制。XML 作为新一代互联网信息交换的标准语言，它的树型结构可以很好地解决这一限制问题，在处理模糊时空数据方面相对容易。然而，尽管模糊集合理论为研究模糊时空数据的查询和模糊 XML 数据的查询提供了重要的理论基础，但是在模糊时空 XML 数据的定量查询领域所提出的相关理论还远远不够。因此，本书提出一个名为 FSTTwigFast 的算法，用于定量地匹配模糊时空 XML 小枝。本书通过在一般 XML 数据中加入模糊时间和模糊空间的属性、构建模糊三角模型来表示模糊时空 XML 数据。在表示模糊时空 XML 数据的基础上，扩展了 Dewey 编码，用于标记模糊时空 XML 数据，以便进行特殊处理，同时可以很好地确定 XML 文档中的模糊时空 XML 节点间的结构关系；在处理时空 XML 文档中节点的模糊度上，本书扩展了一般模糊 XML 数据的模糊度处理方法，使其适用于处理时空 XML 节点的模糊度问题；在技术细节上，本书采用流来存储与叶子节点相匹配的 XML 文档中的节点，存储在流中的节点通过过滤来删除不匹配节点。在过滤之后，对叶子节点进行排序，并为每一个匹配的叶子节点建立从叶子节点到根节点的输出链表，形成最终的匹配结果。在提出算法之后，进行了三组实验，分别测试了不同查询小枝和不同时空数据查询的算法执行效率，并将 FSTTwigFast 算法与 TwigFast 算法的查询效率进行比较。最后，建立模糊时空 XML 数据查询系统，展示所建立的系统在实际应用中的适用情况。

本书主要提到模糊时空数据基于 XML、关系数据库、面向对象数据库的建模方法，以及模糊时空数据在 XML 与关系数据库和面向对象数据库之间的转换方法，还研究了其在 XML 中的不一致性问题与查询问题。本书的研究工作将提高对模糊时空数据的管理能力，丰富模糊时空数据的相关技术和方法，进一步促进模糊时空数据应用技术的发展，在时空应用研究领域具有重要的参考价值。

本书得到了国家自然科学基金（61402087）、河北省自然科学基金（F2015501049），以及中央高校基本科研业务专项基金（N172304026）的资助。

本书同时得到了作者所在教师研究团队刘杰民、徐长明、朱琳、于长永、方淼、牛学芬、赵媛的大力支持，也得到了作者所在学生研究团队贾志义、李银、邵珠磊、黎楠、栾静、白会磊、刘力双、王双迪、李俊腾、郝雪松的通力协作。黎楠最后对全书进行了校对和审稿。

特别感谢东北大学对本书写作工作的鼓励和支持。同时，本书的出版得到了科学出版社的大力支持和帮助，在此表示诚挚的感谢。

由于作者水平有限，书中难免存在不妥之处，敬请读者批评指正。

柏禄一

2018 年 1 月于东北大学

目　　录

前言

第一部分　基　础　篇

第1章　绪论 ···3
第2章　预备知识 ···7
　2.1　时空数据与时空数据的模糊性 ··7
　　2.1.1　时空数据 ···7
　　2.1.2　数据的模糊性 ···8
　　2.1.3　时空数据的模糊性 ···9
　2.2　模糊集、隶属函数和可能性分布 ··10
　2.3　XML 的基础知识 ···12
　　2.3.1　XML 介绍 ···12
　　2.3.2　XML 的逻辑结构 ··13
　　2.3.3　文档类型声明 ···14
　　2.3.4　XML 的特点 ···15
　　2.3.5　XML 文档中的模糊性 ···16
　　2.3.6　XML 文档解析 ··18
　　2.3.7　XML 数据库查询语言 ···19
　2.4　关系数据库的基础知识 ··19
　　2.4.1　关系数据库的特点 ··19
　　2.4.2　模糊时空数据模型 ···20
　2.5　面向对象数据库的基础知识 ··22
　2.6　Twig 查询 ···24
　2.7　Dewey 编码 ··25
　2.8　本章小结 ···25

第二部分　模糊时空 XML 文档中的不一致性

第3章　适于一致性约束的模糊时空 XML 数据模型 ·····························33
　3.1　适于一致性约束的模糊时空 XML 文档中的节点的分类 ··············33

3.2　模糊时间标签 ··· 34

3.3　模糊空间标签 ··· 36

3.4　属性节点 ··· 37

3.5　适于一致性约束的模糊时空 XML 文档 ······························ 38

3.6　讨论 ·· 40

3.7　本章小结 ··· 41

第 4 章　模糊时空 XML 数据的不一致修复 ································· 42

4.1　模糊时空 XML 文档的一致性条件 ···································· 42

4.2　模糊时空 XML 文档中的不一致性的检查 ··························· 43

4.3　模糊时空 XML 文档中的不一致性的修复方法 ····················· 47

4.3.1　不一致类型 I 和类型 II 的修复方法 ························· 47

4.3.2　不一致类型 III 的修复方法 ································· 48

4.4　实验评估 ··· 49

4.4.1　实验环境 ··· 49

4.4.2　检查和修复不一致性算法的性能测试 ························· 52

4.4.3　内存消耗测试 ··· 54

4.4.4　不一致性修复方法的实验对比 ································· 54

4.4.5　DOM 和 DOM4J 的性能比较 ································· 60

4.5　本章小结 ··· 61

参考文献 ··· 62

第三部分　模糊时空数据在 XML 与关系数据库之间的转换

第 5 章　模糊时空数据从 XML 到关系数据库的转换 ···················· 69

5.1　模糊时空 XML 数据模型 ··· 69

5.2　XML 到关系模糊时空数据库的转换 ···································· 75

5.3　评测 ·· 79

5.3.1　在气象中的应用 ··· 79

5.3.2　实验 ·· 80

5.4　本章小结 ··· 84

第 6 章　模糊时空数据从关系数据库到 XML 的转换 ···················· 85

6.1　模糊时空数据关系模型 ·· 85

6.2　模糊时空数据关系模型到 XML 的转换 ······························ 88

6.3　在气象中的应用 ··· 96

6.4　本章小结 ·· 100

参考文献 ··· 101

第四部分　模糊时空数据在 XML 与面向对象数据库之间的转换

第 7 章　模糊时空数据模型 ··107
　7.1　模糊时空数据 ··107
　7.2　模糊时空 XML 数据模型 ··112
　7.3　模糊时空面向对象数据模型 ··118
　7.4　本章小结 ···123

第 8 章　模糊时空数据从面向对象数据库到 XML 的转换 ················124
　8.1　模糊时空数据从面向对象数据库到平面式 XML 的转换 ····························125
　8.2　模糊时空数据从面向对象数据库到嵌套式 XML 的转换 ····························135
　8.3　应用与验证 ···144
　　8.3.1　建模热带气旋 Sandy ···144
　　8.3.2　Sandy 的 FSODM Schema 到 XML Schema 的转换 ·····························147
　8.4　本章小结 ···154

第 9 章　模糊时空数据从 XML 到面向对象数据库的转换 ················155
　9.1　模糊时空数据从平面式 XML 到面向对象数据库的转换 ····························155
　9.2　模糊时空数据从嵌套式 XML 到面向对象数据库的转换 ····························160
　9.3　应用与验证（Sandy 的 XML Schema 到 FSODM Schema 的转换）···165
　9.4　本章小结 ···170

参考文献 ··172

第五部分　模糊时空 XML 数据查询

第 10 章　模糊时空 XML 数据查询方法 ···179
　10.1　Dewey 编码扩展 ···179
　10.2　模糊度计算 ···183
　10.3　模糊时空属性匹配 ···185
　10.4　Twig 查询算法 ···188
　　10.4.1　数据结构 ···188
　　10.4.2　FSTTwigFast 算法 ··189
　10.5　算法分析 ···193
　10.6　实例分析 ···194
　10.7　实验评估 ···196
　　10.7.1　实验环境 ···196
　　10.7.2　查询效率比较 ···199
　　10.7.3　不同类型时空数据查询效率比较 ···201

　　　10.7.4　FSTTwigFast 算法与 TwigStack 算法查询效率比较 ································ 202

　10.8　本章小结 ·· 204

第 11 章　模糊时空 XML 数据查询系统 ·· 205

　11.1　查询系统的设计 ·· 205

　11.2　查询系统的应用 ·· 208

　11.3　本章小结 ·· 215

参考文献 ·· 216

彩图

第一部分 基 础 篇

　　本部分主要介绍本书的研究背景及与研究内容相关的概念知识。第1章介绍并分析有关模糊时空数据的研究情况，提出对模糊时空数据的 XML 建模、关系数据库建模和面向对象数据库建模的需求，以及对 XML 与关系数据库和面向对象数据库之间的相互转换进行研究的必要性和可操作性，同时概括分析模糊时空数据在 XML 中的不一致性问题及修复方案，还说明在模糊时空 XML 数据查询方面的发展及研究的必要性。第2章主要涉及模糊时空数据的相关知识，并根据后面章节研究的需要进行有侧重点的讲解。

第1章 绪 论

空间数据库和时态数据库在20世纪90年代之前是相互独立的、没有交集的研究领域,随着时态数据库和空间数据库的发展,科研人员发现了这两种数据库的关系,并逐渐将二者结合起来进行研究,一个新的研究领域——时空数据库由此诞生。时空数据库用来存储和处理包含时态和空间信息的数据,是一种复杂的系统,成为数据库研究领域的一个重要分支。经过近些年的研究,在时空数据建模、时空信息索引与查询等方面取得了很多重要的成果。同时,时空数据库在很多领域获得了广泛的应用,这得益于其可以为时空对象提供空间和时间信息的管理。由于在实际应用中存在大量的时空数据在时空数据模型的建立方面受到了更多研究者的关注。为了使建立的模型准确有效,当前主要有两种比较成熟的方法。一种是基于场的模型,这种模型认为现实世界有很多随空间变化而变化的属性,这些属性可以用连续的函数表示。例如,在一个地图中使用压强或者温度的等高线来表示一系列常量值的点。另一种是面向对象建模方法,这种方法认为可以把现实世界完全区分为可定义的可分离对象,如在气象图中,温度区域和多雨或多雾区域都用它们在数据库中唯一的属性进行区分。

众所周知,在时空应用中,信息绝大多数都是模糊的。所以很多研究者开始将模糊性与时空数据结合起来,寻求建立模糊时空数据模型的方法。有两种建模方法使用得比较多,第一种是使用模糊集理论对时空数据对象和它们的属性建模,第二种是使用面向对象建模的方法将空间和时间上的属性与一个模型框架相结合。

使用模糊集理论的建模方法倾向于关系数据库的应用。由于传统的关系数据库具有可靠性、成熟性和独立性的特点,目前大量数据都存储在传统的关系数据库中。由于关系数据库有利于存取数据,并且对关系数据的高效访问已经发展了数十年;数据库技术发展迅猛、数据模型的丰富多样以及数据库新技术层出不穷,使得数据库的应用领域广泛深入;同时模糊值也已经被构造成模型并且可用于处理关系数据库中的模糊信息,模糊数据与关系数据库的结合可以有效地解决模糊数据的存储问题。

应用面向对象建模的方法倾向于使用面向对象数据库。与传统的数据库模型相比较,面向对象数据库模型提供了有力的面向对象建模的能力,并且因此被用来表示和处理在时空应用中的复杂的数据。同时，面向对象数据库模型能够处理对象的结构和属性之间的关系。但是，面向对象数据库的功能是存储数据，像电子商务和医疗健康服务这些快速发展的基于 Web 的应用，在生活中越来越普遍，为了满足基于 Web 应用的发展需求，需要一种新的技术将存储在面向对象数据库中的模糊时空数据运用到基于 Web 的应用中。

XML（extensible markup language）是一种可扩展标记语言，是标准通用标记语言的子集。具有简单性、可读性和可移植性，逐渐被作为数据交换和数据融合的媒介。近年来，随着互联网的迅速发展和广泛普及，XML 应用越来越广泛。作为一种用于标记电子文件使其具有结构性的标记语言，XML 扮演了越来越重要的角色。与此同时，XML 树型结构以及半结构化等特征，更加有利于数据管理。因此，XML 是研究模糊时空数据模型的一个很好的工具，用于解决一些传统数据库中难以解决的问题，如在时态处理、空间信息处理等方面均有所建树。在时态处理方面，相对于在传统数据库的基础上对模糊时空数据进行复杂的时空扩展，XML 数据树可以添加带标签的边来标识模糊时空数据的时间属性、空间属性以及模糊属性，使其更加简单易操作。在处理空间信息方面，前人提出使用可能性理论和相似性关系定义新的标签来表达模糊性；并提出将时间段标记成一条边，作为时间维度，然后通过增加这条被标记的边来处理时间上的信息。同理，管理空间上的信息也可用类似的方法。这种方法支持对不同的模糊时空数据之间的关系确定。在模糊时空数据的查询方面，相比于对 SQL 进行时空扩展的 STSQL（spatio temporal SQL），使用 XML 对模糊时空数据建模，可以利用 XQuery（W3C 所指定的一套标准查询语言）直接进行查询，更加简单易操作，前人还应用丰富的数据类型定义对象之间的聚合关系和继承关系。因此，XML 是研究模糊时空数据的可靠工具。此外，诸如 XML DTD（document type declaration）和 XML Schema 等模式描述语言的发展，也为有效地表示、推理、查询 XML 数据提供了新的契机。从本质上来说，XML Schema 更加适合对复杂的模糊时空数据进行结构化处理。

然而，由于模糊时空数据自有的特点，在对模糊时空 XML 文档进行操作（更新、插入或删除）时，其节点和边可能会产生不一致性。这些不一致性主要有时间不一致、时空转换不一致、时空不一致三种。由于节点间的时间信息的不同步以及信息传输延迟导致的节点间在时间理解上存在差异，称为时间不一致。产生原因为两种应用均有各自的时钟标准，导致对同一时间的时间观测值不同，从而引发了时间不一致。由于节点间的时间不一致，同时导致了它们对同一实体的位置观测存在差异，称为时空转换不一致。时间不一致通过时空转换不一致，进而造成了不同节点对同一实体的位置观测差异，这种差异导致了时空不一致。在模糊时空 XML 文档的操作中，这些不一致状态的出现，导致不能对未进行修复的模糊时空 XML 进行数据操作，因此本书提出了一种不一致性修复方法。

XML 数据以纯文本的形式进行存储，提供了一种独立于软件和硬件的数据存储方法，可以在不兼容的系统中自由交换数据，是各种应用程序之间进行数据传输的最常用的工具。为了更好地共享数据信息，对模糊时空数据在 XML 和关系数据库之间的研究存在理论意义和实际价值。现有的关于数据在关系数据库与 XML 之间的转换比较成熟的方法的应用范围都是常规数据，但是这些方法对于模糊数据来说是不完全适用的。XML 的灵活性和简单性为在关系数据库中存放模糊时空 XML 数据增加了难度。针对模糊时空数据在关系数据库与 XML 之间的转换，还需要进行深入的研究。这种转换将会解决模糊时空数据在关系数据库与 XML 之间不能自由进行信息共享、信息传递的问题，提高模糊时空数据在关系数据库与 XML 之间的互操作性。

同时，模糊时空数据在 XML 和面向对象数据库之间的研究也存在很大价值。为了扩展模糊时空数据在 XML 和关系数据库之间转换的研究领域，近些年来，还提出了模糊时空数据在面向对象数据库与 XML 之间转换的研究方向。随着计算机技术的发展，人们对数据的处理能力也在不断增强，对复杂数据的应用范围也有所扩大，通过对模糊时空数据的研究，人们可以更加有效地使用这些模糊的、动态的、空间的数据，如对自然灾害的预测、移动目标的监测等方面。本书提出了对模糊时空数据在面向对象数据库和 XML 之间双向转换的方法体系的研究，将从支持模糊时空语义的数据模型入手，提出表达能力更强的模糊时空 XML 数据模型和模糊时空面向对象数据模型，用以处理大量存在于网络应用和面向对象数据库中的模糊时空信息。本书深入研究了模糊时空数据在 XML 和面向对象数据库中的表示方法；同时，基于所建立的模糊时空数据模型和表示方法，深入研究模糊时空数据在 XML 和面向对象数据库之间的相互转换，并使用实际时空应用中的模糊时空数据，对所提出转换方法作进一步的评估和论证。

对于 XML 查询技术的需求也日益增长，大量的 XML 数据查询规范和查询技术在众多应用的需求下被提出来，如 Lorel、XML-QL、XQL、Quilt、XQuery 等。这些查询语言都将路径表达式作为核心内容，用路径表达式来描述 XML 中的元素在数据层次中的定位。目前众多 XML 查询处理方法中，应用最广泛的是结构连接和整体 Twig 查询。结构连接就是将 Twig 模式分解为一系列二元结构关系，结构连接算法从 XML 数据库中获得与二元结构匹配的数据，将这些匹配的数据连接起来形成最终结果。这种方法会产生大量冗余的中间结果，当内存无法容纳时，频繁地换页会产生大量 I/O 操作，严重影响系统的性能。然而，整体匹配算法无须执行对给定的 Twig 查询进行分解处理再合并的操作，可以最大程度地减少不必要的中间结果,从而达到提高查询性能的目的。所以,近年来整体匹配的 Twig 查询成为一个热门研究课题。

整体 Twig 查询的研究日趋成熟,但是该查询方法是针对一般数据的。随着地理信息系统等大量基于时空信息应用的发展,时空数据应运而生。由于时空数据的时间和空间属性在实际应用中通常是模糊的,关于模糊时空数据的研究,尤其是查询模糊时空数据,已经获得了相关领域学者的广泛关注。XML 作为新一代互联网信息交换的标准语言,具有查询模糊时空数据的能力。同时,模糊时空数据中复杂的模糊时间和模糊空间属性不同于传统关系型数据库中的二维表,这点使得模糊时空数据查询应用的研究受到了很大的限制。XML 的树型结构可以很好地解决这一限制问题,同时在处理模糊数据方面也相对容易。然而,尽管关于模糊集合理论的研究为研究查询模糊时空数据和查询模糊 XML 数据提供了很好的理论基础,但是在定量查询模糊时空 XML 数据领域被提出的相关理论还是不够充足。在众多基于时空数据应用的需求下,定量查询模糊时空 XML 数据的研究迫在眉睫。

后续章节将围绕模糊时空数据在 XML 文档中的不一致性、在 XML 与关系数据库之间的转换和 XML 与面向对象数据库之间的转换,以及 XML 查询展开。

第 2 章 预 备 知 识

本章主要介绍与模糊时空数据研究相关的基础内容，作为后面章节研究的理论基础，主要涉及时空数据的特点、模糊性的概念和时空数据中的模糊性，模糊集、隶属函数和可能性分布的介绍，XML 的基础知识、XML 中的模糊性和 XML 数据库查询语言、关系数据库与面向对象数据库的相关知识，Twig 查询以及 Dewey 编码的概念。

2.1 时空数据与时空数据的模糊性

2.1.1 时空数据

时空数据是可以同时包含时间信息和空间信息的特殊数据，具有多源、海量、更新快速的综合特点。时空数据由于包含时间信息、空间信息和对象属性三方面的固有特征，呈现出多维、语义多变、时空信息动态化的复杂性。具体特点如下。

（1）时空数据包含对象以及时间和空间等方面的关联关系。

（2）时空数据具有属性随时间和空间改变以及动态变化、多维演化的特点，这些基于对象的时空变化是可度量的，其变化过程可以通过构建时空数据关联模型来描述对象的关联映射。

（3）时空数据具有多尺度的特性，在建立时空数据关联模型时，需要考虑到关联机制的多尺度选择；针对不同尺度的时空数据关联模型，可实现对象关联关系的尺度转换与重建，进而实现时空数据关联模型的多尺度特性。

（4）时空数据的时空变化具有随时、多尺度、多维度以及动态关联等特点，对约定的关联约束可进行面向对象分类，建立面向对象的关联约束机制，根据关联约束之间的相关性可建立面向对象的关联约束法则。

时空数据具有时间和空间两个维度上的属性，能更准确地描述对象的信息，可以实时地观察对象的阶段性行为特征，以及参考时空关联约束模型、观察和预测某特定的阶段性行为发生的可能性。可针对时空数据对象的观察与预测问题，研究空间数据对象行为的建模和规则库构建，为异常事件的数据挖掘和主动预警提供研究基础。

2.1.2　数据的模糊性

信息的含糊不清和模棱两可存在于很多实际应用中，在这些应用中，往往由于随机性、不完整性、测量工具的限制或数据延迟更新等因素产生了大量的不精确和不确定的数据。前人已经对数据的模糊性进行了总结，接下来就对这些具有模糊性的数据进行分类、分析和整理。在数据库中不完美的数据或者说有瑕疵的数据主要有五种基本类型，分别为不一致性（inconsistency）、不精确性（imprecision）、含糊性（vagueness）、不确定性（uncertainty）和模棱两可性（ambiguity）。

（1）不一致性。不一致性是一种语义上的冲突，也描述现实世界中的相同的一个部分在一个数据库中多次出现，或存在于不同的数据库中而造成不相容的现象。例如，在不同的数据库中同时出现了一艘船在太平洋和在印度洋两个数据。信息的不一致性通常是由数据的融合和迁移引起的。

（2）不精确性。不精确性与属性值的内容息息相关，这就意味着一个值的选择必须取自一个给定的范围、区间或者集合，但是并不确定具体选择哪个值。例如，一场火灾的起火点取自一个集合 $S = \{$卧室，厨房，客厅，卫生间，阳台$\}$，并且所对应的可能性分别为 30%，80%，50%，70%，45%。

（3）含糊性。含糊性与不精确性有相似的地方，也有相区别的地方。它们都与属性值的内容有关，但是不精确性更"正式"、更"书面"一些，而含糊性更口语化。例如，使用年轻来表示张三的年龄。"年轻"就是一个口语化的词。所以，通常来说，含糊信息表示的是口语化的值。

（4）不确定性。不确定性表示的是一个属性值的可信度，也就是说，这个属性值被认可的程度。例如，张三现在的年龄是 38 岁的可信度为 98%，基本上可以认定张三的年龄就是 38 岁。

（5）模棱两可性。模棱两可性表示一个模型中的元素缺少完整的语义，就会导致一些可能性的解释。例如，沈阳在北京的什么方位，如果从东西方向来说，是东向；如果从南北方向上来说是北向；如果从完整的方位上来说是东北向。这个例子表示的是在所定义的模型中没有说明方位的完整语义。

这些种类的模糊性几乎囊括了模糊数据的各个方面，在不同的模糊数据研究中会侧重于研究不同的模糊类型。例如，对气象的研究中会经常使用不确定性，预报雨水的情况只是一个可以参考的真实度；对于历史和文学的研究，为了将一部作品与作者的写作背景相联系，需要确定作者的出生日期，然而由于史料的缺失，只能将日期确定为几个可能的值，这就会使用到不确定性。所以，模糊数据看似没有像精确数据一样让更多的人熟知，但实际上它存在于生活的各个方面。

2.1.3 时空数据的模糊性

时空数据在现实世界中多以模糊的形式存在，时空数据的模糊性包括时间模糊性和空间模糊性。

时间模糊性包括两类，一类是时间点的模糊性，另一类是时间区间的模糊性。时间点的模糊性是指事件发生的可能性分布，时间区间的模糊性是指带有可能性分布的时间区间。图 2.1（a）所示为非模糊时间点（I_1）和模糊时间点（I_2），模糊时间点是由开始时间、结束时间以及一个隶属度来描述的，其中时间区间通过划分时间点来确定。以图 2.1（a）中的模糊时间点（I_2）为例，它的起始时间等于 5，结束时间等于 7，假设本例中的时间分布是自然数，则可能性分布的值在 5 和 7之间。在图 2.1（b）中，I_1 和 I_2 表示模糊时间区间的起始和结束时间点的可能性分布，起始时间点的可能性分布为 1~2，结束时间点的可能性分布为 5~7。因此，模糊时间区间是所有起始时间点的可能性分布和结束时间点的可能性分布的合集。

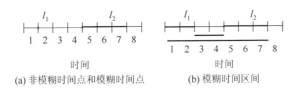

(a) 非模糊时间点和模糊时间点   (b) 模糊时间区间

图 2.1 非模糊时间点（I_1）和模糊时间点（I_2），以及模糊时间区间

空间数据一般分为空间点（一个人所处的位置）、空间线（海岸线、国界）和空间面（雾霾区域、海平面）。这些空间中的点、线、面在大多数应用中并不都是精确的，它们具有数据本身所特有的模糊性。对于这些模糊的空间点、线、面，它们可能出现的位置是已知的，但是它确切的存在位置是未知的。前人介绍了模糊空间数据的概念，并将其分为模糊空间点、模糊空间线和模糊空间面。模糊空间点是空间中的一个确定存在的点，这个点是确定存在于某一区域的，但是点的确定位置是未知的。每一个空间点都具有一个对应的概率值，这个概率值表示该点是真实空间点的可能性。如图 2.2（a）所示，黑点表示真实的空间点，灰点表示可能成为真实空间点的点集。在实际应用中，点集中的哪个点为真实点是未知的，点集中的任何一个点都可能是真实点，每个空间点带有的概率值表示该点是真实点的可能性大小。模糊空间线是空间中的一条线。这条线是确定存在的，但是这条线的确切位置和形状是未知的。如图 2.2（b）所示，图中黑线为现有的一条空间线，但是这条线的位置和形状可能在固定的区域内发生着变化，如海岸线会随着潮涨和潮落发生位置和形状的变化。空间面是指空间中具有不确定边界的

一个区域。如图 2.2（c）所示，模糊空间面由三部分组成：①中心点（图中的黑色点）；②不确定边界（图中灰色区域外侧）；③边界外区域（图中不确定边界以外的部分）。模糊空间数据可划为其中一种或者是其中几种的组合。

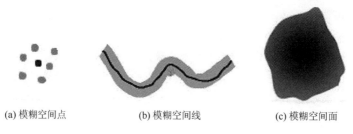

(a) 模糊空间点　　　　　　　(b) 模糊空间线　　　　　　　(c) 模糊空间面

图 2.2　模糊空间数据类型

空间模糊性属于一般模糊性的组成部分，与时间模糊性相似，其包含模糊性的基本概念、原理等相关知识。一般认为时空数据具有三大基本特征：时间特征、空间特征和属性特征。因此，由其特征可以阐述时空数据的模糊性。空间模糊性包括时空数据属性的模糊性以及时空数据运动的模糊性。

时空数据属性的模糊性指时空数据静态时的模糊点和模糊区间，模糊点和模糊区间可以有一个或多个，也可以是模糊的。本书用可能性分布理论来表示模糊时空 XML 数据中的模糊属性。

时空数据运动的模糊性包括运动方向的模糊性以及运动变化值的模糊性。模糊运动方向表示该模糊时空对象的运动方向不确定。例如，本书所用到的实例云层，随着时间的变化或受到风的影响后，其可能移动方向的模糊性。时空数据运动的模糊性实际为模糊时空数据的速度值，如云层运动的速度值受风力的影响而呈现出的模糊性。

2.2　模糊集、隶属函数和可能性分布

模糊集理论最早由 Zadeh 于 1965 年提出，是经典集的扩展。模糊集以数学为基础，设置了元素隶属度，这种方法把待考察的对象及反映它的模糊概念作为一定的模糊集合，建立适当的隶属函数，通过模糊集合的相关运算和变换对模糊对象进行分析。模糊集的概念为概念框架的建设提供了便利的起点，它平行于多种用于普通集的框架理论，但比后者更具有普遍性，被证实有更广的适用范围的潜在可能性，尤其是在模式分类、信息获取领域。从本质上说，这样一个框架为解决不精确的来源是没有明确的隶属关系标准问题提供了一种自然的方式。

在经典集理论中，元素在集合中的隶属关系在二进制体系中的评定靠的是二价的条件：元素属于或不属于这个集合。相比而言，模糊集理论允许对集合中的元素的隶属关系进行逐步评估，利用从属函数，以实体单位间隔[0，1]对其进行描述。模糊集是经典集的推广，当模糊集隶属函数只取值 0 或 1 时，经典集就成为模糊集隶属函数的特例。在模糊集理论中，经典二价集通常被称为传统集。模糊集理论定义将隶属关系设置为可能性分布。可能性分布是可能性理论中的一项重要的概念应用，它是一种处理不确定性的某些特定类型的数学理论，也是可能性理论的另一种选择。可能性分布是用于描述变量取精确值时的可能性（或按它们出现的可能性将结果排列起来）的函数或度量。所以，模糊集是当可能性分布与分布中的一个值发生的可能性相关时的概念表述。可能性分布可以表示一个离散变量的概率，也可以用来表示连续变量的概率，它通常由分布函数来表示。常见的离散变量的分布函数有伯努利分布、二项分布、泊松分布；常见的连续性变量的分布函数有均匀分布、指数分布、正态分布等。下面讨论隶属函数的定义。

针对图 2.3 所示的隶属函数，假设 X 是一个论域，对于任何一个集合 A，它可以看作论域 X 的一个子集。集合 A 的一个隶属函数表示 X 中的某个元素隶属于 A 的程度，假设 A 是经典集合，那么描述论域 X 中任一元素 x 是否属于集合 A，通常可以用 0 或 1 表示，0 表示 x 不属于 A，而 1 表示 x 属于 A，从而得到了 X 上的一个二值函数 $\mu_A(x)$，它表征了 X 的元素 x 对普通集合的从属关系，通常称为 A 的特征函数。为了描述元素 x 与 X 上的一个模糊集合的隶属关系，假定 $\tilde{A}$ 是一个论域 X 上的一个模糊集合，那么论域 X 中的任一元素 x 属于模糊集合 $\tilde{A}$ 的隶属函数可表示为 $\mu_{\tilde{A}}$，对于论域 X 中的一个元素 x，$\mu_{\tilde{A}}(x)$ 的值称为元素 x 在模糊集合 $\tilde{A}$ 的隶属度。隶属度 $\mu_{\tilde{A}}(x)$ 用来量化元素 x 相对于模糊集合 $\tilde{A}$ 的隶属等级。如果 $\mu_{\tilde{A}}(x)$ 的值为 0，则表示元素 x 不属于模糊集合 $\tilde{A}$；如果 $\mu_{\tilde{A}}(x)$ 的值为 1，则表示元素 x 一定属于模糊集合 $\tilde{A}$。如果用 0 和 1 之间的数描述模糊隶属性，则仅表示 x 可能属于模糊集合 $\tilde{A}$。

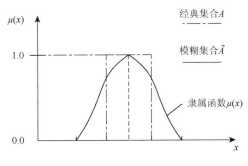

图 2.3　隶属函数

2.3　XML 的基础知识

2.3.1　XML 介绍

XML 是一种标记语言，用于描述数据。标记是指在文本或文字处理文件中插入字符或其他符号的序列。XML 数据以自我描述性和自行定义性而为人所知，这意味着数据的结构在数据中生成。既然如此，就没有必要在数据生成前预先构造出所需存储数据的结构。XML 是一种简单、灵活、叙述性的文本标记格式，使定义数据结构成为可能，有助于弄清它的含义和语境并且提供了描述信息的语义和结构的方法，其中结构信息包括内容和内容所起作用的一些指示。标记语言是一种识别文档结构的机制，XML 规范定义了一种给文档增加标记的标准方法。

XML 标准能以一种灵活的方式创建信息格式，并通过互联网以电子形式共享结构化数据。实际上，XML 是标准通用标记语言（standard generalized markup language，SGML）的更简洁更易使用的子集，逐渐成为互联网上的通用格式。一个 XML 文档的基本构成是被标签定义的元素。元素具有开始和结束标签，XML 中所有的元素都被包含在一个称为根元素的最外层的元素中。XML 还支持嵌套元素，或称元素中的元素，这个特点使得 XML 支持层次结构。元素名用于描述元素的文本内容，结构用于描述元素之间的关系。XML 具有定义元素属性、描述元素的开始标签特性的能力，它虽然形式简单但具有很强的功能，主要有以下四个优点：实用性强、访问速度快、可扩展性好和跨平台性好。此外，XML 还可以获取大量的信息并将它们整合成 XML 文档。尽管 XML 性能出众，但其也存在不足之处。主要缺点是当数据量过大时，它的存储效率会变得很低，并且往往会比其他方式占用更大的存储空间。

XML 主要有 3 个要素：DTD 或 Schema（模式）、XSL（extensible stylesheet language）和 XLL（extensible link language）。XML 文档的数据结构主要分为 DTD 和 Schema，主要用于定义 XML 文档中的元素与元素之间以及元素与属性之间的关系，有助于 XML 的程序分析，并能校正 XML 文档中元素标记的不合理性。XML Schema 是用 XML 编写的，具有 XML 文档的各种功能，其中一个很重要的功能是支持多种数据类型，用来克服 DTD 功能较弱的缺点。由于 XML Schema 本身也是 XML 文档，它是可扩展的，通过可扩展的 XML Schema 定义，可满足如下需求：允许在其他 Schema 中导入已有的 Schema，从而可以更好地复用已有的 Schema；开发者可扩展自己的数据类型；允许在同一个 XML 文档中使用多个 XML Schema。XSL 是一种用于以可读格式呈现 XML 数据的语言，它能够改变文档的表示形式，而不需要网络客户端和服务器端进行通信交互。XLL 是 XML 的可扩展链接语言，主要用于进一步扩展目前网络中已有的简单链接。XML 文档的结构是元素、子元素、属性三者的链接。XML 因其自身的优点，逐渐成为 Internet 数据交换的标准。

2.3.2 XML 的逻辑结构

在 XML 文档的逻辑结构定义方面，使用 XML Schema 和 XML DTD 来标准化 XML 文档。具体而言，DTD 是一套标记的语法规则，一个 XML DTD 定义了 XML 文档的元素架构、元素标记和属性。如果使用 DTD 规定 XML 文档，那么在这个 XML 文档中可以使用的标记的类型、标记出现的顺序以及标记之间存在的层次关系都会受到约束。在建立 XML 文档的时候，一般都需要按照 DTD 规范来书写，相对应地也能够使用 DTD 对文档进行验证，并且检验所建立的 XML 文档的正确性。XML DTD 不能定义一些必要的限制条件，如元素出现的次数、数据类型（integer、string）等，因此，DTD 更适用于以文档为中心的 XML 内容。而 XML Schema 和 XML DTD 不同，XML Schema 采用的规范和书写格式与 XML 是一致的，是符合 XML 技术要求的。XML Schema 支持的数据类型更加丰富，可以完成对更多类型的数据的定义，还可以使用约束扩展数据类型的定义，满足更多应用的需求。XML Schema 支持一系列的简单数据类型，如 float、integer 和 string 等，还可以定义元素出现的次数。除此之外，一个 XML 文件可以有多个 Schema 与之对应，而对于 DTD，一个 XML 只能有一个相对应的 DTD，因此，XML Schema 更适合以数据为中心的文档。所以越来越多的应用偏向于采用 XML Schema 来定义和验证 XML 文档。

XML 文档是以数据为中心的文档，其特点是通过比较规则的结构和细粒度的数据（数据的最小独立单元在一个 PCDATA（XML 解析器解析的文本数据）中元素或属性的水平），而很少或没有混合内容。除了在验证文件时，其同级元素和 PCDATA 的发生通常是不重要的。以数据为中心的文档使用 XML 作为数据传输基本特性，它们是专为机器消耗而设计的。不管是应用程序还是数据库的数据，都存储在一个 XML 文档中。XML 的数据结构与半结构化数据非常相似，其既具有 SGML 表示信息的完整性和文档的稳定性，又具有 HTML（hypertext markup language）结构的操作简单性和跨平台性，通常被看作一种特殊的半结构化数据。图 2.4（a）所示为一个标准 XML 文档，该文档包含根元素 APIN。APIN 是所有文档中其他元素（包括元素节点和文本节点）的祖先元素。XML 文档的主要结构都是由文档元素组成的，并且每个单独的元素都由专属的开始标记（如<APIN>）、结束标记（如</APIN>）、元素的各种相关属性以及属性值组成。文档中的每个元素可以包含其他元素（如 paper 元素包含 title 元素）、文本或者元素和文本的组合，并且每个元素可以拥有属性（如 ID 的属性值为"001"）。XML 文档中的所有元素形成了一棵 XML 文档树，如图 2.4（b）所示，这棵树从根节点开始扩展到树的叶子节点。双亲节点、孩子节点以及兄弟节点等用于描述元素之间的关系，孩子节点拥有双亲节点，具有相同双亲节点的节点称为兄弟节点，在 XML 中，所有元素都必须有结束标记，结束标记可用于表示 XML 中元素包含关系的结束。并且，XML 区分字母大小写，例如，在 XML 文档中，开始标记<Title>和<title>是不一样的。图 2.4（a）中，第二行描述文档的根节点。每个 XML 文档必须有一个节点是所有文档节点的根节点，该元素称为根元素，如图 2.4(a)所示的 APIN。接下来的九行代码描述根元素的两个子元素（paper）。最后一行定义根节点的结束标记。

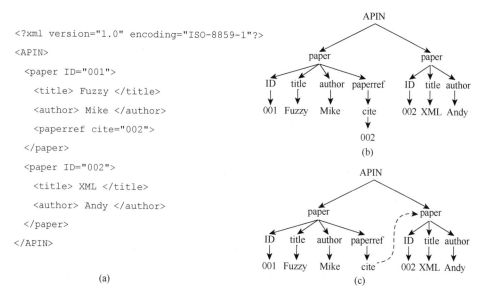

```
<?xml version="1.0" encoding="ISO-8859-1"?>
<APIN>
  <paper ID="001">
    <title> Fuzzy </title>
    <author> Mike </author>
    <paperref cite="002">
  </paper>
  <paper ID="002">
    <title> XML </title>
    <author> Andy </author>
  </paper>
</APIN>
```

(a)

图 2.4　XML 文档结构

2.3.3　文档类型声明

文档类型声明是指包含或指向一组能够提供文档类型语法的标记声明。它的基本格式是<！DOCTYPE 根元素[规则声明]＞，其中规则声明又包含元素规则的声明、属性规则的声明、实体的声明和注释的声明。

元素规则的声明就是对一个元素的合法内容进行定义，它的表示方法为<！ELEMENT 元素名　元素内容的描述＞。在元素内容的描述中可以规定一个元素

是否为空元素，包含哪些子元素，是否可以包含文本内容，是否可以包含任意内容。

属性规则的声明就是对一个元素属性的合法内容进行定义，它的表示方法为＜!ATTLIST 元素名称　属性名称　属性类型　默认值＞。属性类型有 PCDATA（值为字符数据）、ID（值为唯一的 ID）、IDREF（值为另一个元素的 ID）、ENTITY（值是一个实体）等多种，默认值则有#DEFAULT value（属性的默认值）、#REQUIRED（属性值是必需的）、#IMPLIED（属性不是必需的）、#FIXED value（属性值是固定的）四种。

实体的声明就是将一组普通的文本或特殊字符定义成一个实体，以便于重用，它的表示方法是＜!ENTITY 实体名称　"实体的值"＞。引用一个实体由三部分构成：一个和符号（&）、一个实体名称以及一个分号（;）。

注释的声明用于定义注释，注释使 XML 文档可以将通知信息传递给外部应用程序，它的表示方法是＜!NOTATION 注释的名称[系统|PUBLIC 公有 ID]资源＞。

2.3.4　XML 的特点

与通常讨论的半结构化数据相比，XML 具有以下特点。

（1）XML 数据可以包含引用信息。XML 数据中不同元素之间可以通过各自的 ID 属性来定义元素的唯一标识信息，同时可以通过 ID 的属性值来定义对其他 ID 元素的引用，这种引用关系和关系数据库中的主外键关系非常相似。图 2.4（a）所示的两个 paper 元素都有各自 ID 属性（001 和 002），而第一个 paper 子元素 ID 的属性为 001，其子元素 paperref 通过 cite 属性与 ID 等于 002 的 paper 元素建立联系，从图 2.4（c）可以清晰地看到引用关系。这种关系的存在使得 XML 对唯一标识具有约束，XML 文档中元素的 ID 互不相同，并且 ID 是在全局范围内有效的。

（2）XML 数据元素之间是有序的。通常，只有当 XML 文档中元素出现的顺序符合规定时，这个 XML 文档才能称为有效文档。如图 2.4（a）所示，title 节点必须出现在 author 节点之前。

（3）XML 数据中既可以包含元素，也可以包含文本，有些元素可以同时包含文本和子元素。如图 2.4（a）所示，ID 为 001 的 paper 元素中有 3 个子元素 title、author 和 paperref，而第四行的 title 元素和第五行的 author 元素分别包含了一个各自的文本。另外，在某个 XML 文档中出现的某个元素可以是包含文本的元素；在其他 XML 文档中出现时，则可能表现为其他形式，如包含其他元素的双亲元素。同时，在某些特殊的情况下，该元素可能既包含子元素，也包含文本值。

（4）XML 数据中包含很多特有的数据块，包括处理指令、注释、声明、实体和 DTD 等。在图 2.4（a）所示的 XML 文档中，第一行是 XML 文档的版本和编码声明，用于定义 XML 文档的版本（1.0）和所使用的编码（ISO-8859-1）。和 XML 文档中的元素不同，声明没有结束标记。因为声明既不是 XML 本身的组成部分，也不是 XML 文档中的元素，所以开头的声明不需要结束标记。

（5）在 XML 中，所有元素的嵌套关系必须是正确的，并且开始和结束标记要一一对应。例如，<paper><title></paper></title>是不正确的，正确的形式应该是<paper><title></title></paper>，这是因为 title 元素是在 paper 元素内定义开始的，那么它必须在 paper 元素结束前结束。

2.3.5　XML 文档中的模糊性

无论 XML 文档还是 XML Schema，它们都具有结构化的特点。这种特点对于它们来说，可以很自然地表示模糊数据。在 XML 数据模型中有两种模糊性：一种是将隶属度与每个元组相关联，另一种是用可能性分布来表示属性值。第一种模糊性可以解释为元组是对应关系的成员的可能性；第二种模糊性表示属性值，这意味着时间和位置的具体值是未知的，而属性可能采用的值的范围是已知的。

下面解释什么是隶属度与元素相关联，假定元素可以嵌套在其他元素之下，并且这些元素中多于一个可以具有相关联的隶属度。与元素相关联的成员隶属度，是在元素的状态包括该元素和子树存在于其根节点之下的可能性。对于具有以其为根的子树的元素，子树中的每个节点不是独立的，而是依赖于其根节点。源 XML 文档中的每个可能性都是以父元素存在的事实为条件的。换句话说，这种可能性是一个相对的假设，父元素的可能性正好是 1.0。为了计算绝对可能性，必须考虑父元素中的相对可能性。一般来说，元素 e 的绝对可能性可以通过乘以在源 XML 中找到的相对可能性，沿着从根出发的路径获得。当然，这些相对可能性中的每一个在源 XML 文档中都可用。

在本书的数据模型中，使用隶属度来建立模糊时空 XML 文档的模糊信息。这里举一个例子，在模糊时空 XML 文档中有一条从 A 到 C 的路径，表示为 $A \rightarrow B \rightarrow C$，$C$、$B$、$A$ 的相对概率可以表示为 $\mathrm{Poss}(C|B)$、$\mathrm{Poss}(B|A)$ 和 $\mathrm{Poss}(A)$（节点 A 的可能性），则有

$$\mathrm{Poss}(B) = \mathrm{Poss}(B|A) \times \mathrm{Poss}(A)$$

$$\mathrm{Poss}(C) = \mathrm{Poss}(C|B) \times \mathrm{Poss}(B|A) \times \mathrm{Poss}(A)$$

其中，$\mathrm{Poss}(C|B)$、$\mathrm{Poss}(B|A)$ 和 $\mathrm{Poss}(A)$ 都可以直接在源模糊时空 XML 文档中获得。

对于元素的属性值，XML 将属性限制为具有唯一的单个值，但是有时这种限

制并不准确。通常情况下，已知一些数据项具有多个值，这些值可能是未知的。因此，可以用可能性分布指定。例如，Andy Dufresne 的邮箱地址可以是多个字符串，因为他有可能同时使用多个电子邮箱。在这种情况下，是不能确定 Andy Dufresne 的邮箱地址的准确信息的，但是可以说，邮箱地址可能是"adufresne@yahoo.com"，其可能性为 0.60，是"andy_dufresne@yahoo.com"的可能性为 0.85，是"Dufresne@hotmail.com"的可能性为 0.85，是"adufresne@hotmail.com"可能性是 0.55，是"adufresne@msn.com"的可能性为 0.45。与邮箱地址不同的是，一些数据的值只能是单一的，例如，一个人的年龄，其值只能是非负整数。如果该值是未知的，可以使用可能性分布 $\{0.3/22, 0.5/24, 0.7/26, 0.9/28, 0.9/29, 0.9/30, 0.7/32, 0.5/34, 0.3/36\}$ 来表示。

综上所述，在 XML 中有两种模糊性。

（1）元素的模糊性，可用隶属度与每个元组相关联来表示。

（2）元素属性值的模糊性，可以使用可能性分布来表示属性值。

下面给出了模糊 XML 文档的片段。

```
<universities>
<university UName="Northeastern University">
<Val Poss=0.8>
<department DName="Computer Science and Engineering">
<employee FID="1000101">
<Dist type="disjunctive">
    <Val Poss=0.8>
    <fname>Wang gang</name>
    <position>Associate Professor</position>
    <office>Z1321</office>
    <course>Advances in Database Systems</course>
    </Val>
    <Val Poss=0.6>
    <fname>Wang gang</name>
    <position>Professor</position>
    <office>Z1321</office>
    <course>Artificial lntelligence</course>
    </Val>
</Dist>
</employee>
<student SID="1000102">
<sname>Andy Dufresne</name>
    <age>
    <Dist type="disjunctive'>
```

```
<Val Poss=0.3>22</Val>
<Val Poss=0.5>24</Val>
<Val Poss=0.7>26</Val>
<Val Poss=0.9>28</Val>
<Val Poss=0.9>29</Val>
<Val Poss=0.9>30</Val>
</Dist>
</age>
<sex>Male</sex>
<email>
<Dist type="conjunctive">
<Val Poss=0.60>adufresne@yahoo.com<A/al>
<Val Poss=0.85>andy_dufresne@yahoo.com</Val>
<Val Poss=0.85>Dufresne@hotmail.com</Val>
<Val Poss=0.55>adufresne@hotmail.com</Val>
<Val Poss=0.45>adufresne@msn.com</Val>
</Dist>
</email>
</student>
</department>
</Val>
</university>
<university Uname="Northeastern University,Qinhuangdao">
</university>
</universities>
```

2.3.6 XML 文档解析

众所周知，目前解析 XML 的方法越来越多，但主流的方法主要有四种：DOM、SAX、JDOM、DOM4J。这四种解析方式各有优缺点，针对不同的应用情况选择不同的解析方式。四种解析 XML 方法的分析方式如表 2.1 所示。

表 2.1 四种解析 XML 方法的分析方式

解析方法	分析方式
DOM	文档对象模型分析方式
SAX	流模型中的推模型分析方式
JDOM	Java 特定的文档对象模型
DOM4J	接口和抽象基本类方法

DOM（document object model）是以层次结构组织的节点或信息片断的集合。利用 DOM 解析 XML 文档时，需要加载整个文档和构造层次结构之后才能开展后续工作，因此资源消耗较大。它由于基于信息层次的特点，被认为是基于文档树或基于对象的。DOM 有个很重要的优点是它允许应用程序更改数据和结构，同时它的访问是双向的，可以自由向上或向下导航，可对任意部分数据进行操作。相比于 DOM 解析方法，SAX 处理的优点类似于流媒体的优点，不用等待所有数据被处理，分析可以立即开始，甚至在一些应用中不必解析整个文档。SAX（simple API for XML）解析方法具有分析立即开始、读取数据时检查数据、到达某一条件时可以立即停止解析、效率和性能较高等一系列优点；但是它是单向导航的解析，很难同时访问同一文档的不同部分数据。JDOM（Java DOM）简化了与 XML 的交互，仅使用具体类而不使用接口，把 SAX 和 DOM 的功能有效地结合起来，同时 API 大量使用了 Collections 类。JDOM 的目的是使用 20% 的精力（或更少）解决 80%（或更多）的 Java/XML 问题。DOM4J 最初是 JDOM 的一种智能分支，它合并了许多超出基本 XML 文档表示的功能，并通过 DOM4J API 和标准 DOM 接口使其具有并行访问功能。DOM4J 目前已经代表了完全独立的开发结果，大量使用了 API 中的 Collections 类，它还提供了一些替代方法以提供更好的性能或更直接的编码方法。DOM4J 是一种性能优异、功能强大且非常易用的 XML 解析方法。

2.3.7　XML 数据库查询语言

随着 XML 技术的逐渐发展，XML 查询语言层出不穷。比较具有代表性的典型的结构化查询语言主要有 Lorel、XML-QL、XQL、Quilt、XQuery、XML-GL、XSLT、XPath 以及 SQL/XML，它们都采用了正则路径表达式的形式，目的是获取 XML 数据元素间的结构关系和内容。在 W3C 的极力推动和学术界、工业界的大力支持下，XQuery 脱颖而出，成为实际中的工业标准。XQuery 的 FLWR 语句规范有着与关系数据库的 SQL 相类似的表达方式，这使得它也能很容易地为一般用户所接受。

2.4　关系数据库的基础知识

2.4.1　关系数据库的特点

1970 年，美国 IBM 公司 San Jose 研究室的研究员 Codd 首次提出了数据库系统的关系模型，开创了数据库关系方法和关系理论研究的先河。不同于格式化模型，关系模型是建立在严格的数学概念的基础上的；概念单一，无论实体还是实体之间的联系都用关系来表示。对数据的检索和更新结果也是如此，数据结构简单、清晰，用户易懂易用；存取路径对用户透明，从而具有更高的数据独立性、更好的安全保密性，也简化了程序员的工作和数据库开发建立的工作。经过 40 多年的发展，目前关系数据库已分为经典关系数据库及非经典关系数据库。经典关系数据库是早期给出的最原始的关系数据库，其定义是：数据库记载的客观事物中我们关心的那些性质称为属性。每个属性可取值的集合称为这个属性的域。属性 A 的域记作 $\mathrm{dom}(A)$。所有属性的集合记为 U，U 的任何一个子集都被称为关系模式。如果 $R = \{A_1, \cdots, A_n\}$ 是一个关系模式，u 是 R 上的一个映射，满足 $u[A_i] \in \mathrm{dom}(A_i)$，$i = 1, \cdots, n$，则称 u 是 R 上的一个元组，该元组也简记为 $<u[A_1], \cdots, u[A_i]>$。关系模式 R 上的元组的有限集称为 R 上的关系。对于 U 上的关系模式的集合 $\Omega = \{R_1, \cdots, R_m\}$，若满足 $R_1 \cup \cdots \cup R_m = U$ 且 $i \neq j$ 时 $R_i \neq R_j$（$1 \leqslant i$，$j \leqslant m$），则称 Ω 是一个关系数据库模式，简称数据库模式。数据库模式 $\Omega = \{R_1, \cdots, R_m\}$ 上的一个映射 ω 满足 $\omega(R_i)$ 是 R_i（$i = 1, \cdots, m$）上的一个关系，则称 ω 是 Ω 上的一个（经典）关系数据库，简称数据库。非经典关系数据库则主要包括：时态关系数据库、约束关系数据库、空值关系数据库、偏序关系数据库、概率关系数据库、对象关系数据库及粗糙关系数据库。由于本书并未涉及，所以不再赘述。

关系数据库基于关系代数的原理，定义了以数据表的形式存储、操作和检索结构化数据的抽象概念。它由存储特定数据集的表的集合构成，这些表的集合是关系数据库中的主要存储单元；一个关系数据库可以包含一个或多个这种表——由一组唯一的行和列构成；在表中，一个单一的记录以行的形式存储，可以看作一个元组；数据的属性则被定义成列或者域；数据或者列的特性将一个记录与另一个记录关联起来。每一个列都有一个唯一的名字，同一列中的元素必须类型相同。一个关系数据库由很多以有效方式相互联系的表组成，关系数据库中的数据存放在多个表中，这些表通过共享主键相互联系。关系数据库不会迫使数据库设计为连贯的表结构，而是把多个表连接在一起。在关系数据库中，表不仅可以相互识别，还能交互、共享信息。这意味着用户可以搜索覆盖多个表的相关信息。此外，使用关系数据库时最大的问题是它的复杂性，这在它建立之初就有所体现，而且，当关系数据库包含两个以上的表时就会变得极度复杂。例如，任何连接表或创建新元组的操作都有可能导致大量冗余。

2.4.2　模糊时空数据模型

在本书之前，很多用来处理不确定性和模糊性的数据模型已经被提出，这些模型中的大多数基于相同的范例。模糊集合和可能性理论讨论了模糊性和不确定性,扩展原则被认为是模糊集理论的最基本的思想之一。通过提供一般的方法,扩展原则已经被广泛地用于扩展非模糊数学概念。该想法通过映射实现从多个给定的模糊集合中诱导出模糊集合。许多现有的处理不精确性和不确定性的方法都是基于模糊集合的理论,模糊信息已经在相关的关系模型的论文中被广泛研究。有时,扩展原则也可以称为最大最小原则。最近的一些研究通过引入相关的概念将这些结果扩展到面向对象数据库。此外,模糊数据建模已经在涉及概念数据模型的论文中被讨论,如 ER 模型、EER 模型和 IFO(a formal semantic database model)模型。

ER 模型是一种数据库设计工具,它把客观世界抽象为实体和实体间的联系。每个实体由一个名称标识,并具有自己的各种属性,这些属性的取值有一个预定义的论域,实体间可以通过各种联系把各种实体连接成一个系统。每个联系都有一个标识,用于表示联系的语义。实体间可以有继承(ISA)关系,表示包含关系,实体与联系之间的连接称为 ER 角色,并具有一个约束值或约束范围。模糊 ER 模型是将模糊逻辑与 ER 模型相结合产生的一种能反映现实世界中模糊信息的概念建模方式,可表示现实世界中的模糊实体及模糊实体之间的联系。它是传统 ER 模型的模糊化推广,包括实体的模糊化、关系的模糊化、角色的模糊化和属性的模糊化,是模糊数据库的一种设计工具。

EER 模型包括了 ER 模型的所有概念,还包含子类、超类、演绎、归纳、范畴、属性、层次等概念。EER 模型是由 ER 模型增加语义表达形成的,从而出现了几种 EER 模型。模糊 EER 模型是将模糊逻辑与 EER 模型相结合的产物,它具有三个层次的模糊性:第一层,允许实体型、联系或属性具有模糊性;第二层,允许实体型或联系的实例具有模糊性;第三层,允许属性值具有模糊性。此外,EER 模型中的概化、特化、范畴、共享子类和聚集等也可以具有模糊性。

IFO 模型是一种用数学形式定义的概念数据模型,它将语义数据库建模的基本原理融入基于图形的表达框架中。从形式上讲,一个 IFO 模型就是一个由各种类型的顶点和边组成的用于表示原子对象(atomic objects)、构造对象(constructed objects)、关联(fragments)以及继承关系的有向图。在 IFO 数据模型中存在 3 种类型的原子类型,它们分别是基本(printable)类型、抽象(abstract)类型和自由(free)类型。非原子对象可以通过使用组合(grouping)和聚集(aggregation)由基类型(underlying type)构造而成。IFO 模型中的关联用于表示函数关系,该函数关系自然地提供了各种类型的聚合表示以及它们之间的关联函数。IFO 模型的最后一个结构化组件是继承关系的表达,由图形模式的弧线来表示。使用可能性理论区分概念数据模型中三个级别的模糊性:属性值级的模糊性(第三个级别)、实例/模式级的模糊性(第二个级别)以及模式级的模糊性(第一个级别);扩展

IFO 数据模型，以捕获并表示上述三级模糊性，从而得到模糊 IFO 数据模型。模糊基本类型在模糊 IFO 数据模型中，属性级的模糊性可由模糊基本类型来表示，模糊基本类型又可进一步分成两个级别。对于客观世界中带有模糊基本类型的对象，其对象实例中的相应属性必定有一个是模糊值。此外，对象的基本类型相应于数据模型来说可以是模糊的，它带有隶属度，用于表示其隶属于相应对象的程度，并且在模糊 IFO 模型中，可通过在基本类型框图中放置隶属度来表示这样的模糊基本类型。注意两种模糊基本类型的区别：前者的模糊性在其值上（取模糊值而不是精确值），但基本类型本身确切地属于相应的抽象/自由类型；后者的模糊性表示基本类型可能属于，也可能不属于相应的抽象/自由类型。

2.5 面向对象数据库的基础知识

面向对象数据库充分考虑了传统数据库技术和面向对象的方法。面向对象的思想基于类和对象的概念，这也是数据库系统一个重要的设计。在进行面向对象研究时经常说"万物皆对象"，表示在现实生活中存在的任何实体都可以看成面向对象模型中的一个对象，每一个对象都有一个对象标识符，用来唯一地定义一个对象，并且这个对象标识符在对象的整个生命周期是不能改变的。每一个对象都有一些性质来表示这个对象的状态、方法和行为，这些特性和方法是封装在对应的对象上的。类实际上是一个定义特定类型对象的变量和方法的原型，它代表了一类在现实生活中有共同特征的事物的抽象，也就是说，类是对象的一个抽象集合，对象是类的一个实例。数据库，顾名思义就是数据的仓库。数据库产生于 60 多年前，早期的数据库主要根据数据结构来组织、存储和管理数据。但是随着信息技术的发展和市场需求的改变，在 20 世纪 90 年代以后，数据管理已经从存储和管理数据逐渐向用户所需要的各种数据管理方式转变。数据库有很多种类型，最简单的有各种存储数据的表格，比较复杂的有能够进行海量数据存储的大型数据库系统，无论简单的数据库还是复杂的数据库，它们都在各个方面得到了广泛的应用。事务是数据库中的一个单独的执行单元，它必须具有四个属性，即原子性、一致性、隔离性和持久性。而对事务的操作主要包括增、删、改、查。面向对象数据库的结构图如图 2.5 所示。

面向对象数据库系统自身有很多优点，使之能够在关系数据库技术非常成熟并且占据统治地位的时候仍然受到很多研究者的推崇。总体来看，其一，它对于客观世界的表达更加有效。面向对象方法更符合人的思维方式，它将现实世界抽象成对象和对象具有的属性和行为。而开放式数据库管理系统所创建的计算机模型更能直接地描述客观世界，所以无论是否为专业的计算机从业人员，都能通过所建立的模型理解和评述数据库系统。其二，可维护性更强。在耦合性和内聚性

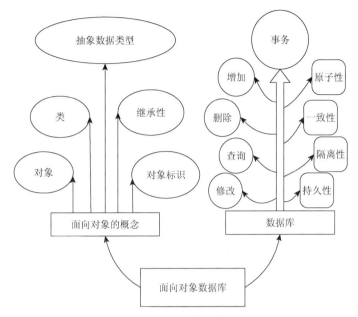

图 2.5　面向对象数据库结构图

方面，面向对象数据库的性能尤为突出。如果数据库模型需要修改，数据库的设计者可以最小程度地修改现存的代码，如增加一些特殊的类处理所发生的情况。如果是数据库的基本模式有了变化，数据库可以通过建立原来对象的修改版本加以解决。这些在耦合性和内聚性方面的优势简化了在不同硬件平台的网络上的分布式数据库的运行。其三，解决了阻抗不匹配（impedance mismatch）问题。面向对象数据库还解决了一个关系数据库运行中的典型问题：应用程序语言与数据库管理系统对数据类型支持的不一致问题，这一问题通常称为阻抗不匹配问题。

　　面向对象数据库模式是一个类集，面向对象数据模型提供了分层的结构。在面向对象数据库模式中，一组类来自于同一个类层，而一个面向对象数据库可以有多重的类层。在一个类层中，一个类继承它的父类的所有属性、方法和信息。嵌套式对象概念是面向对象数据库系统中一个非常重要的概念，它允许不同的用户观察不同粒度的对象。嵌套式的对象层次和类层次结构形成了复杂的水平结构和垂直结构。

　　在模糊面向对象数据库中对象可能是模糊的，表示两个模糊对象 O_1 和 O_2 代表相同现实世界对象的可能度，可以使用等价度来表示，形式为 $E(O_1, O_2)$，位于 [0, 1]区间。$E(O_1, O_2)$所代表的含义就是对象 O_1 和 O_2 代表相同现实世界的对象可能性的大小。而表示 O_1、O_2 是否代表相同现实世界的对象还有一个度量，即可以用 $N(O_1, O_2)$表示。基于这两个变量，可以确定对象 O_1、O_2 代表相同现实世界的最终可能度，表示为

$$\mu(O_1, O_2) = \min(E(O_1, O_2), N(O_1, O_2))$$

所以，通过这三个变量的计算，就可以确定 O_1、O_2 属于同一个现实世界对象的最终的可能性状态。

2.6　Twig 查询

给定一个查询 Twig 来查询 Q 和一个 XML 文档 D，Q 在 D 中的一个匹配被定义为 Q 中节点到 D 中节点的一个映射，这个映射必须满足以下条件。

（1）XML 文档中对应的节点必须满足查询节点谓词约束。

（2）XML 文档中对应的节点间的结构关系必须满足查询节点间的结构关系（父子关系和祖孙关系）。

具有 n 个节点的查询 Q 匹配到的结果可以表示为一个 n 元组，每个元组 $(q_1, \cdots, q_n)$ 都由 D 中与 Q 相对应的节点组成。

找到 XML 文档中所有与 Twig 查询相匹配的结果是 XML 查询的一个核心问题。前人将 XML 小枝模式定义为：给定 Twig 查询 Q 和一个文档 D，Twig 模式查询匹配问题就是搜索 XML 文档 D 并找到所有满足查询 Twig 的 XML 数据片段，表示为 n 元组形式。

如图 2.6 所示，Twig 查询在文档树中匹配的结果只有一个，即第一子树和第三子树。正如对 Twig 查询条件定义所述，XML 文档树中的节点必须在满足查询节点谓词约束的同时，又满足查询节点间的父子和祖孙结构关系。

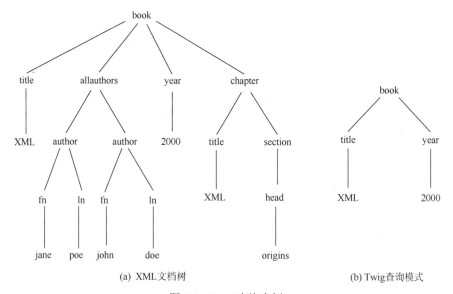

(a) XML文档树　　　　　　　　　　　(b) Twig查询模式

图 2.6　Twig 查询实例

2.7 Dewey 编码

Tatarinov 等提出了 Dewey 编码模式表示元素在 XML 文档中出现的位置。在 Dewey 编码中，每个元素采用一个矢量表示。Dewey 编码规则如下。

（1）根节点采用空字符串 ε 表示。

（2）对于一个非根节点 u，label(u) = label$(s).x$，其中，u 是节点 s 的第 x 个孩子节点。

Dewey 编码可以高效地确定 XML 文档中节点间的结构关系。当且仅当 label(u) 是 label(s) 的前缀时，节点 u 为节点 s 的祖先节点。Dewey 编码的一个很重要的优点就是可以通过一个节点的编码确定该节点的所有祖先节点。如图 2.7 所示，c_2 节点的 Dewey 编码为 0.1.1.0，它的父节点 a_4 的 Dewey 编码为 0.1.1，祖父节点 b_2 的 Dewey 编码为 0.1。已知 Dewey 编码的这一特性后，路径匹配问题就可以这样考虑：既然可以单独通过节点的 Dewey 编码确定节点的祖先集，XML 的路径匹配就可以直接简化为字符串匹配问题。例如，已知 0.1.1.0 表示的是 c_2，该节点及其祖先形成的路径为 $a_2/b_2/a_4/c_2$，那么一个节点是否在某条路径上就可以通过 Dewey 编码确定。

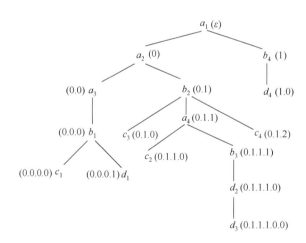

图 2.7 XML 文档树的 Dewey 编码

2.8 本 章 小 结

本章主要介绍了本书涉及的相关基础知识。首先介绍了时空数据的相关知识，包括时空数据的基本概念、数据的模糊性以及时空数据中的模糊性（时间模糊性和空间模糊性)。然后介绍了用于表征模糊性的隶属函数和可能性分布。接着介绍了 XML 相关的基础知识,包括 XML 的优点、XML DTD 和 XML Schema。对于关系数据库在本章也进行了详细说明,其中包括数据库建模中的模糊集。对面向对象数据库也进行了说明,分析了面向对象的思想和面向对象数据库的优点。本章最后还介绍了 Twig 查询及 Dewey 编码,本书在标识节点以及确定节点结构关系的处理上采用了扩展的 Dewey 编码,扩展 Dewey 编码则需要对原始 Dewey 编码有很好的了解。本章介绍的相关基础知识将为后续章节的研究提供必要的理论基础。

第二部分 模糊时空 XML 文档中的不一致性

近年来，时间和空间信息在很多应用（如检测环境改变、跟踪出租车位置）中起到了重要作用。随着时空数据应用越来越广泛，时空数据已经得到了广泛的关注。但是在现实世界中，时间和空间信息经常是模糊的[1]。另外，近年来 XML 作为信息表示、交换和查询的标准，具有良好的自描述性和扩展性等特点[2, 3]。因此，基于 XML 对模糊时空数据进行建模具有重要意义[4]。由于模糊时空数据自有的特点，当对保存在 XML 文档中的时空数据进行操作（更新、插入或删除）时，XML 文档中涉及这些操作的节点和边可能会产生不一致。因此，需要对这些节点和边的不一致性进行修复。下面简述模糊时空数据的相关研究背景，详细介绍国内外的相关研究现状，分析目前研究中仍需解决的问题，概括这部分的主要研究内容和研究意义。

时空数据库是用来存储和处理包含时态和空间信息的数据的数据库系统。在 20 世纪 90 年代之前，空间数据库和时态数据库是相互独立的、没有交集的研究领域。而随着对两种数据库的研究的发展，科研人员发现了它们之间的联系，并逐渐将二者结合起来进行研究，由此产生了一个新的研究领域——时空数据库[5]。经过近几年的发展，时空数据库已经成为数据库研究领域的一个重要分支，在时空数据建模、时空信息索引与查询等方面取得了很多重要的成果。因为其可以为时空对象提供空间和时间信息的管理，所以时空数据库在很多领域得到了广泛应用，如气候管理系统[6, 7]、车载设备的位置服务[8]等。另外，时空数据在现实生活中经常以模糊的形式存在[9]。例如，在描述一个云朵的区域时，其区域的边界、运动趋势和位置改变的时间点都是模糊概念。由于模糊概念对时空数据的重要性，对模糊性和时空数据的组合研究已经被广泛提出[10]。

近年来，随着 Internet 的迅速发展和广泛普及，可扩展标记语言（XML）作为标准通用标记语言的子集，是一种用于标记电子文件使其具有结构性的标记语言[11]。XML 具有较强的可操作性、统一的标准和良好的可扩展性等优点[2]。XML 树型结构以及半结构化等特征使 XML 在数据管理方面具有很大的优势。因此，XML 为研究模糊时空数据的模型提供了很好的机会。使用 XML 来处理模糊时空数据还可以解决一些传统数据库难以解决的问题[12]。例如，在处理时态方面，XML 数据库可以添加带标签的边来标识模糊时空数据的时间属性、空间属性以及模糊属性，而不是在传统数据库的基础上对模糊时空数据进行复杂的时空扩展。在模糊时空数据的查询方面，可以利用 W3C 所指定的一套标准的查询语言 XQuery 而不需要研究新的查询语言，相比对 SQL 进行时空扩展的STSQL 要简单得多。因此，XML 的出现给模糊时空数据的研究带来了一条可靠并有效的途径。

在模糊时空数据的研究过程中发现，当对模糊时空 XML 文档进行操作（更新、插入或删除）时，其节点和边可能会出现不一致性。在这里将这些不一致性分为三类：时间不一致、时空转换不一致和时空不一致。

时间不一致：是由节点间的时间信息的不同步以及信息传输延迟导致的，节点间在时间理解上存在差异。例如，在时刻 t 发生了事件 E，应用 A 和应用 B 都有自己的时钟标准，它们对事件 E 的观测是以各自的时钟为参考的。因此，它们认为事件 E 的发生时刻分别为 t_A 和 t_B。这种由同一时刻的同一时间的不同观测导致的不一致性称为时间不一致。时空转换不一致：节点间的时间不一致导致它们对同一实体的位置观测存在差异，这种现象称为时空转换不一致。时空不一致：时间不一致通过时空转换不一致造成的不同节点对同一实体的位置观测差异称为时空不一致。由于模糊时空 XML 文档中多种不一致性的出现，需要对这些不一致性进行修复。

下面从四方面介绍和分析与这部分研究内容密切相关的国内外相关研究的现状：①传统数据库的一致性相关研究；②时态数据库的一致性相关研究；③空间数据库的一致性相关研究；④时空数据库的一致性相关研究。同时，介绍了每个研究领域在扩展了模糊属性后的一致性处理方法。

传统数据库中的一致性：关于传统数据库的一致性，主要有两个研究方向[13-15]。一方面，文献[13]提出了一个可以保存在分布式数据库系统的数据库一致性的数据模型。它结合了邻居复制与网格（neighbor replication on grid，NRG），其中使用更新排序方法将数据复制到网格的邻居。为了保证数据的一致性，所提出的数据一致性机制有效地将复制数据库的性能提高了两个数量级。但是这个模型必须基于可靠的复制环境，并且它没有考虑存在节点或者网络故障的情况。另一方面，文献[14]和文献[15]分别提出了用于处理违反给定完整性约束的不一致数据库并获取不一致性信息的方法。实验表明该方法更加健全和完整，并且比之前提出的方法更适用于传统数据库。在模糊数据领域，文献[16]将不一致性问题扩展到模糊分析层析过程（analytic hierarchy process，AHP），将比较的次数降低到了 $C_7^2 - 6 = 15$ 次，同时提出了一组用于识别一致性的模糊等级的机制。

时态数据库中的一致性：周期更新模型主要用于强实时系统，但是这可能产生不正确的结果。用户通过事务或查询访问无效数据对象时，需要保证时间一致性[17-19]。时态数据与一般数据不同，需要研究的主要问题是：①如何确定每个更新任务的周期和期限，以保持每个实时数据对象的时间一致性；②如何定义调度，以便保证所有更新任务的期限。最早提出的方法是 HH（half-half）[18]。在 HH 方法中，更新任务的周期和相对期限都被设置为要更新的数据对象的有效性间隔的一半。为了进一步减少更新的工作量，提出了 ML（more-less）[20]方法。ML 方法使用最后期限单调调度的方法来为不同的更新任务分配优先级。与 HH 和 ML 方法相反，固定优先级事务（deferrable scheduling algorithm for fixed priority transaction，DS-FP）[21]的延迟调度算法遵循不定时更新模型。DS-FP 通过推迟更新作业的采样时间来尽可能晚地利用实时数据对象的时间有效性约束的语义，这在减少处理器工作量方面显著优于 ML 方法。为了减小 DS-FP 的在线调度开销，文献[19]提出 DS-FP 扩展方法以产生用于 DS-FP 的超级周期，使得通过无限地重复高周期产生的调度来满足实时数据对象的时间有效性约束。文献[17]将不一致问题延伸到模糊领域。为了处理时间的不确定性和偏好的时态一致性问题，带模糊偏好条件时间约束问题（conditional temporal problems with fuzzy preferences，CTPP）在文献[22]中被提出。

空间数据库中的一致性：如今，地理信息系统（geographic information system，GIS）[23, 24]需要处理越来越多的基于对象空间特征的过程[25]。现有地理数据集不能避开可视化的问题[26]，这阻碍了空间推理的探索和发展。因此，文献[27]提出了一个新的概念，即拓扑语义一致性，这种一致性是逻辑一致性的子集。拓扑语义一致性涉及两个对象之间根据其语义的拓扑关系的正确性。例如，一个建筑物在另一个建筑物内明显是错误的，而包裹内含有建筑物模型则不是错误的。文献[27]提出了一种用于以矢量格式改进现有地理数据集的空间一致性的一般方法。然而它也有一些限制，空间上的误差只有在首先解决结构误差时才能被校正，并且这些校正过程必须是有序的。在模糊空间领域，文献[28]提出了一种解决模糊空间数据库不一致性问题的回归算法。

时空数据库中的一致性：文献[6]讨论和比较了各种模型在数据模型和语义方面的空间和时间一致性的特征。此外，由于处理多维数据在计算中的瓶颈，缺乏具有地面实况的真实数据集以及用于对应匹配的最佳空间和时间处理之间的不清楚的关系，只有很少的研究为视频差异提出可行的解决方案。为了建立成功的处理方法，文献[29]通过形成三维马尔可夫随机场将处理匹配成本的方法扩展到视频处理领域。基本方法是最小化空间和聚合操作的申请，这种方法降低了分辨率，并且对空间和时间应用一组多重匹配一致性检查来过滤错误。为了处理时空数据的时间一致性，文献[30]提出了一个两阶段的算法，通过解决新的三维 TV 最小化问题，提高了空间和时间的一致性。在模糊时空领域，文献[31]提出了一种定义完整性约束的方法，其能够处理模糊时空数据。然而，文献[31]只是提出一个不一致的分类，而没有提出修复不一致状态的方法。

下表给出了在修复不一致性中的模糊时空的不同特征之间的比较。从表中可以观察到文献[16]处理模糊特征；文献[13]、文献[18]、文献[19]、文献[21]、文献[32]、文献[33]处理时间特征；文献[25]～文献[27]处理空间特征；文献[17]处理模糊和时间特征；文献[28]处理模糊和空间特征；文献[22]、文献[29]、文献[30]处理时间和空间特征。但这些论文只涉及对模糊时空数据特性中的一个或一部分的修复不一致方法。文献[31]提出了一种定义完整性约束的方法，其考虑了模糊特征、时间特征和空间特征，然而，它只允许模糊时空数据的部分一致性。

表　在模糊时空属性上修复不一致性的比较

文献	模糊属性	时间属性	空间属性
[13]		√	
[16]	√		
[17]	√	√	
[18]		√	
[19]		√	
[21]		√	
[22]		√	√
[25]			√
[26]			√
[27]			√
[28]	√		√
[29]		√	√
[30]		√	√
[31]	√	√	√
[32]		√	
[33]		√	
本书	√	√	√

通过前面对国内外传统数据库、时态数据库、空间数据库以及时空数据库一

致性研究的分析，发现现有的文献[13]、文献[16]、文献[17]、文献[29]在处理模糊时空 XML 数据一致性问题上具有明显的不足。因此，研究模糊时空 XML 文档的一致性很有必要。虽然上述工作没有直接处理模糊时空 XML 数据的不一致性问题，但前人的工作在解决基于 XML 的模糊时空数据的不一致性问题方面起着铺垫作用，可以在他们工作的基础上进行分析与研究。因此，在这部分将依次对模糊时空 XML 数据的建模以及一致性修复等问题展开深入的讨论和研究，目标在于提出一套切实可行的对基于 XML 的模糊时空数据的一致性修复方案，并通过实验验证所提方案的合理性和可行性。

模糊时空 XML 数据的一致性修复方案的提出和实现，将提高相应的对模糊时空数据的管理能力，同时为模糊时空 XML 数据的进一步研究提供了基本研究思路和关键技术的解决方法。这部分的研究工作将丰富和发展现有的模糊时空 XML 数据一致性的研究方法，促进模糊时空数据应用在技术和实现等方面的发展。

这部分主要进行以下几方面的研究工作。

（1）提出适于一致性约束的模糊时空 XML 数据的模型，包括节点的分类、各节点的定义和模糊信息、时间信息以及空间信息的表示。在此基础上，提出模糊时空 XML 数据树的模型。之后以实体云的应用为例讨论模糊时空数据的表示和操作。

（2）在模糊时空 XML 数据模型基础上，研究模糊时空 XML 文档中可能产生的不一致性问题，对一致性问题进行分类讨论及说明，并提出修复一致性的步骤。

（3）针对模糊时空 XML 文档中三种可能的不一致性，提出检查和修复算法，并分析算法的复杂度。

（4）对解决模糊时空 XML 文档中产生一致性的修复算法的性能进行测试与分析，并且从修复性能的角度将这部分提出的修复方案与其他文献中的一致性修复方法进行比较。通过与其他方法进行比较分析，可以看出所提出算法在修复一致性方面的优势，进而从另一方面证明所提出的方法在修复模糊时空 XML 文档中的一致性问题上的有效性。

第 3 章　适于一致性约束的模糊时空 XML 数据模型

本章提出适于一致性约束的模糊时空 XML 数据模型。首先，本章给出了模糊时空 XML 文档中节点的分类。其次，研究了在模糊时空 XML 文档中的模糊时间标签、模糊空间标签和属性节点。最后，提出了模糊时空 XML 文档一致性约束条件以及适于一致性约束的模糊时空 XML 文档的定义，并对定义中的八个不一致条件分别进行讨论。

3.1　适于一致性约束的模糊时空 XML 文档中的节点的分类

本节首先对模糊时空 XML 文档中的节点进行分类。本章通过扩展 XPath[3]数据模型来捕获模糊时空 XML 文档的历史信息。XPath（XML 路径语言）由 W3C 创建，是一种在一个 XML 文档中寻址、用于从 XML 文档中选择节点的查询语言[32]。XPath 最初是为 XSLT 和 XPointer 而设计的，它为 XSLT 和 XPointer 之间的变换提供了一种通用语法模型。但是很快就被开发者用来当作小型查询语言，它的主要目的是在一个 XML 文档中寻根，除此以外，它还为操作字符串、数字和布尔值提供了一些基本功能。XPath 使用了一个紧凑的非 XML 语法，以便于在 URI（uniform resource identifier）中及 XML 属性值中使用。XPath 对 XML 文档的抽象逻辑结构起作用，而不是针对表面语法，因使用类似于 URI 的路径表示法，并在一个 XML 文档的层次结构中进行导航而得名。基于 XML 文档的树表示的 XPath 语言通过各种标准查找节点，具有在树中遍历的能力。此外，XPath 还可以用于从 XML 文档中计算值的大小。

在本章的模糊时空 XML 文档中有四种类型的节点，它们分别是根节点、元素节点、属性节点和文本节点。对于每种类型的节点，可以确定一个字符串值。下面的分类中将详细介绍数据模型中的每种类型的节点。

根节点 r：根节点是 XML 数据树的根。根节点 r 是唯一的，其没有入射边缘。此外，XML 数据树中的每个节点都可以找到其与根节点相通的路由。

元素节点 e：一个元素的开始标签、结束标签以及两者间的全部内容。元素节点是根节点 r 的子节点，元素节点的子节点是元素节点或者文本节点。每个元素节点都具有一组相关的属性节点。

属性节点 a：元素的每个属性都有属性节点，包括属性名和属性值两部分。属性节点是元素节点或文本节点的子节点，其使用属性名称或其他属性进行标记。

文本节点 *t*：XML 元素的字符数据，包括 CDATA（不由 XML 解析器进行解析的文本数据）段中的字符数据。文本节点表示元素节点的名称或键值。它们只能来自元素节点（或根节点）的一个入射边和一个出射边。

图 3.1 描述了适于一致性约束的模糊时空 XML 数据模型中四种类型的节点，它是一种抽象数据模型。

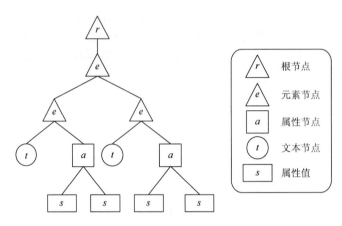

图 3.1　模糊时空 XML 数据模型节点

定义 3.1（节点）　设 *D* 为 XML 文档，*V*(*D*)为 *D* 的节点集合。四种节点分别称为 *r*、$V_e(D)$、$V_a(D)$ 和 V_t。这些集合是成对不相交的，并且 $V(D)= \{r\} \cup V_e(D) \cup V_t(D) \cup V_a(D)$。

定义 3.2（边）　设 *E*(*D*)是模糊时空 XML 文档 *D* 中的一组边(*p*, *c*)，其中，每对边的顶点是以下情况中的一种：$p = r$，$c \in V_e(D)$；或 $p \in V_e(D)$，$c \in V_e(D)$；或 $p \in V_e(D)$，$c \in V_t(D)$；或 $p \in V_e(D)$，$c \in V_a(D)$；或 $p \in V_a(D)$，$c \in V_t(D)$。这些类型分别称为 *r-e*、*e-e*、*e-t*、*e-a* 和 *a-t*。

节点类型和边缘类型可以是混合内容，即元素节点可以具有不同种类的子节点。

3.2　模糊时间标签

模糊时空 XML 数据模型有两种模糊时间标签：模糊时间点标签和模糊时间区间标签。本节提出了模糊时间点和模糊时间区间的基本概念。

模糊时空事件发生的瞬时时间可能是模糊的，称为模糊时间点（记为 FTP）。模糊时间点表示模糊时空事件发生的可能的时间，它由若干时间点和每个时间点的可能性分布组成。

定义 3.3（模糊时间点，fuzzy time point，FTP） FTP 是一个由时间点和时间点的隶属度组成的二元组，FTP = (T, δ)，其中，T 表示当前模糊时空 XML 数据发生的时间点，δ 表示发生时间为 T 的隶属度。

模糊时间点可能是一个，也可能是多个，它表示模糊时空对象发生在该时间点的可能性。

模糊时间区间（记为 FTI）是一个带有可能性分布的时间区间，它由两个模糊时间点组成，表示这两个模糊时间点之间的模糊时间区间。两个模糊时间点分别表示该模糊时间区间的起止时间，模糊时间区间是模糊时间点的集合。

定义 3.4（模糊时间区间，fuzzy time interval，FTI） FTI 是由两个时间点及其隶属度组成的一个四元组，FTI = $(T_s, \delta, T_e, \delta')$，其中，$T_s$ 和 T_e 表示当前模糊时空 XML 数据发生的起始时间点和结束时间点，必须满足 $T_s < T_e$（表示 T_s 优先于 T_e），δ 和 δ' 分别表示起始时间为 T_s 和结束时间为 T_e 的时间点的隶属度。

模糊时间区间是由其起止模糊时间点决定的，因此模糊时间区间的隶属度实际上是由起始模糊时间点和结束模糊时间点的隶属度决定的。

推论 设模糊时间区间 FTI = $(T_s, \delta, T_e, \delta')$，则模糊时间区间的隶属度 δ_{FTI} 为如下值。

（1）如果起始时间点 T_s 的隶属度 $\delta = 1$，则模糊时间区间的隶属度 $\delta_{FTI} = \delta'$。

（2）如果结束时间点 T_e 的隶属度 $\delta' = 1$，则模糊时间区间的隶属度 $\delta_{FTI} = \delta$。

（3）如果起始时间点的隶属度 $\delta \neq 1$ 且结束时间点 T_e 的隶属度 $\delta' \neq 1$，则模糊时间区间的隶属度 $\delta_{FTI} = \delta' \times \delta$。

证明 模糊时间区间隶属度的计算分为三种情况。

（1）当 $\delta = 1$ 时，起始时间点是非模糊的，则 $\delta_{FTI} = \delta' \times 1 = \delta'$。

（2）当 $\delta' = 1$ 时，终止时间点是非模糊的，则 $\delta_{FTI} = \delta \times 1 = \delta$。

（3）如果模糊时间区间的起始时间点和结束时间点都是模糊的，则 $\delta_{FTI} = \delta \times \delta'$。

模糊时空数据库中当前时间点表示为英文单词 Now。文档创建时刻可以表示为 t_0。下面我们将给出当前节点和边缘的定义。

定义 3.5（当前节点和边缘） 如果模糊时空文档的遏制（参考）边使得 T_e = Now，则其称为当前遏制（参考）边缘。如果其中一个节点的遏制（参考）边是当前遏制（参考）边，则其称为当前节点。

模糊时间标签是间隔 T_e（我们使用自然数来表示 T_e）和节点的隶属度，标记遏制边或元素边。给定节点 n_i 和 n_j 之间的边 e，$\text{Poss}(n_i)$ 表示节点 n_i 的相对可能性。本章我们所使用的时间标签是指在模糊时空 XML 文档中的节点和边的时间段。例如，T_{er} 表示参考边 r 的事务时间。使用时间标签标记的边称为带时间标签的边。一般来说，如果边 e 用时间标签 T_e 标记，我们将使用 $T_{e.\text{from}}$ 和 $T_{e.\text{to}}$ 表示间隔 T_e 的端点。如果 $T_{e.\text{from}} = T_{e.\text{to}} + 1$，则两个时间标签 T_{ei} 和 T_{ej} 是连续的。

3.3　模糊空间标签

模糊时空 XML 文档中存在三种模糊空间标签：模糊点标签、模糊线标签以及模糊区域标签。本节讨论三种模糊标签的形式化定义。

模糊点表示模糊时空对象的具体位置是不确定的，但是可以知道其可能存在位置的区域。因此，可以将模糊点看成带有可能性分布的位置。

定义 3.6（模糊点，fuzzy point，FP）　FP 是一个由模糊时空对象位置（二维坐标）和位置隶属度组成的三元组，表示为 $FP = (x, y, \delta)$，其中，x 表示当前模糊时空对象的模糊点映射到 x 轴上的坐标，y 表示当前模糊时空对象的模糊点映射到 y 轴上的坐标。δ 表示模糊点在位置(x, y)时的隶属度，记作 $\delta(x, y)$，其中 $0 < \delta < 1$。

模糊线表示模糊时空对象的具体位置以及位置可能分布长度是不确定的，但是已知其可能存在的位置区域。普通线的语义是两个端点间一系列点的集合，与此类似，模糊线是带有可能性分布位置信息的点的集合。

定义 3.7（模糊线，fuzzy line，FL）　FL 是由两个模糊时空对象位置（二维坐标）和每个位置的隶属度组成的一个六元组，$FL = (x_l, y_l, \delta, x_r, y_r, \delta')$。

（1）x_l 和 y_l 表示当前模糊时空对象的模糊线映射到 x 轴和 y 轴上的最小值坐标（左端点）。

（2）x_r 和 y_r 表示当前模糊时空对象的模糊线映射到 x 轴和 y 轴上的最大值坐标（右端点）。

（3）δ 和 δ' 表示起始和结束端点的隶属度，其中 $0 < \delta$，$\delta' < 1$。

模糊线标签是由两个端点确定的，因此模糊线标签的隶属度是由这两个模糊点的隶属度共同决定的。

模糊区域标签表示模糊时空对象的边界是不确定的，但是已知其可能的范围在位置区域内。模糊区域可以用 MBR（minimum bounding rectangle）表示，因此，可以用两个模糊点作为端点表示。模糊区域用来表示模糊时空数据逐渐变化的区域，如暴风的位置。

定义 3.8（模糊区域，fuzzy region，FR）　FR 是由两个模糊时空对象的模糊点（二维坐标）和其隶属度组成的一个六元组，$FR = (x_{min}, y_{min}, \delta, x_{max}, y_{max}, \delta')$，其中，$x_{min}$ 和 y_{min} 表示当前模糊时空对象的模糊区域映射到 x 轴和 y 轴上的最小值坐标（左下端点），x_{max} 和 y_{max} 表示当前模糊时空对象的模糊区域映射到 x 轴和 y 轴上的最大值坐标（右上端点），δ 和 δ' 表示起始和结束端点的隶属度，其中 $0 < \delta < 1$，$0 < \delta' < 1$。

与模糊线标签类似，模糊区域标签也是由两个端点表示的，因此模糊区域标签的隶属度是由这两个模糊点的隶属度共同决定的。模糊空间标签是一个可能的位置，其中从建模的角度来看，属性和元素节点之间没有区别（除了属性节点不能包含其他类型的节点外）。多个模糊空间标签构成节点的所有概率分布。给定元素节点 n_i 和属性节点 n_j 之间的边 e_c，p_{ec} 被标记为模糊空间标签。用模糊空间标签标记的边称为模糊空间边。与模糊时间标签不同，模糊空间标签只是模糊点，而不是模糊区域。

3.4　属　性　节　点

在 XML 数据模型中，属性应该是唯一的，有两种方法可以实现：①不允许属性随时间变化；②将其视为一种特殊类型的要素。我们选择第二种方法来实现节点的多种可能性。本章仅在单个时间间隔上操作，而不是时间元素。本章定义一个特殊元素，表示为＜ATTRIBUTES＞。例如，如果元素＜cloud＞具有属性＜ATTRIBUTES＞，则当云的位置改变时，该属性的值将改变，具体见以下代码。

```
<clouds>
    <cloud number="1501">
        <ATTRIBUTES>
            <Val Poss=0.8></Val>
            <cloud name Time: From="0"Time: To="Now">
                Mekkhala
            </cloud>
            <position>
                <Dist type="disjunctive">
                    <Val Poss=0.8 Sorsogon></val>
                    <Val Poss=0.2 Eastern samar></val>
                    <Val Poss=0.7 Camarines Norte></val>
                </Dist>
            </position>
        </ATTRIBUTES>
    </cloud>
</clouds>
```

当时间为 t_1 时，云的位置发生改变，则文档将修改如下。

```
<clouds>
    <cloud number="1501">
        <ATTRIBUTES>
            <Val Poss=0.7></Val>
```

```
<cloud name Time: From="0"Time: To="t1">
    Mekkhala
</cloud>
<Val Poss=0.9></Val>
<cloud name Time: From="t₁"Time: To="Now">
    Mekkhala
</cloud>
<position>
    <Dist type="disjunctive">
    <Val Poss=0.9 Eastern samar></val>
    <Val Poss=0.7 Camarines Norte></val>
    </Dist>
</position>
</ATTRIBUTES>
</clouds>
```

从上面给出的示例中不难观察到，首先需要定义表示为 Poss 的可能性属性。可能性属性的值区间为[0, 1]，该可能性属性与称为 Val 的模糊结构一起使用，用来指定在模糊时空 XML 文档中存在的给定元素的可能性。

3.5　适于一致性约束的模糊时空 XML 文档

本节提出了一个适于一致性约束的模糊时空 XML 文档应该遵循的一致性条件。在给出不一致条件之前，首先给出节点的生命周期的定义。

定义 3.9（节点的寿命）　lifespan(n)表示模糊时空 XML 文档中节点的生命周期，它是进入节点的入射约束边的时间标签。根节点的寿命是时间间隔[t_0, Now]。lifespan(n) = T_i，其中，T_i 表示模糊时空 XML 文档中节点 n 的入射边的时间标签。

此外，Now 是定义 3.9 的节点 n 的当前时间点。为了便于讨论，本章假定每个节点只有一个入射边。根据定义 3.9，可以总结一些文档树必须满足的条件，以便成为一个模糊时空 XML 文档。以下定义枚举了这些条件。

定义 3.10（模糊时空 XML 文档一致性约束条件）　模糊时空 XML 文档应满足以下条件，以保证时间和位置的一致性。

（1）若节点 n_i 是模糊时空 XML 文档树中节点 n_j 的子节点，则有 lifespan(n_i)⊂lifespan(n_j)。

（2）可能性属性的值被定义为 Poss(n)，其值的范围是[0，1]。一些节点可以具有几个可能的值，如位置信息。

（3）出射边的时间标签和空间标签应该分别包括在节点的生命周期和空间标签中。

（4）假设 $e_j(n_i, n_j, T_{ej})$，$e_k(n_i, n_k, T_{ek})$ 是来自节点 n_i 的两个相邻出射边，则 $T_{ej} + 1 = T_{ek}$。

（5）对于任何时刻 t，必有一个子图，其所有的入射边 e_c 都保证 $t \in T_{ec}$，则该子图是带有根节点的 XML 树。本章将这个子图称为时间 t 的模糊时空 XML 文档的快照，表示为 $D(t)$。

（6）对于任何入射边 $e_c(n_i, n_j, T_{ec})$，如果 n_j 是 ID（唯一标识）类型的节点，e_c 的时间标签与 n_i 的寿命相同；此外，如果在模糊时空 XML 文档中有两个元素具有相同的 ID 属性值，则两个元素是相同的。换句话说，节点的 ID 对于模糊时空 XML 文档的所有快照保持恒定。

（7）对于入射边 $e_c(n_i, n_j, T_{ec})$，如果 n_j 是具有特殊属性（如名称或位置）的属性节点，则存在一个出射边 $e_r(n_j, n_k, T_{er})$。此外，还应该有 $T_{ec} = T_{er}$ 和 $P_{ec} = P_{er}$。

（8）假设 $e_j(n_j, n_k, T_{er})$ 是节点 n_j 的出射边，则得到 $T_{ej} \subset \text{lifespan}(n_j)$。

本章使用实体云的数据库信息构建模糊时空 XML 数据模型，如图 3.2 所示。图 3.2 所示的图形是实体云的数据库中的部分模糊时空 XML 文档。云由云墙和螺旋带组成，这两部分可能会随时间发生变化。第一，对于模糊节点，本章使用可能性分布来表示它们的隶属度。本章将节点值及其可能性作为节点的属性。第二，时间和空间节点的出射边的标签标有隶属度。第三，时间和空间节点的子节点分别表示云的生命周期和位置信息。本部分将通篇使用这个例子。

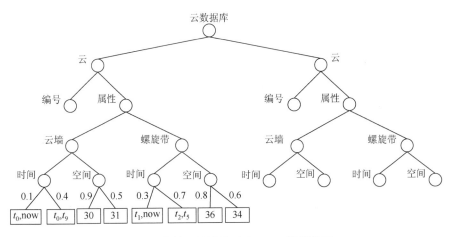

图 3.2　实体云的模糊时空 XML 数据模型

3.6　讨　　论

本节讨论模糊时空 XML 数据模型的一些特性，以及在本章的其余部分使用的一些假设。首先解释定义 3.10 中的一致性约束条件。

第一个一致性条件意味着，即使在特定的时刻，入射边也只能表示同一类型的包含关系。而在另一个实例中，此包含关系可以是不同的。对于发生在同一时刻的任何其他关系，则需要使用出射边。

第二个一致性条件意味着节点可以具有几个可能的生命周期和空间信息。

在第三个一致性条件中，可能性属性被表示为 Val 的模糊信息，以指定在模糊时空 XML 文档中存在给定元素的可能性。

第四个一致性条件表示相邻兄弟节点的生命周期应该是连续的。

第五个一致性条件表明，本章处理的是一个简单的时间间隔，而不是一个时间元素。这个假设简化了不一致条件的讨论，并使得其实现更为有效。此外，本章提出的定义和定理可以扩展到时间和空间元素的情况。因此，本章的假设将为模糊时空 XML 数据模型带来语义和实际讨论上的便利。

第六个一致性条件中的 ID 是在模糊时空 XML 文档的整个文档历史中的唯一约束，它允许有多种限制条件，但是会导致其他类型的问题。ID 属性不会标识实体云的节点，因为它与同一快照中同一云的两个实例具有不同的 ID。即使可以达到模糊时空数据查询需求，仍会失去同一节点中实体云的信息的期望属性。这里，实体云的时间键值应该是包含其名称的值节点。在本章的其余部分都假设模糊时空 XML 文档符合约束，其中在每个快照中从子节点到父节点（图 3.2）是多对一的关系。换句话说，入射边的路径中的所有节点都是相对键（在快照中）。与 ID 约束类似，它允许使用模糊时空 XML 数据树识别整个模糊时空文档的历史节点。

第七个一致性条件意味着入射边和出射边的时间和位置信息相同。

第八个一致性条件表示参考边的时间间隔包含在连接点的生命周期中。

根据定义 3.10 中的第五个一致性条件，每个模糊时空 XML 文档都有一个当前子树。同样地，一个当前子树也会有一个当前子树。

定义 3.11（当前子树）　如果 D_c 定义为在没有基准边的情况下组合的模糊时空 XML 文档 D 的子图。给定模糊时空 XML 文档 D 和当前节点 n，n 的当前子树是具有当前节点 n 的 D_c(Now)的子树。

为了简化讨论，本章的其余部分只考虑入射边。当然，所有的概念都可以扩展到出射边。

根据定义 3.10 中的第七个一致性条件，一个入射边是一个点到另一个点的路径。在这种情况下，从根节点 r 到元素节点或者属性节点一定会有一条路径，定义为连续路径。

定义 3.12（连续路径和最大连续路径）　对于在 k 个节点 $(n_1, n_2, \cdots, n_k, T)$ 的序列中从节点 n_1 到节点 n_k 并具有间隔 T 的连续路径（continuous path，cp），以及具有遏制边的时间区间，形如 $e_1(n_1, n_2, T_1)$，$e_2(n_2, n_3, T_2)$，$\cdots$，$e_{k-1}(n_{k-1}, n_k, T_{k-1})$，并且 $T = \Pi_{(i=1, k-1)} T_i$，使得从 n_1 到 n_k 的最大连续路径的时间间隔 T 是所有连续路径的时间区间 T_i 的和，则存在 n_1 到 n_k 的最大连续路径（maximum continuous path，mcp），其时间间隔为 T_i。

mcp 在查询路径中只访问每个节点一次，可以利用这个特点进行查询处理。对于两个节点 n_1 和 n_k，令 N 作为节点 n_i 的集合，其中 $1 < i < k$。例如，存在从 n_1 到 n_i 的具有间隔 T_{ni} 的连续路径，并且存在具有时间间隔 T_{ei} 的从 n_i 到 n_k 的遏制边。因此，从 n_1 到 n_k 的每条连续路径将具有间隔 $T_i = T_{ni} \cap T_{ei}$。如果间隔是连续的，则这些连续路径的间隔的并集将是 n_1 和 n_k 之间的 mcp 的间隔。这意味着图中的所有 mcp 都可以从根节点开始对每个节点访问一次。

3.7　本 章 小 结

本章主要介绍了基于模糊时空 XML 文档模型的定义。首先对适于一致性约束的模糊时空 XML 数据中节点的分类作了详细的阐述；然后介绍了模糊时空 XML 文档的一些重要属性，包括模糊时间标签、模糊空间标签和属性节点，以及这些模糊时空 XML 文档所必需的属性；本章还基于云的模型构造了模糊时空 XML 文档树；最后用形式化语言给出了模糊时空 XML 文档保持一致性所必须遵循的规则，并且详细解释了这些一致性条件的含义。

第 4 章　模糊时空 XML 数据的不一致修复

本章基于第 3 章中提出的适于一致性约束的模型，给出模糊时空 XML 文档的一致性条件的定义。然后提出算法来检查和解决模糊时空 XML 文档中的不一致性问题，给出这些算法的复杂度，并对每个算法的执行步骤进行举例说明。最后，通过几组实验对在模糊时空 XML 文档中检查和修复不一致性算法的效率进行评估。

4.1　模糊时空 XML 文档的一致性条件

模糊时空 XML 文档的一致性受到文档变化和修改的影响。在诸如更新、插入或删除等各种操作中，应该保持模糊时空 XML 文档的一致性不发生变化。一般来说，首先需要检查一个模糊时空 XML 文档是否出现不一致，所以提出高效可行的算法是很有必要的。算法不仅要能检测模糊时空 XML 文档是否出现了不一致，而且要能修复出现的不一致。

接下来给出模糊时空 XML 文档中的不一致条件。

定义 4.1（模糊时空 XML 文档一致性条件）　模糊时空 XML 文档需要满足以下一致性条件。

（1）如果节点 i 是节点 n 的子节点，则 lifespan(i) $\not\subset$ lifespan(n)。

（2）如果 e_i 和 e_j 是同一个节点 n 的相邻出射边，则 $T_{ej.\text{from}}-T_{ei.\text{to}}>1$ 或者 $T_{ej.\text{from}}-T_{ei.\text{to}}<1$。

（3）在模糊时空 XML 文档树中有一个闭环。

由于每个不一致条件可能包含几个不一致的区间，本章将在模糊时空 XML 文档中给出不一致区间的定义。

定义 4.2（不一致区间）　如果 I 是定义 4.1 中的一个不一致时间区间，定义为 I_I，它是一个闭区间。当不一致情况发生时，不一致区间是局部的。这意味着在模糊时空 XML 文档中的不一致区间可能有多个。

例 4.1　图 4.1（a）～图 4.1（c）给出了类型 I、类型 II 和类型 III 的不一致性示例。在图 4.1（a）中，$I_I = [t_6, \text{Now}]$（节点 n_2 的入射边的时间区间不包含在其父节点的生命周期中）；在图 4.1（b）中，$I_I = [t_4, t_5]$（节点 n_2 的两个子节点的时间区间存在间隙）和 $[t_{13}, t_{15}]$（节点 n_3 的两个子节点的时间区间有交集）；在

图 4.1（c）中，在间隔 $I_1 = [t_5, t_7]$ 内的每个快照中存在一个周期。在通过定义 4.1 和定义 4.2 确定不一致的类型后，接下来要做的应该是检查和修正模糊时空 XML 文档中发现的不一致性。检查和修复模糊时空 XML 文档中的不一致的过程可以分为两个步骤。

（1）检查模糊时空 XML 文档是否不一致。

（2）如果检测出模糊时空 XML 文档中包含不一致性，则应该修复检测出的不一致性（同时应该计算修复不一致性的时间复杂度）。

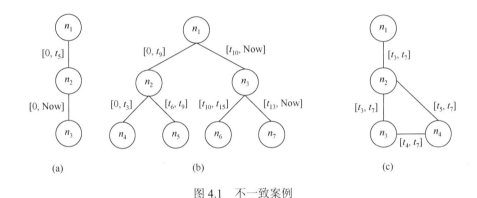

图 4.1　不一致案例

模糊时空文档的修复可能导致语义变化，因此用户可以自己决定是否执行第二步。本章还将讨论在提出算法之后检查和修复模糊时空 XML 文档中的不一致的复杂性。

4.2　模糊时空 XML 文档中的不一致性的检查

本节给出检查模糊时空 XML 文档的不一致的算法，并给出相应算法的时间复杂度。

在整个章节中都将会用到以下概念：假设存在两个时间区间 T_1 和 T_2，如果 $T_{1.to} > T_{2.to}$，其含义为 T_1 比 T_2 早，定义为 $T_1 > T_2$。同理，如果 $T_{1.to} < T_{2.to}$，其含义为 T_1 比 T_2 晚，定义为 $T_1 < T_2$。

推论　在模糊时空 XML 文档树中，如果在时间区间 I_1 中存在一个内循环，那么一定会有一个节点 i，且 $T_{mcp}(n_i) \neq \text{lifespan}(n_i)$，这里 $T_{mcp}(n_i)$ 是根节点 r 到节点 n_i 的最长连续路径的时间区间。

证明　根据模糊时空 XML 文档的定义，每个节点在每个时刻 t 最多只有一个入射遏制边。在时间区间为 I_1 内有一个环，在这个环中有一个节点 n_i。根据定义可知，它们将满足 $\text{lifespan}(n_i) \supset I_1$，并且 $T_{mcp} \cap I_1$。但是如果存在一个环，则将会出

现 $T_{\text{mcp}} \cap I_{\text{I}} = \varnothing$。所以，在某个时刻 t，一定会有一个节点，这个节点不止有一个父节点。

本章将使用该推论来检查第三种不一致性。当模糊时空 XML 文档中存在不一致时，下面提出相应的修复方法。首先需要做的是将模糊可能性分布改为普通分布，这样有利于本章的讨论。算法 4.1 检查类型 I 的不一致性，即子节点的时间周期不包含在父节点的时间周期内。

算法 4.1 检查不一致类型 I

输入：一个模糊时空 XML 文档的根节点 n
输出：如果 D 不包含不一致种类 I，则返回 True，否则返回 False
boolean checkNodeConsistencies(文档 D){
(1)   初始化时间堆栈 L 为空
(2)   for 每个带有标签 T_e 的从 e 事件到 n 事件的边 do
(3)   对于节点 i 的每个 Poss(n_i)
(4)   if $\delta_{ik} > \delta_{i\,(k+1)}$ //δ_{ik} 表示节点 i_k 的可能性分布
(5) $T_i = T_{ik}$
(6)   读取 lifespan(e) 到 L；
(7)   end if
(8)   end for
(9) $I = L[1]$；
(10)   for 每个在 $1 \sim$ length$(L) - 1$ 范围内的 i do
(11)   if $L[i]$.to $+ 1 \neq L[i+1]$.from then
(12)   return False；
(13)   else
(14) $I = I \cup L[i+1]$；
(15)   end for；
(16)   return True； }

在算法 4.1 中，δ 是节点 n 的出射边（根据定义 3.11）的可能性分布。由于这种方法可以简化讨论，所以本章选择更大的可能性分布的节点的生命周期作为 lifespan(n)。在一个模糊时空 XML 文档中，L 作为存储所有时间区间的一个集合。如果 $L = \varnothing$，则认为模糊时空 XML 文档是空的。$L[i]_{\text{to}} + 1 = L[I+1]$ 表明两个相邻的兄弟节点是连续的。然后将这两个时间区间存储到 L 中。后面的所有算法使用的时间区间均取自 L。

根据算法 4.1，第 4~7 行根据元素节点的可能性分布的大小将其时间区间存储到栈 L 中。第 11 行和第 12 行检查了第一种不一致性。如果时间栈是 Null，则算法会返回 False，这意味着文档中出现了第一种不一致。

例 4.2 本章使用图 4.2 来说明算法 4.1 的运行步骤。根据算法 4.1，模糊时空 XML 数据树将会由图 4.2（a）变为图 4.2（b）。在图 4.2 中，$n_4 > n_5$（δ_{ik} 表示节点 i_k 的可能性分布），所以需要选择节点 n_4 作为节点 n_2 的子节点。节点 n_6 和节点 n_4 的选择方法是一样的。在图 4.2 中，n_4 和 n_6 的子节点的时间区间在其双亲节点的时间区间内，最后算法 4.1 会返回 True。

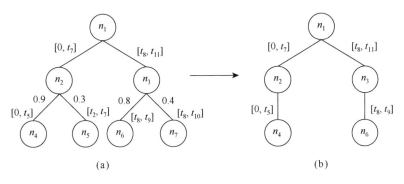

图 4.2　检查兄弟节点的时间区间一致性

因此，可以看到，算法 4.1 的主循环次数最多为 $|V|$（模糊时空 XML 文档中节点的个数）次。时间复杂度为 $O(\deg_{in}(n) \times \deg_{in}(n) + \deg_{in}(n) \times \log(\deg_{in}(n)))$，其中 $\deg_{in}(n)$ 是节点 n 的出射边的个数。在最坏的情况下（此时所有的出射边都来自节点 n），算法的时间复杂度是 $O(|E| \times |E|)$（$|E|$ 是节点 n 的所有出射边的个数）。最好的情况下（所有的节点都只有一个出射边），生命周期是不变的。

在平均情况下（所有节点都有相同数目的出射边，个数为 $\dfrac{|E|}{|V|}$），算法 4.1 的时间复杂度为 $O\left(\dfrac{|E|}{|V|} \times \dfrac{|E|}{|V|}\right)$。

在检查子节点和父节点之间的时间间隔之后，将检查兄弟节点之间的时间间隔是否一致。算法 4.2 给出了检查的详细步骤。

算法 4.2　检查不一致类型 II

输入：一个模糊时空 XML 文档 D
输出：如果 D 不包含不一致类型 II，则返回 True，否则返回 False
boolean checkNodeConsistencies(文档 D){
（1）　　for D 中的每个节点 n do
（2）　　　　I = lifespan(n);
（3）　　end for;
（4）　　for n 的每个孩子节点 e do
（5）　　　　if $T_e \not\subset I$ then
（6）　　　　　　return False;
（7）　　　　end if;
（8）　　end for;
（9）　　return True；}

在算法 4.2 中，第 2 行检查模糊时空 XML 文档中是否存在第二种不一致（如果入射边的时间区间不连续，则算法 4.1 返回 Null）。在图 4.3 中，节点 n_4 和节点 n_5 的时间区间有交集，节点 n_6 和节点 n_7 的时间区间有空隙 $[t_9, t_{10}]$。

例 4.3　本章使用图 4.3 来说明算法 4.2 的执行步骤。在算法 4.2 中，第 3~7 行检查模糊时空 XML 文档中的不一致。在图 4.3 中，不一致时间区间是 $[t_3, t_5]$ 和 $[t_9, t_{11}]$。如果模糊时空 XML 文档中存在不一致，那么算法 4.2 将会返回 False。如果相邻的兄弟节点的时间区间是连续的，则算法 4.2 将会返回 True。

从代码中可以看到，算法 4.2 的主要循环次数最多是 $|V|$（模糊时空 XML 文档中节点的个数）次。根据算法 4.2，内循环的时间复杂度是 $O(\deg_{in}(n) \times \log(\deg_{in}(n)))$。因此，算法 4.2 的时间复杂度是 $\sum_{n \in |V|} \deg_{in}^2 \times \log(\deg_{in}(n))$。在平均情况下，$\deg_{in}(n)$ 等于 $|E|$。由此可知，此时的时间复杂度是 $O(|V| \times |E|^2 \times \log(|E|))$。

在检查了类型 I 和 II 的不一致后，将检查类型 III 的不一致，即模糊时空 XML 文档中某些时间区间内含有环，闭环的个数可能为多个。算法 4.3 通过查找不一致时间区间内的节点来执行周期检查。

算法 4.3　检查不一致类型 III

输入： 一个模糊时空 XML 文档 D，如 checkNodeConsistencies(D) = True
输出： 如果 D 不包含不一致类型 III，返回 True，否则返回 False
boolean checkCycles(document D){
（1）　n = first(nodes);
（2）　for 每个从 n 出发的 e do
（3）　　if !traversed(e)then
（4）　　　if $T_e \cap T_e' \neq \varnothing$ then
（5）　　　　return False;
（6）　　end if;
（7）　end if;
（8）　end for;
（9）　if !empty(nodes)then
（10）return False;
（11）end if;
（12）return True； }

在算法 4.3 中，第 3~6 行检查第三种不一致。当一个节点的所有出射边都被遍历到时，表明这个节点已经遍历结束。如果队列是空的并且所有节点都被遍历了，则表明模糊时空 XML 文档中没有环。反之，如果节点没有遍历完，则说明至少有一个闭环存在。

例 4.4　我们使用图 4.4 来说明算法 4.3 的执行步骤。在图 4.4 中 $T_{n3} \cap T_{n4} = \varnothing$，所以算法 4.3 将会返回 False。

然后计算算法 4.3 的时间复杂度。基于每个节点入射边的个数，每个节点至少被遍历一次。最好的情况下是没有环存在。在这种情况下，第 5 行将不被执行。第 2 行的循环将被执行 $\deg_{in}(n)$ 次。最坏的情况下，第 4 行被执行 $|V|$ 次。最后算法 4.3 的时间复杂度是 $O(|E| + |V|)$。

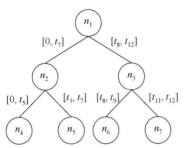

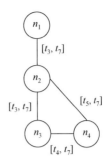

图 4.3　检查兄弟节点的时间区间的一致性　　图 4.4　检查模糊时空 XML 文档中的环

4.3　模糊时空 XML 文档中的不一致性的修复方法

4.2 节提出了有效的算法来检查模糊时空 XML 文档中是否存在不一致性。本节将讨论如何修复这些不一致性。对于每一种类型（类型Ⅰ、Ⅱ、Ⅲ）的不一致性，本节研究了相应的修复算法。如果这些操作是不可接受的，那么可以选择丢弃这个模糊时空 XML 文档而不是修复它。本节只研究单独的不一致，假设模糊时空 XML 文档中出现的不一致性都是唯一一个，而不是多个，则把这些算法结合起来就可以修复模糊时空 XML 文档中的多种不一致性。

4.3.1　不一致类型Ⅰ和类型Ⅱ的修复方法

对于类型Ⅰ和类型Ⅱ的不一致性，如果一个边的时间区间 T_{ei} 和节点 i 的生命周期的关系为 $T_{ei} \not\subset \text{lifespan}(i)$。对于类型Ⅰ的不一致性，不一致区间 I 是不包含在不一致节点的生命周期内的最大间隔。注意，类型Ⅰ实际上可以是一组时间间隔。例如，不一致节点的生命周期被适当地包括在不一致的边的时间区间中。本节将研究由不一致的边引起的不一致性问题。

本节提出了一种解决问题的方法：减少修改的步骤（减少不一致边的模糊时空标签）。在此解决方案中，可以减少不一致节点的生命周期，直到父节点的生命周期覆盖不一致间隔。只考虑子节点的入射边，并且以使得父节点的生命周期覆盖不一致边的整个标签的方式修改其模糊时空标签。

修复不一致性的第一步是修复类型Ⅰ和Ⅱ的不一致性。这是因为两个不一致的状态在时间间隔方面具有类似点。算法 4.4 给出了修复方法的详细步骤。

算法 4.4　修复不一致类型Ⅰ和Ⅱ

输入：一个模糊时空 XML 文档 D
输出：一个合法的模糊时空 XML 文档

```
Fixinconsistencies(文档 D){
（1）    for n 的每个孩子节点 e do
（2）            读取 lifespan(e)到 L；
（3）            if lifespan(e)⊄I then{
（4）                    if t_{e·to}<t_{n·from} or t_{e·from}>t_{n·to} then 删除 e；
（5）                    else if t_{e·from}<t_{n·from} then t_{e·from} = t_{n·from}；
（6）                    else if t_{e·to}>t_{n·to} then t_{e·to} = t_{n·to}；  }
（7）    end for；
（8）    for 每个在 0~length(L)−1 的 i do
（9）            if L[i].from=L[i + 1].from&& L[i].to=L[i + 1].to then 删除 i
（10）        if L[i].to<L[i + 1].from−1 then L[i].to = L[i + 1].from−1；
（11）    if L[i] ∩ L[i + 1]≠Null then L[i].to = L[i + 1].from−1；
（12）    end for；
（13）    return D；  }
```

例 4.5　图 4.5（a）和图 4.5（b）分别给出了修复不一致性类型 I 和 II 的例子。图 4.5（a）是类型 I 的例子。在图 4.5（a）中，时间区间减小为[0, t_5]，被删去的是边（n_2, n_3）的时间区间。图 4.5（b）是修复图 4.1（b）所示的不一致性状态后的结果。在图 4.5（b）中，边（n_2, n_4）的时间区间被减小为[0, t_4]。

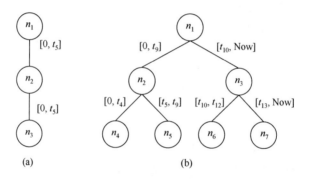

图 4.5　修复节点间的不一致时间区间

算法 4.4 遍历模糊时空 XML 文档中所有的节点来查找时间区间上的间隙或者交集。如果发现重叠，则在出现重叠的时间间隔中删除所涉及的边中的一个。每当访问节点 n 时，执行对节点复制的算法将被调用 $\deg_{in}(n)$次。算法 4.4 的时间复杂度为 $O(|E|^2)$。

4.3.2　不一致类型 III 的修复方法

类型 III 的不一致包含内循环。在这种情况下，还有一种方法来修复不一致：可以删除周期中的一个节点（在不一致时间间隔内）。

算法 4.5 通过删除不一致时间间隔内的节点来实现内循环消除。

算法 4.5　修复不一致类型Ⅲ

输入：一个模糊时空 XML 文档 D，在时间间隔 T_c 中具有内循环 C
输出：一个合法的模糊时空 XML 文档
Fixinconsistencies(D，C，T_c){
（1）　　n_c = a node in C；
（2）　　nodes_stack = [n_c]；
（3）　　while 节点堆栈不为空 do
（4）　　　　n = nodes_stack.pop()；
（5）　　　　visited(n) = True；
（6）　　　　for 每个边 $e = (n, n_d, T_e)$ outgoing from n，$T_c \cap T_e \neq \varnothing$
（7）　　　　　　删除 T_c 中的 e；
（8）　　　　end for
（9）　　end while；
（10）　return D；　}

例 4.6　图 4.6 给出了修复不一致类型Ⅲ的过程。在算法 4.5 中，第 6~7 行修复不一致类型Ⅲ。在图 4.6 中，内循环中的节点 n_4（时间区间为 $[t_4, t_7]$）将被删除。因此，当找到循环时，就删除节点 n 的不一致的出射边。

设 $\deg_{in}(n)$ 是节点 n 的入射边的个数，则 $|E| = \deg_{in}(n)$。算法 4.5 的时间复杂度为 $O(\deg_{in}(n) \times \log(\deg_{in}(n)))$，即 $O(|E| \times \log(|E|))$。

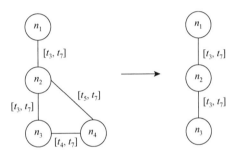

图 4.6　修复模糊时空 XML 文档中的闭环

4.4　实　验　评　估

为了评估在模糊时空 XML 文档中检查和修复不一致性算法的效率，本节将使用两个数据集来进行比较：北大西洋名为 Ingrid 的飓风数据集[33]和一个虚拟数据集。本节进行了四组实验测试。在第一组实验测试中，对 4.3 节提出的检查和修复不一致性算法进行了性能测试。第二组实验测试中，对算法的内存消耗进行了测试。在第三组实验测试中，为了验证所提算法的可行性和效率，进行了与前人所提算法的比较测试。在第四组实验测试中，比较了两种解析方式（DOM 和 DOM4J）的性能。

所有的实验展示都基于检查和修复模糊时空 XML 数据的算法。而且，每个算法的主要过程是创建和操作模糊时空 XML 文档。当前的程序实现过程中，所有的数据结构都是在检查和修复进程之前构造的。本节的目标是验证 4.3 节检查和修复模糊时空 XML 文档中的不一致性的方式是否有效。

4.4.1　实验环境

实验已在 Eclipse Mars.1（4.5.1）中实现，3.20 GHz 的 Pentium 系统，具有 4GB

RAM 内存和 500GB 硬盘驱动器并在 Windows 7 上运行。本节使用的编程工具是 DOM4J。DOM4J 是一个用于处理 XML、XPath 和 XSLT 的开源 Java 库。它是一个很好的 Java XML API，它功能强大并且易于使用，具有性能优良的特点。

本节的实验评估将使用真实的飓风数据集以及虚拟数据集。

本节选择这两个数据集是因为它们具有不同的特性。飓风数据集具有这些不一致状态的一部分，而虚拟数据集具有各种不一致性。本节选择飓风数据集作为基于 XML 的模糊时空数据的代表性数据集。选择这个特殊的数据集是因为它可以表示模糊和时空属性，并且结果与使用虚拟数据集没有实质性的不同。表 4.1 和表 4.2 分别表示真实飓风数据集和虚拟数据集。

表 4.1　飓风数据集

日期	时间	纬度	经度	风速/mph	气压/kPa	隶属度
2013-9-12	2100GMT	19.7	−93.6	35	1003	0.7
2013-9-13	0000GMT	19.7	−93.7	35	1003	0.5
2013-9-13	0300GMT	19.7	−94	35	1003	0.9
2013-9-13	0600GMT	19.8	−94.2	35	1003	0.2
2013-9-13	0900GMT	19.7	−94.5	35	1002	0.2
2013-9-13	1200GMT	19.5	−95	35	1000	0.3
2013-9-13	1500GMT	19.4	−95.3	45	1000	0.6
2013-9-13	1800GMT	19.4	−95.4	45	999	0.8
2013-9-13	2100GMT	19.2	−95.4	45	999	0.1
2013-9-14	0000GMT	19.2	−95.3	60	993	0.7
2013-9-14	0300GMT	19.3	−95.2	60	993	0.2
2013-9-14	0600GMT	19.7	−95.2	60	993	0.9
2013-9-14	0900GMT	19.8	−95	60	991	0.7
2013-9-14	1200GMT	20.3	−94.5	65	989	0.8
2013-9-14	1500GMT	20.6	−94.5	70	988	0.1
2013-9-14	1800GMT	20.9	−94.4	70	988	0.2
2013-9-14	2100GMT	21.3	−94.4	75	987	0.7
2013-9-15	0000GMT	21.6	−94.7	80	983	0.9
2013-9-15	0300GMT	22	−95	85	986	0.6
2013-9-15	0600GMT	22.2	−95.2	85	986	0.6
2013-9-15	0900GMT	22.4	−95.4	85	986	0.7
2013-9-15	1200GMT	22.5	−95.6	85	986	0.8
2013-9-15	1500GMT	22.5	−95.8	75	990	0.6
2013-9-15	1800GMT	22.6	−96.1	75	990	0.1
2013-9-15	2100GMT	22.7	−96.3	75	990	0.3

续表

日期	时间	纬度	经度	风速/mph	气压/kPa	隶属度
2013-9-16	0000GMT	22.9	−96.1	75	987	0.8
2013-9-16	0300GMT	23.1	−96.5	75	989	0.2
2013-9-16	0600GMT	23.2	−96.9	75	989	0.9
2013-9-16	0900GMT	23.4	−97.1	75	989	0.9
2013-9-16	1200GMT	23.8	−97.8	65	991	0.8
2013-9-16	1500GMT	23.8	−98.2	60	993	0.9
2013-9-16	1800GMT	23.7	−98.6	45	998	0.7
2013-9-16	2100GMT	23.7	−99	35	1002	0.8
2013-9-17	0300GMT	23.7	−99.4	30	1006	0.7
2013-9-17	0900GMT	23.7	−99.9	25	1008	0.7

注：1mph = 1.61km/h

表 4.2 虚拟模糊时空 XML 数据集

节点	时间区间	位置	隶属度
n_1	$[t_0, t_{20}]$	P1	0.9
n_2	$[t_0, t_{10}]$	P2	0.8
n_3	$[t_{11}, t_{20}]$	P3	0.3
n_4	$[t_0, t_6]$	P2	0.7
n_5	$[t_7, t_{10}]$	P2	0.2
n_6	$[t_{11}, t_{15}]$	P3	0.8
n_7	$[t_{16}, t_{20}]$	P3	0.8
n_8	$[t_0, t_4]$	P4	0.6
n_9	$[t_5, t_6]$	P5	0.9
n_{10}	$[t_7, t_9]$	P2	0.6
n_{11}	$[t_8, t_{10}]$	P2	0.8
n_{12}	$[t_{11}, t_{15}]$	P3	0.7
n_{13}	$[t_{11}, t_{15}]$	P3	0.8
n_{14}	$[t_{16}, t_{17}]$	P3	0.7
n_{15}	$[t_{19}, t_{20}]$	P3	0.6
n_{16}	$[t_0, t_1]$	P4	0.4
n_{17}	$[t_3, t_4]$	P4	0.3
n_{18}	$[t_5, t_6]$	P5	0.6
n_{19}	$[t_7, t_{10}]$	P5	0.7
n_{20}	$[t_7, t_{10}]$	P2	0.8
n_{21}	$[t_8, t_9]$	P2	0.7

飓风数据集：本节使用的飓风数据集是包含有关热带风暴的模糊时空数据集。

虽然使用飓风数据集减小了检查和修复模糊时空 XML 文档的复杂度，但是可以帮助理解在现实世界中的模糊时空数据的应用。飓风数据集的数据结构能够表示特殊性质的模糊时空 XML 数据，在该数据结构中，模糊性、空间信息和时间信息都能够完整地表示在 XML 文档中。然而，它和大多数传统的模糊时空 XML 文档相同，当模糊时空 XML 文档发生更新、插入或删除操作时，不能够表示所有的不一致性。因为飓风数据集在表示模糊时空数据的所有不一致性方面不够充分，所以在本节中需要使用虚拟数据集。

虚拟数据集：这个数据集符合定义 3.10 中的一致性，它可以表示模糊性、空间信息和时间信息，而且可以表示定义 4.1 中所有的不一致性状态，能够验证检查和修复不一致性算法的可行性。这可以帮助本节处理现实世界中的模糊时空 XML 数据。

4.4.2　检查和修复不一致性算法的性能测试

当检查和修复模糊时空 XML 文档中的三种不一致性时，相应的模糊时空 XML 节点应当是有序的。从本章提出的模糊时空 XML 数据模型中可以观察到，节点的空间和时间信息可能是模糊的。因此，本章首先应该在检查不一致性过程之前消除模糊属性的影响，然后选择 CPU（central processing unit）时间来检测检查算法的性能。

CPU 时间是用于处理计算机程序或操作系统的指令的时间量。CPU 时间以时钟节拍或秒为单位进行测量。以 CPU 的容量百分比（称为 CPU 使用率）来测量 CPU 时间更具有说服力。

表 4.3、表 4.4 和表 4.5 分别展示了在虚拟数据集上检查和定义类型Ⅰ、Ⅱ和Ⅲ的不一致性的 CPU 时间（单位：ms）。

表 4.3　检查和修复类型Ⅰ的不一致性所需 CPU 时间　　（单位：ms）

算法	模糊时空 XML 数据节点个数			
	5	10	15	20
CI	54	118	266	532
FI	69	145	326	697
CFI	105	231	543	1040

表 4.4　检查和修复类型Ⅱ的不一致性所需 CPU 时间　　（单位：ms）

算法	模糊时空 XML 数据节点个数			
	5	10	15	20
CII	65	140	310	620
FII	75	158	347	711
CFII	116	277	598	1138

表 4.5　检查和修复类型Ⅲ的不一致性所需 CPU 时间　　（单位：ms）

算法	模糊时空 XML 数据节点个数			
	5	10	15	20
CIII	49	108	246	492
FIII	55	120	270	540
CFIII	74	178	472	853

在表 4.3～表 4.5 中，可以观察到检查算法在修复不一致性步骤中使用了较少的 CPU 时间，原因是检查算法的过程只是检查不一致性而没有修复操作。修复步骤包含模糊时空节点和属性的删除和替换。此外，检查和修复算法 CF 的 CPU 时间不是简单地添加 CI 和 FI，而是集成 CPU 时间小于子步骤的添加。这是因为 CF 减少了调用模糊时空 XML 文档的步骤。CPU 时间受模糊时空节点数量的影响显著，如图 4.7 所示。

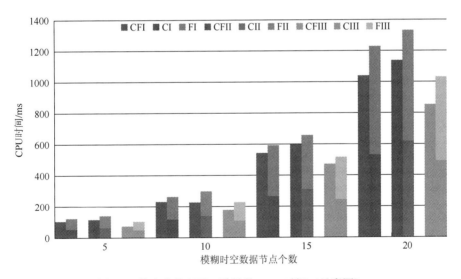

图 4.7　检查和修复不一致性的 CPU 时间（见彩图）

检查和修复不一致性的 CPU 时间如图 4.7 所示。从图 4.7 可以观察到，模糊时空 XML 数据节点的数量越多，检查和修复算法所需的 CPU 时间越长。原因是当数据量增加时，用于创建模糊时空 XML 文档的时间消耗增加。结果是用于检查和修复不一致性的时间增加。同时，算法（C＋F）的 CPU 时间大于 CF。这表明修复过程不是检查和修复两个进程时间的相加，这是因为 CF 减少了读取模糊时空 XML 文档的时间。

4.4.3　内存消耗测试

内存消耗是指检查和修复不一致性算法的内存开销。首先计算检查和修复算法的内存成本，如表 4.6 所示。此外，本节还将比较虚拟数据集和飓风数据集的内存成本。

表 4.6　检查和修复算法的内存消耗

算法	虚拟数据集	飓风数据集	数值差
CI	2502	2611	109
CII	2501	2599	98
CIII	2525	2594	69
FI&II	2506	2607	101
FIII	2525	2633	108

在表 4.6 中，飓风数据集的内存成本大于虚拟数据集的内存成本，原因是飓风数据集具有较丰富的模糊空间信息和时间信息的属性。然而，虚拟数据集可以包含模糊时空 XML 文档中的所有不一致情况。从图 4.8 可以更直观地观察到，在模糊时空 XML 节点数相同时，飓风数据集消耗更多的内存。

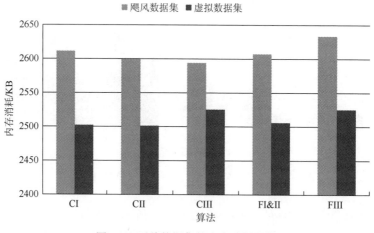

图 4.8　两种数据集的内存消耗比较

4.4.4　不一致性修复方法的实验对比

本节比较了这部分所提出的检查和修复不一致性算法与其他不一致性修复算

法[34, 35]。文献[34]提出了一种在插入、删除或更新模糊时空 XML 文档时检测和修复不一致性的方法（detect and repair，DR）。文献[35]给出一种方法来分类不一致性，并提出了算法（temporal XML check and fix，TXCF）来检查和修复不一致性。本节进行了三组实验测试：当操作（插入、删除和更新）仅产生一种类型的不一致性时与 DR 进行比较；当操作（插入、删除和更新）产生多种类型的不一致性时与 DR 进行比较；与 TXCF 比较每种类型的不一致性修复算法的性能。

　　第一组实验测试了当模糊时空 XML 文档中只存在一种类型的不一致性时修复不一致性算法（CF 和 DR）的性能。

　　从图 4.9 可以观察到，模糊时空 XML 节点的数量越大，DR（插入、删除和更新）和 CF 花费的 CPU 时间越长。在图 4.9 中，当用户操作 XML 文档时，本章所提出的算法（CF）花费了更长的 CPU 时间。原因是当模糊时空 XML 文档只存在一种类型的不一致性时，DR 提供的检测和修复模糊时空 XML 文档的方法更为有效，它使用更精准的修复方法来对不一致性进行处理。

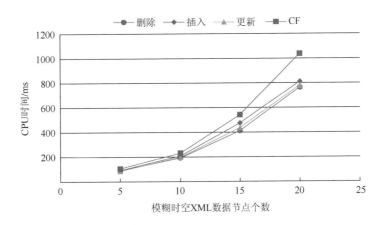

图 4.9　修复不一致类型 I 的 CPU 时间

　　操作产生类型 II 不一致性时的 CPU 时间如图 4.10 所示。由图 4.10 可知，随着模糊时空 XML 文档的增加，本章所提出的算法（CF）比 DR 花费更多的 CPU 时间。原因与图 4.9 相同。随着 XML 数据的增加，CPU 时间的差异更加明显。

　　操作产生类型 III 不一致时的 CPU 时间如图 4.11 所示。从图 4.11 中直接观察可知 DR 比 CF 更有效，这可以解释为 CF 修复模糊时空 XML 文档时需要遍历所有 XML 文档。当模糊时空 XML 文档只有一种类型的不一致时，本章所提出的算法效率较低。

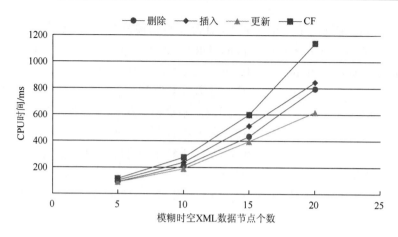

图 4.10　修复不一致类型 II 的 CPU 时间

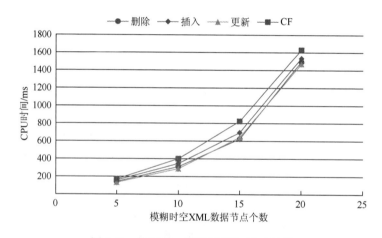

图 4.11　修复不一致类型 III 的 CPU 时间

　　第二组实验测试了当模糊时空 XML 文档中存在不止一种类型的不一致性时修复算法（CF 和 DR）的性能。

　　如图 4.12 所示，当操作对模糊时空 XML 文档进行更改时修复类型 I 和 II 的不一致性的 CPU 时间。可以看出，本章所提出的算法（CF）的 CPU 使用时间小于 DR。此外，随着模糊时空 XML 数据量的增加，CF 的处理效率更明显。因为 CF 可以通过一次遍历来修复所有类型的不一致，但 DR 必须依次修复每种类型的不一致。

　　如图 4.13 所示，由于 CF 高效的修复方法，当操作产生两种不一致（类型 II 和 III）时，CF 所使用的 CPU 时间小于其他算法（插入、删除和更新）。与图 4.12 所示的结果一致，当节点个数增加时，差异变得更加明显。

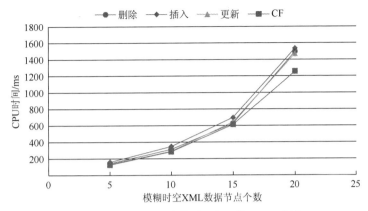

图 4.12　修复不一致类型 I 和 II 的 CPU 时间

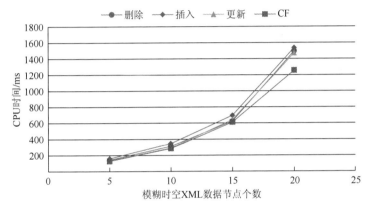

图 4.13　修复不一致类型 II 和III的 CPU 时间

如图 4.14 所示，当操作（插入、删除和更新）导致两种类型（类型 I 和III）的不一致时，本章所提出的算法（CF）和 DR 的 CPU 时间比较与图 4.12 和图 4.13 所示结果一致，CF 使用的 CPU 时间总是少于 DR。从图 4.14 可以观察到，随着模糊时空 XML 数据节点个数的增加，CPU 时间消耗明显增加。

修复多种类型（类型 I 、II 和III）的不一致性时，DR 比 CF 消耗更多的 CPU 时间，如图 4.15 所示。虽然 CF 在处理单个不一致性时具有缺点，但在绝大多数情况下，CF 可以通过一次遍历来修复时间 XML 文档中的所有不一致。

因此，可以得出结论，当在模糊时空 XML 文档中存在多种类型的不一致时，本章所提出的算法（CF）在修复不一致性方面表现出了更好的性能。

在第三组实验中，文献[35]提出了一个过程（TXCF）来修复时态 XML 文档中的不一致。类似地，它还可以对不一致状态进行分类。当时态 XML 文档产生每种类型（类型 I 、 II 或III）的不一致性时，本组实验将 TXCF 与本章所提出的算法（CF）进行比较。

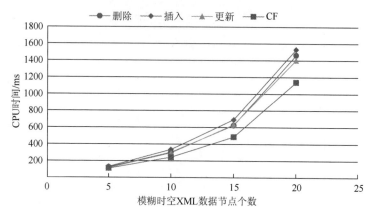

图 4.14　修复不一致类型 I 和 III 的 CPU 时间

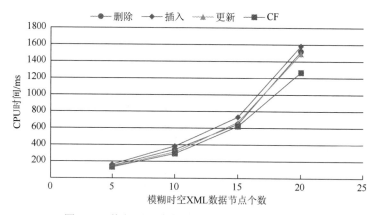

图 4.15　修复不一致类型 I 、II 和 III 的 CPU 时间

图 4.16、图 4.17 和图 4.18 展示了在修复时态 XML 文档中的每种类型的不一致性时 TXCF 和 DR 的 CPU 时间。如图 4.16 所示，当时态 XML 节点的数量增加时，算法 CF 和 TXCF 的 CPU 时间都有所增加。然而，当时态数据的个数相等时，CF 使用的 CPU 时间较少。这可以解释为本章所提出的算法可以一次遍历处理所有节点的不一致性，而 TXCF 每次却只能处理一个节点。

如图 4.17 所示，在时态 XML 节点的数量相等时，比较两种算法所消耗的 CPU 时间。可以观察到，当出现类型 II 的不一致时，CF 的效率明显优于 TXCF。这可以通过以下事实来解释：CF 通过同时操作两个时态 XML 节点来有效地减少候选集合，这种方式使其在性能方面带来显著的提升。

修复类型 III 不一致时的结果如图 4.18 所示。其中 CPU 时间是检查和修复不一致性的总时间。从图 4.18 可以观察到，当时态 XML 数据量相等时，CF 消耗更少的 CPU 时间。原因是 TXCF 修复类型 III 的不一致之后可能会产生其他类型的不一致。

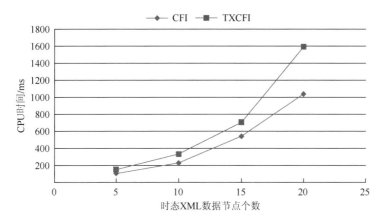

图 4.16 修复不一致类型 I 的 CPU 时间

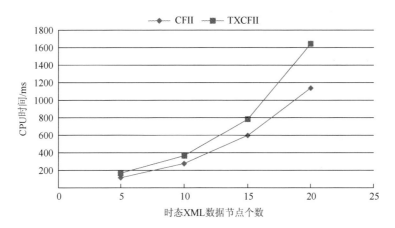

图 4.17 修复不一致类型 II 的 CPU 时间

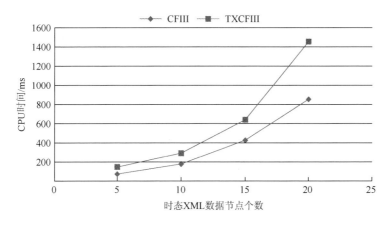

图 4.18 修复不一致类型III的 CPU 时间

TXCF 不支持模糊和空间信息。一旦数据中含有模糊和空间信息，它就需要大量的步骤来解决文档中的不一致性。相比之下，本章所提出的方法支持模糊和空间信息，并且在修复不一致性方面具有性能优势。

实验结果表明，本章所提出的算法（CF）在修复模糊时空 XML 文档中的多个不一致性方面具有比 DR 和 TXCF 更好的性能。

4.4.5　DOM 和 DOM4J 的性能比较

本节使用 DOM 和 DOM4J 来实现检查和修复算法，然后比较 DOM 和 DOM4J 在 CPU 时间和内存成本方面的性能。

在第一组实验中，比较 DOM 和 DOM4J 之间的检查和修复算法的 CPU 时间。本组实验使用了虚拟数据集作为性能比较的数据集。使用飓风数据集的效果与虚拟数据集相似，但是虚拟数据集包含各种不一致性。如图 4.19 所示，DOM 解析方式的 CPU 使用时间高于 DOM4J。这是因为 DOM 需要一个更复杂的过程来构造模糊时空 XML 文档。通过比较，DOM4J 在创建模糊时空 XML 文档时更灵活。它提供了一种更方便的方式来操作模糊时空 XML 文档中的信息（模糊性、时间和空间）。

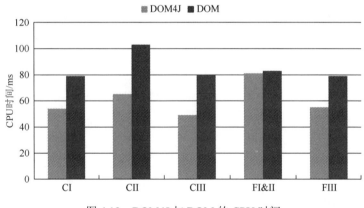

图 4.19　DOM4J 与 DOM 的 CPU 时间

在第二组实验中，比较 DOM 和 DOM4J 之间的检查和修复一致性算法的内存消耗。DOM 和 DOM4J 之间的不同内存成本如图 4.20 所示。由图 4.20 可以观察到，DOM4J 消耗的内存高于 DOM。这个结果也证实了前面的分析，使用 DOM4J 会消耗更多的内存。

虽然 DOM4J 消耗更多的内存，但它在解析方面比 DOM 需要更少的 CPU 时间，这使得其在检查和修复大型模糊时空 XML 文档中的不一致性时更加灵活和有效。

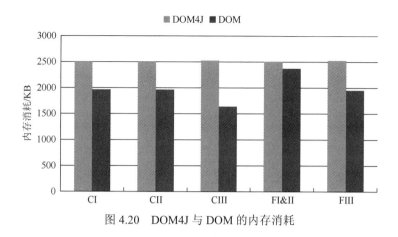

图 4.20　DOM4J 与 DOM 的内存消耗

因此可以得出结论，在修复模糊时空 XML 文档中的多个不一致时，本章所提出的检查和修复不一致性算法通过 DOM4J 解析的方式可以提供更好的性能。

4.5　本 章 小 结

本章定义了模糊时空 XML 文档一致性条件，分析了模糊时空 XML 文档可能出现的不一致类型。然后提出了检查和修复模糊时空 XML 文档三种不一致性的算法，分析了每个算法的时间复杂度，并且举例对算法的执行步骤进行了说明。还使用了两种模糊时空 XML 数据集（飓风数据集和虚拟数据集）来作为实验数据。首先从 CPU 时间和内存消耗两方面对本章所提出的算法进行了性能分析，然后根据本章所研究的内容进行了三组比较实验，包括与其他一致性修复算法以及不同的解析方式进行比较，从不同的角度分析验证了本章提出的模糊时空 XML 一致性修复方法的可行性与有效性。

参 考 文 献

[1] Bai L, Yan L, Ma Z M. Determining topological relationship of fuzzy spatiotemporal data integrated with XML twig pattern. Applied Intelligence, 2013, 39(1): 75-100.

[2] Liu J, Ma Z M, Qv Q.Dynamically querying possibilistic XML data. Information Sciences, 2014, 261(3): 70-88.

[3] World Wide Web Consortium. Extensible markup language(XML)1.0. http: //www.w3.org/TR/ REC-xml.W3C Recommendation, 1998.

[4] Bai L, Yan L, Ma Z M. Querying fuzzy spatiotemporal data using XQuery. Integrated Computer-Aided Engineering, 2014, 21(2): 147-162.

[5] Xu X, Liang X, Pan Y. Spatiotemporal multiplexing and streaming of hologram data for full-color holographic video display. Optical Review, 2014, 21(3): 220-225.

[6] Huang B, Yi S, Chan W T. Spatio-temporal information integration in XML. Future Generation Computer Systems, 2004, 20(7): 1157-1170.

[7] Sözer A, Yazıcı A, Oğuztüzün H. Modeling and querying fuzzy spatiotemporal databases. Information Sciences, 2008, 178(19): 3665-3682.

[8] Xu C, Wang Y, Gu Y. Efficient fuzzy ranking queries in uncertain databases. Applied Intelligence, 2012, 37(1): 47-59.

[9] Bai L, Yan L, Ma Z M. Fuzzy spatiotemporal data modeling and operations in XML. Applied Artificial Intelligence, 2015, 29(3): 259-282.

[10] Gong J, Cheng R, Cheung D W. Efficient management of uncertainty in XML schema matching. The International Journal on Very Large Databases, 2012, 21(3): 385-409.

[11] Bray T, Paoli J, Sperberg-McQueen C M. Extensible markup language(XML). World Wide Web Consortium Recommendation, 1998, 16: 16.

[12] Ma Z M. Fuzzy Database Modeling with XML. Québec: Springer Science & Business Media, 2006: 81-92.

[13] Shuhadah W N, Deris M M, Noraziah A. Database consistency using update-ordering in distributed databases. Journal of Algorithms & Computational Technology, 2007, 1(1): 17-43.

[14] Greco G, Greco S, Zumpano E. A logical framework for querying and repairing inconsistent databases. Knowledge and Data Engineering, 2003, 15(6): 1389-1408.

[15] Bertossi L, Chomicki J. Query answering in inconsistent databases. Logics for Emerging Applications of Databases, 2010, 3(1): 393-424.

[16] Wang T C, Chen Y H. Applying fuzzy linguistic preference relations to the improvement of consistency of fuzzy AHP. Information Sciences, 2008, 178(19): 3755-3765.

[17] Falda M, Rossi F, Venable K B. Fuzzy conditional temporal problems: Strong and weak consistency. Engineering Applications of Artificial Intelligence, 2008, 21(5): 710-722.

[18] Ho S J, Kuo T W, Mok A K. Similarity-based load adjustment for real-time data-intensive applications//IEEE Real-Time Systems Symposium. IEEE Computer Society, 1997: 144-153.

[19] Xiong M, Han S, Chen D. Deferrable scheduling for temporal consistency: Schedulability analysis and overhead reduction//IEEE International Conference on Embedded and Real-Time Computing Systems and Applications. IEEE, 2006: 117-124.

[20] Xiong M, Ramamritham K. Deriving deadlines and periods for real-time update transactions. Computers, 2004, 53(5): 567-583.

[21] Xiong M, Wang Q, Ramamritham K. On earliest deadline first scheduling for temporal consistency maintenance. Real-Time Systems, 2008, 40(2): 208-237.

[22] Falda M, Rossi F, Venable K B. Dynamic consistency of fuzzy conditional temporal problems. Journal of Intelligent Manufacturing, 2010, 21(1): 75-88.

[23] 邹亮, 任爱珠, 徐峰, 等. 基于 GIS 空间分析的台风路径预测. 清华大学学报(自然科学版), 2008, 48(12): 2036-2040.

[24] Musleh M. Spatio-temporal visual analysis for event-specific tweets//ACM SIGMOD. ACM, 2014: 1611-1612.

[25] Huisman J A, Breuer L, Eckhardt K. Spatial consistency of automatically calibrated SWAT simulations in the Dill catchment and three of its sub-catchments//International SWAT Conference, 2003: 168-173.

[26] Sun J, Xing Y J. An effective image retrieval mechanism using family-based spatial consistency filtration with object region. International Journal of Automation and Computing, 2010, 7(1): 23-30.

[27] Servigne S, Ubeda T, Puricelli A. A methodology for spatial consistency improvement of geographic databases. GeoInformatica, 2000, 4(1): 7-34.

[28] Ferrari-Trecate G, Rovatti R. Consistent Sobolev regression via fuzzy systems with overlapping concepts. Fuzzy Sets and Systems, 2006, 157(8): 1075-1091.

[29] Williams O, Isard M, MacCormick J. Estimating disparity and occlusions in stereo video sequences//IEEE Computer Society Conference on Computer Vision and Pattern Recognition. IEEE, 2005: 250-257.

[30] Khoshabeh R, Chan S H, Nguy T Q. Spatio-temporal consistency in video disparity estimation// IEEE International Conference on Acoustics, Speech and Signal Processing. IEEE, 2011: 885-888.

[31] Bejaoui L, Bédard Y, Pinet F. Logical consistency for vague spatiotemporal objects and relations//International Symposium on Spatial Data Quality, 2007.

[32] Amagasa T, Yoshikawa M, Uemura S. A data model for temporal XML documents. Leice Technical Report Data Engineering, 2000: 100: 17-24.

[33] Summary of hurricane and tropical cyclones named ingrid in north atlantic in 2013. https: // www.wunderground.com.

[34] Hamrouni H, Brahmia Z, Bouaziz R. An efficient approach for detecting and repairing data inconsistencies resulting from retroactive updates in multi-temporal and multi-version XML databases. New Trends in Database and Information Systems II, 2015: 135-146.

[35] Rizzolo F, Vaisman A A. Temporal XML: Modeling, indexing and query processing. The International Journal on Very Large Databases, 2008, 17(5): 1179-1212.

第三部分　模糊时空数据在 XML 与关系数据库之间的转换

在现在的计算机科学领域，对自由数据库的可操作性的需求导致了多数据库体系，其中包括异构数据库和同构数据库。因而在所有的异构多数据库体系中，具有不同数据模型的操作数据库间的转换受到限制[1]。另外，随着互联网的高速发展，XML 迅速崛起并且因为它具有简单性、可读性和可移植性，已经成为网络表现和信息交互的一种约定俗成的标准。作为不同资源间的数据集成和数据交互的媒介，XML 起到了越来越重要的作用，同时对可存放大量 XML 数据的可靠体系的需求也日益增长。对于关系数据的高效访问已经发展了数十年，所以有望将 XML 数据存放于关系数据库体系中[2-4]。同时由于关系数据库具有可靠性、成熟性和独立性的特点，目前大量数据都存储在传统的关系数据库中。而数据库技术发展迅猛，数据模型的丰富多样、数据库新技术内容层出不穷、应用领域广泛深入，使得信息资源的异构性无处不在，形成大量的信息孤岛。这就要求系统具有对异构数据之间的联系的表示、存储和处理能力，以实现不同数据库之间的数据共享。而 XML[5]数据以纯文本的形式进行存储，提供了一种独立于软件和硬件的数据存储方法，可以在不兼容的系统中自由交换数据，是各种应用程序之间进行数据传输的最常用的工具。为了更好地共享数据信息，实现关系数据库与 XML 文档间的自由转换显得尤为重要，因此一系列研究应运而生[6, 7]。

为将 XML 数据存放于关系数据库中，分层有序的 XML 数据就应转换为平面无序的关系形式，这不是一项简单的工作。因此，一系列对 XML 到关系数据库的转换的研究应运而生，如文献[8]～文献[13]。Bourret 等[14]提出了一种可描述已知 XML DTD 与已知关系模式之间的映射的语言；Bai 等[15]提出在 XML 中对模糊时空数据的建模和操作；文献[10]提出了一种对关系数据库中以未分解的形式存放的XML数据的索引技术，并研究它是怎样连接形成关系框架的。文献[11]针对处理关系数据库中复杂的 XML 查询提出一般框架，还提出一种通过把大量查询计算放入关系工具中来有效评估 XML 查询的技术。此外，文献[12]发现了更保守的途径——使用关系数据库工具处理 XML 文档。文献[13]提出有序编码方法，它可以使用关系数据模型来描述 XML 的顺序。然而，这些方法只能处理确定的 XML 到关系数据库的转换，而且在处理模糊信息上也有所欠缺。为了弥补这个缺陷，取得了几项在框架联合方面的成就，如文献[16]和文献[17]研究了从模糊 XML 模型到模糊关系数据库的正式转换，基于 XML DTD 将模糊 XML 实体分解成表的集合，依赖于模式的存在来描述 XML 数据。关系数据库与 XML 之间的转换主要可划分为三种类型：其中一种是将 XML 数据存储为一个单独的数据库属性，如Oracle[18]；还有一种是通过分解将 XML 文档分解成图结构，再存储到关系数据库中或将关系数据库的概念模式基于扩展的实体关系（extended entity relationship，EER）[19, 20]转换为 XML 模式，如 Krishnamurthy 等基于分解的方法将 XML 转换为关系型，展示在文献[9]中；Fong 等[21]提出将关系数据库的一个概念模式通过转换为 EER 模型，逐步转换为 XML 文档。在前两种方式中，将 XML 的标签、属性和文本节点作为值存储在关系数据库中。前者的缺点是在事务管理领域，不能只锁定该文档的部分内容以进行更新；后者的缺点是在查询所需数据前要构建模式，这一点增加了查询的任务量，使查询公式变得烦琐并且降低了查询效率。第三种方式是将 XML 结构绘制成相应的关系模式，克服了上述缺点。Atay 等[8]基于内联方法提出了一种无损绘图体制，用于把有序的 XML 数据存入关系数据库系统中；Arenas 等[6]还针对无模式的有序关系型 XML 存储提出了一般结构编码序列算法。除此之外，文献[16]还提出了一种新颖的方法将模糊 XML 数据变为关系数据，这种方法的独特之处在于数据存储不需要模式信息。虽然对关系数据库与 XML 互操作性的研究已经发展了数十年，然而在上述研究中针对的大都是一般数据。

　　出乎意料的是，自引进模糊集[22]和可能性理论[23]起，虽然关系数据库有利于存取数据，模糊值也已经被构造成模型并能处理关系数据库中的模糊信息，但模糊数据到关系数据库的转换最近才开始起步并且还需进行深入研究。自从大量时空数据出现在网络上，并且大多数时空应用都以模糊性为主要特征，于是对模糊时空数据的研究被广泛提出，如文献[24]～文献[28]。在文献[28]中，针对模糊时空数据提出了一种查询原理，它把模糊面向对象数据库模型和知识库相结合，实现模糊推演和查询能力，用来处理复杂的数据和知识。在文献[27]中，基于 Petri网提出了一种模糊时空知识表达推理模型，用于构建知识库，支持对模糊时空问题进行推理（需要结合时间和空间信息）。文献[26]对如何在行为识别的环境中处理时空信息进行了初步讨论。文献[24]基于 XML 建立了一种模糊时空数据模型，并提出确定模糊时空数据与 XML 小枝模式集成的拓扑关系的策略；此外，还提出使用 XQuery 查询语言来查询模糊时空数据的方法。然而，尽管在模糊性和时空数据结合的领域已经有很多研究，包括基于传统数据库的复合法[26, 28]、Petri 网[27]和 XML[24, 25]，但它们都是相互独立的，而且在同质数据库中模糊时空数据的转换上没有显著的成效，模糊时空数据从 XML 到关系数据库的转换没有获得太多的关注。

XML 为模糊时空数据提供的灵活性和简单性，为在关系数据库中存储模糊时空 XML 数据增加了难度，模糊时空数据从 XML 到关系数据库的转换的研究领域需要进行扩展。为搭建起模糊时空数据从 XML 到关系数据库的桥梁，这部分研究基于 XML 的模糊时空数据建模和模糊时空数据在 XML 与关系数据库之间的转换的方法论。前人的研究成果为模糊时空数据建模和数据从 XML 到关系数据库的转换提供了基本方法。然而，模糊时空数据不同于一般数据，它同时包括了模糊性和时空性。因此，我们的工作不是简单地对前人研究的延伸。文献[24]提出一种基于 XML 的模糊时空数据模型，但解决方案有局限性，不能对 XML 文档深层分类或在其中标注节点；另外，关于模糊时空数据从 XML 到关系数据库的转换，前人的贡献主要集中在一般数据。文献[16]提出了一种新颖的方法来将模糊时空数据转换为关系数据库，但他们的解决方案中没有考虑到时间的、空间的和模糊的特性。尽管由于模糊时空数据的固有特性，模糊时空数据从 XML 到关系数据库的转换不能在前人的研究上直接扩展，但他们的研究为这种转换提供了基本方法。除了文献[8]~文献[13]提到过 XML 的关系转换外，文献[29]~文献[33]中也有提及。模糊时空 XML 数据基于关系模型建模[17]和在关系数据库中的存储[13]与查询[16]方面也有了很大发展。Sözer 等[28]提出使用一个智能数据库体系结构中的气象数据库应用程序，它将面向对象的数据库与应用建模和查询时空对象的知识相结合，对时空对象进行建模，实现模糊推演和查询能力；Antova 等[34]提出一种对不确定关系数据库的简洁表现形式，实现了对大量高度不确定数据的高效查询；Bai 等[24]提出将两个一般模糊时空数据转换为模糊时空数据二叉树，进而提出一种有效匹配所需小枝的运算法则。这种方法可以确定连续的拓扑关系，降低了查询所需节点时不必要的执行时间。此外，基于 XQuery 提出模糊时空数据的查询，并对 XQuery 语言进行扩展，使其更加适应模糊时空数据[25]；刘健等[35]在模糊 XML 数据模型的基础上，讨论了模糊 XML 环境下的节点编码问题，提出基于模糊 XML 的小枝模式匹配算法及加速小枝匹配的索引算法，还提出了一种不需要模式信息的方式进行数据存储[16]。

因此，这部分旨在利用 XML 构造一种模糊时空数据模型，实现模糊时空数据从 XML 到关系数据库的转换以及利用关系数据库构造一种模糊时空数据模型，实现模糊时空数据从关系数据库到 XML 的转换。主要贡献如下。

（1）为实现模糊时空数据从 XML 到关系数据库的转换，基于 XML 提出一种模糊时空模型。

（2）为实现模糊时空数据从关系数据库到 XML 的转换，基于关系数据库提出一种模糊时空模型。

（3）提出了时间边的方法将模糊时空关系数据库转换为 XML 文档以及将模糊时空 XML 数据转换为关系数据。

第 5 章　模糊时空数据从 XML 到关系数据库的转换

本章将进行基于 XML 的模糊时空数据建模和时空数据从 XML 到关系数据库的转换方法的研究。为了更好地共享以关系格式存储的模糊时空数据，并且不受平台约束，提出一种时间边的方法将模糊时空数据转换为关系数据库。首先，本章将基于 XML 提出模糊时空数据模型，然后，提出模糊时空数据从 XML 到关系数据库的转换方法，最后，提出几组对比实验，对所提出的方法进行应用与评测，以证明这种方法的性能优势。

5.1　模糊时空 XML 数据模型

由于 XML 具有形式灵活、自行定义的特性，它可以轻而易举地描述模糊时空信息。对于 XML，若元素或属性是模糊的，会有隶属度与元素相联系、可能性分布与元素的属性值相联系。隶属度与元素相联系的含义为区域包含这个元素及其子树这种情形的可能性。对于一个具有子树的元素，每个节点都独立于根-节点链。源模糊时空 XML 文档中的每一种可能性都在其父元素存在的条件下被设计出来。换句话说，这种基于父元素的存在可能性为 1.0 时的假设是相对的。为了计算出绝对可能性，必须考虑到父元素的相对可能性。通常来说，沿着源模糊时空 XML 的路径就可发现，元素的绝对可能性可以通过相对可能性相乘来得出，默认情况下相对可能性被视为 1.0。

模糊时空数据具有一系列特性，使它们与更常见的使用字母数据列表和表的传统数据应用程序明显不同。根据模糊时空数据的特点，使用 OID（模糊时空数据的变化历史）、ATTR（模糊属性）、FP（模糊位置）、FM（模糊运动）和 FT（模糊时间）这 5 个时空数据的影响因素来衡量它。OID 的改变描述的是一个时空对象变成另一个时空对象，它不仅可以改变对象的类型（创建、分裂、合并、消亡），还可以改变对象的来源（前驱）、变成什么样的对象（后继）。假设已知时空对象的前驱和后继都不是模糊的，因为如果它们是模糊的，那么模糊前驱和后继的已知就都是不必要或者说是多余的。由于时空对象的前驱和后继都不是模糊的，所以变化类型也不是模糊的，给 OID 所有的值的隶属度都赋值为 1.0。ATTR 是时空数据的模糊属性。简单起见，使用 ATTR 来描述时空数据的属性。实际上，相比于像 FP 和 FM 这种动态属性，它更多的是描述静态属性。时空数据可能会有一个或者多个属性，这些属性也可能是模糊的；对于时空数据的模糊属性，使用可能性分布来表示。FP 是时空数据的模糊位置。作为一种对两个时空数据间拓扑关系的重要评测标准，FP 描述了时空数据的模糊位置。在 FP 的部分，可以得到时空数据的模糊位置和相应的隶属度。本章使用最小外接矩形（minimum area bounding rectangle，MBR）来表示二维时空数据。FM 是时空数据的模糊运动，FM 的模糊属性包括运动方向和运动值。模糊运动方向表示运动的不确定性，可以是任意方向；模糊运动值表示时空数据的速度，箭头方向可以是北（N）、南（S）、西（W）、东（E）。FT 是时空数据的模糊时间。作为最重要的特征之一，FT 描述了时空数据的模糊时间，其中包括模糊时刻和模糊时段。前者可理解为一个事件发生的一组可能的时间点以及可能性的程度；后者则为一组可能的时间段以及可能性的程度。在本章中，简单来说就是把时间假定为线性顺序的同构自然数。

图 5.1 给出了带有模糊时空信息的 XML 文档的一个片段。可能性属性的值 Poss 是[0, 1]中的元素，可能性属性与模糊结构 Val 联合应用，用于指出给定的元素存在于这个 XML 文档中的可能性。

```
1. <clouds Ts="t1" Te="t2">
2. <Val Poss=0.9>
3. <cloud>
4. <OID>
5. <OID Oname="Wiz Khalifa">
6. </OID>
7. <type Ts="t3">"create"</type>
8. <ATTR>
9. <covered cities Ts="t4" Te="t5">
10. <Dist type="conjunctive">
11. <Val Poss=0.8>Shenyang</Val>
12. <Val Poss=0.7>Dalian</Val>
13. </Dist>
14. </covered cities>
15. <covered cities Ts="t4'" Te="t5'">
16. <Dist type="conjunctive">
17. <Val Poss=0.9>Shenyang</Val>
18. <Val Poss=0.8>Dalian</Val>
19. </Dist>
20. </covered cities>
21. <cloud density Ts="t6" Te="t7">
22. <Dist type="disjunctive">
23. <Val Poss=0.85>thick</Val>
24. <Val Poss=0.75>thin</Val>
25. </Dist>
26. </cloud density>
```

```
27. </ATTR>
28. <position Ts="t8" Te="t9">
29. <Val Poss=0.8>
30. <xmin>3</xmin>
31. <ymin>5</ymin>
32. <xmax>6</xmax>
33. <ymax>8</ymax>
34. </Val>
35. </position>
36. <position Ts="t8'" Te="t9'">
37. <Val Poss=0.85>
38. <xmin>4</xmin>
39. <ymin>5</ymin>
40. <xmax>7</xmax>
41. <ymax>6</ymax>
42. </Val>
43. </position>
44. <motion Ts="t10" Te="t11">
45. <Val Poss=0.7>
46. <xaxis>"→"</xaxis>
47. <yaxis>"↑"</yaxis>
48. </Val>
49. <Val Ts="t12" Te="t13">
50. <Val Poss=0.8>
51. <xval>4</xval>
52. <yval>6</yval>
```

```
53. </Val>                              56. </Val>
54. </motion>                           57. </clouds>
55. </cloud>
```

图 5.1　模糊时空数据 XML 文档片段

　　图 5.1 中的第 2 行<Val Poss＝0.9>表示给定的云单体的可能性等于 0.9。对于 ATTR，它引入了另一个模糊属性 Dist 来表示一个可能性分布。由于云可能同时覆盖几个城市，第 10～13 行和第 16～19 行则是针对云 "Wiz Khalifa" 在两个时间段的覆盖城市的连续 Dist 结构；由于云强度是不同的，第 22～25 行表示的是云 "Wiz Khalifa" 的离散 Dist 结构；第 28～35 行和第 36～43 行指出了在两个时间段云的位置；从第 28～35 行可知，模糊区域 MBR 表示为在$[t_8, t_9]$时的两个点（3，5）和（6，8）；从第 36～43 行则可以得出模糊区域 MBR 表示为在$[t_8', t_9']$时的两个点（4，5）和（7，6）；第 29 行和第 37 行指出云位置的可能性在时间段$[t_8, t_9]$中等于 0.8，在时间段$[t_8', t_9']$中等于 0.85；第 44～45 行表示云的运动；第 46～47 行详细说明了云的运动趋势；第 45 行指出了云方向的可能性等于 0.7；第 51～52 行阐述了云的运动变化值；第 50 行指出云的运动值的可能性等于 0.8。最后是时间表示，在本章中使用一对$[t_s, t_e]$来描述有效时间段。第 1 行、第 7 行、第 9 行、第 15 行、第 21 行、第 28 行、第 36 行、第 44 行和第 49 行涵盖了时间信息。需要指出的是，T_s 和 T_e 在每一行里为模糊时间，对于云的创建没有 t_e。为了便于计算，t_e 的默认取值为∞，但这并不意味着云是永远存在的。

　　一个模糊时空 XML 文档可以轻易被建模为有序树。通常来说，一棵模糊时空 XML 数据树有 8 种类型的节点：根、元素、一般属性、空间属性、时间属性、文本、模糊结构以及可能性属性。其中，根、元素、一般属性、空间属性、时间属性和文本节点是确定的节点，模糊结构和可能性属性节点是不确定的。图 5.2 展示了一个简单的实例来阐明 8 种节点类型。根节点是代表模糊时空对象的虚拟节点，它所有的子节点都是模糊时空对象的固有属性。模糊时空 XML 文档中的元素都被看作元素节点，每个元素有 $n(n \geqslant 0)$个其他节点（元素、属性、文本节点）作为它的子节点。文本节点是串值节点，没有子节点。模糊结构节点（Dist 和 Val）和可能性属性节点均被用于表示给定元素存在于模糊时空 XML 文档的隶属度或可能性分布。属性节点共有三种：一般属性节点、空间属性节点、时间属性节点，每个属性节点都有一个属性名和属性值。注意：由于在正式的建模观点中属性和元素节点并无不同，所以在本章中把属性节点当作一种特殊种类的元素。

　　图 5.3 展示了图 5.1 中的时空 XML 文档片段所对应的模糊时空数据树。在图 5.3 中，模糊时空 XML 数据树的根节点有两条边，一个从根节点 R 到可能性属性节点 P_1（简单起见，在本章中使用一对 (m, n)来描述从源节点 m 到目标节点 n 的边），另一个从根节点 R 到元素节点 E_1。因为 XML 节点是有序的，在模糊时空 XML 数据树中，一个节点的次序可以通过从根节点到这个点的离散点次序来表示。在这个方案

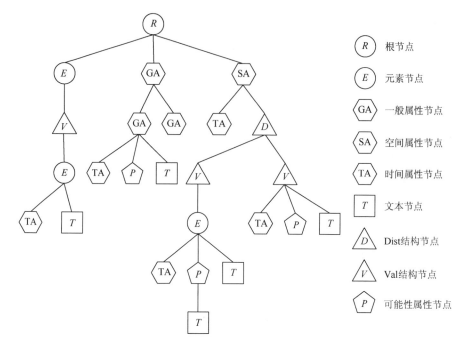

R	根节点
E	元素节点
GA	一般属性节点
SA	空间属性节点
TA	时间属性节点
T	文本节点
D	Dist结构节点
V	Val结构节点
P	可能性属性节点

图 5.2　模糊时空 XML 文档中的节点类型

中，一个节点在所有拥有相同父节点的兄弟节点中的次序可以通过它的相对次序来进一步确认。例如，在图 5.3 中，假设根节点的次序为 1，则 P_1 和 E_1 分别是 1.1、1.2；P_1 和 E_1 的相对次序分别是 1 和 2。换句话说，P_1 是 R 节点的第一个子节点，E_1 是 R 节点的第二个子节点。在拥有同一源节点的两个目标节点序列 A：$a_1, a_2, \cdots, a_m$ 和 B：$b_1,$ $b_2, \cdots, b_n$ 中，当且仅当满足以下条件之一：①$m \leqslant n$ 且 $a_1/b_1 = a_2/b_2 = \cdots = a_m/b_m$；②$\exists k \leqslant$ $\min(m, n)$，形如 $a_1/b_1 = a_2/b_2 = \cdots = a_{k-1}/b_{k-1}$ 且 $a_k \times b_1 < b_k \times a_1$ 时，A 先于 B（表示为 $A \propto B$）。

　　由于空间有限，图 5.3 中只放了一个时间周期的节点，如覆盖城市和位置节点，忽略了这些节点的其他时间段。具有多时段的节点将进行以下处理，其中，$m, n_i(i = 1, 2, \cdots)$ 是模糊时空数据树的节点，n_i 是 m 的子节点：

　　①创建新节点 $n_{i+1}, n_{i+2}, \cdots, n_{ki}$；连接 m 与这些节点形成边，表示为（m, n_j）（$j = i + 1, i + 2, \cdots, ki$），其中，$k$ 为时间段在节点 m 中的编号；

　　②为每一个创建的边分配次序 $i + 1, i + 2, \cdots, ki$；

　　③形成 $n_{i+1}, n_{i+2}, \cdots, n_{ki}$ 相应的子孙节点，作为 $n_1, n_2, \cdots, n_i$ 的子孙节点。

　　举个例子，如图 5.1 所示用模糊时空数据展示的 XML 文档片段，其中有两个具有多时段的节点（覆盖城市和位置节点），但在图 5.3 中没有展示。根据以上处理，这两个节点如图 5.4 所示。在上述操作中，由于不能破坏模糊时空 XML 数据树的次序，所以具有多时段的节点被表示为兄弟关系而不是父子关系。需要特别说明的是，兄弟节点的次序是 $i + 1, i + 2, \cdots, ki$，其子孙节点的次序同 $n_1, n_2, \cdots, n_i$ 的子孙节点一样。以

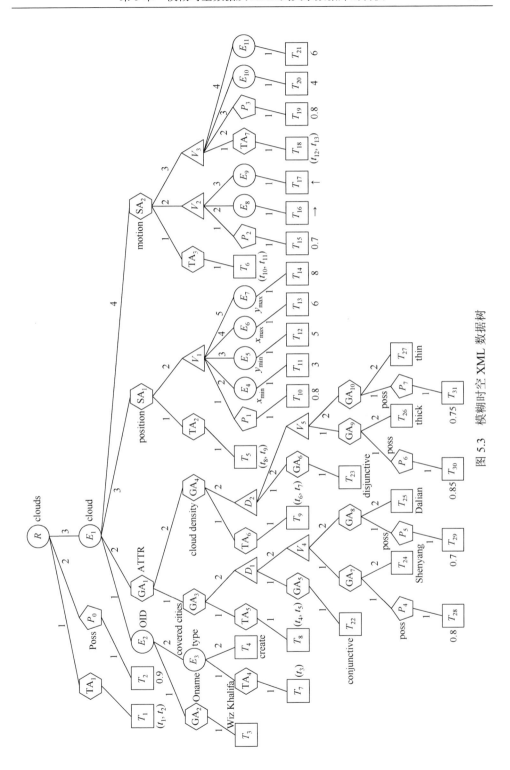

图 5.3　模糊时空 XML 数据树

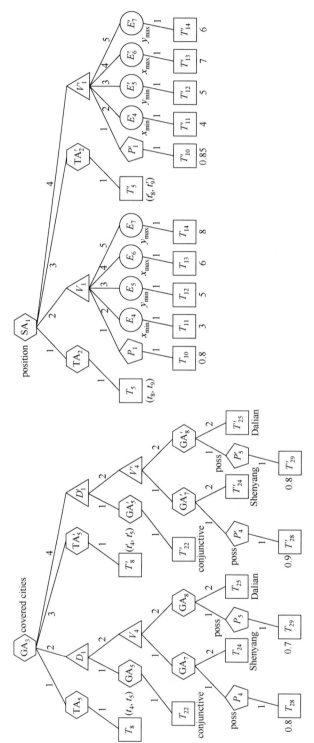

图 5.4　两个具有多时段的节点

图 5.4 中覆盖城市节点为例，TA_5' 和 D_1' 的次序是 3 和 4（$i+1$, $i+2$，其中 $i=2$；或 $i+1$, ki，其中 $i=2$, $k=2$），TA_5' 和 D_1' 的其他子孙节点的次序与 TA_4 和 D_1 的子孙节点相同。图 5.4 中位置节点的次序也可以用类似的方法获取。

在模糊时空 XML 数据树中，与图 5.4 中的覆盖城市和位置节点相同，有很多带有多时间段的节点。因此，这些节点应当满足几个约束条件。一方面，应当满足时间约束条件。给定节点 n_i, n_j, n_p, $n_q(i, j, p, q = 1, 2, \cdots)$，$n_j$ 是 n_i 的时间属性子节点；n_q 是 n_p 的时间属性子节点；n_p 是 n_i 的子孙节点，那么可得出 $n_q \subset n_j$，$\cup n_k = n_j(k \in q)$。另一方面，它们应当满足结构约束条件。给定节点 n, $m_i(i = 1, 2, \cdots)$，m_i 是 n 的子孙节点，当 $m_1 \propto m_j(j = 2, 3, \cdots)$ 时，m_1 是 n 的时间属性节点。也就是说，当 n 的时间属性可以从它的祖先节点继承时，节点 n 的时间属性节点是可有可无的。

5.2　XML 到关系模糊时空数据库的转换

将分层、有序的模糊时空 XML 数据转换成平面、无序的形式并不是简单的工作。本节提出使用时间边方法将模糊时空 XML 数据转换为关系数据库。

在模糊时空的情景中，有 8 种类型的节点：根、元素、一般属性、空间属性、时间属性、文本、模糊结构、可能性属性。在这些类型的节点中，有几种特殊的节点——空间属性、时间属性、模糊结构（Dist 和 Val）、可能性属性节点，这些类型的节点在特定的情景中有明显的不同。因此，模糊时空 XML 数据树的关系模式的构建也不同于确定性数据树。

节点和子节点之间的关系可以用模糊时空 XML 数据树的边（从源节点到目标节点）来表示。在模糊时空 XML 数据树中有 6 种类型的边：DD、DF、FD、FF、DT、TD。DD 表示源节点与目标节点都是确定节点；DF 表示源节点和目标节点分别是确定节点和模糊节点；FD 代表源节点和目标节点分别是模糊节点和确定节点；FF 表示源节点和目标节点均为模糊节点；DT 代表源节点和目标节点分别是确定节点和时间节点；TD 表示源节点和目标节点分别是时间节点和确定节点。举个例子，如图 5.3 所示的模糊时空 XML 数据树，从源节点 E_1 到目标节点 E_2 是 DD，从 SA_1 到 V_1 是 DF，从 V_1 到 E_4 是 FD，从 D_1 到 V_4 是 FF，从 E_3 到 TA_4 是 DT，从 TA_4 到 T_7 是 TD。

在 XML 中用户查询的内容或值通常是具有自然概念、符合真实世界的元素。在模糊时空 XML 数据模型中，因为与节点相关联的存在可能性是某区域包含时空对象的这一因素的可能性，所以模糊节点（模糊结构和可能性属性节点）与现实世界不一致。因此，模糊节点通常不出现在用户的查询中。另外，因为时间属性节点是可选择的，并且每个节点都有对应的时间，模糊时空 XML 数据模型的每个时间属性节点都应视为时间属性。可以连接 DF、FD、FF 形成特殊边，称为广义时间边，用 GTE(p, q) 表示，其中，p 和 q 是相应的确定的源节点和目标节点。对于一个 DF 边 e_{DF} 来说，它的源节点和目标节点是 a 和 b，e_{DF} 的广义时间边将确定节点 a 作为源节点，距离 b 最近的确定子孙节点作为目标节点，其中包括广义时间边的源节点与目标节点间的可能性属性节点和模糊结构，还有广义时间边的源节点和目标节点间的或从其祖先节点继承的时间属性节点。对于 FD 边 e_{FD}，假设它的源节点和目标节点是 c 和 d，广义时间边 e_{FD} 将距离 c 最近的确定祖先节点作为源节点，确定节点 d 为目标节点，其中包括广义时间边的源节点与目标节点间的可能性属性节点和模糊结构，还有广义时间边的源节点和目标节点间的或从其祖先节点继承的时间属性节点。对于 FF 边 e_{FF}，假设它的源节点和目标节点是 e 和 f，广义时间边将距离 e 最近的确定祖先节点作为源节点，距离 f 最近的确定子孙节点作为目标节点，其中包括广义时间边的源节点与目标节点间的可能性属性节点和模糊结构，还有广义时间边的源节点和目标节点间的或从其祖先节点继承的时间属性节点。注意，e_{FF} 的目标节点可以是最近的一个确定子孙节点，也可以是一组确定的子孙节点。对广义时间边来说，上述节点的离散点次序还可用于表示模糊时空 XML 数据模型中节点的次序。对于广义时间边的源节点和目标节点间的可能性和模糊结构，它们不仅取决于广义时间边中的模糊节点，还取决于其祖先节点的模糊节点。给定一个广义时间边 GTE(p, q)，目标节点 q 是 p 的子孙节点，其相关可能性被 $\prod P_i(i = 1, 2, \cdots)$ 所确定；$n_i(i = 1, 2, \cdots)$ 是 p 的祖先节点，$m_i(i = 1, 2, \cdots)$ 是 n_i 的子孙节点，是模糊节点。作为 n_i 的子孙节点，目标节点 m_i 的相关可能性被 $\prod P_j(j = 1, 2, \cdots)$ 所确定。那么可以得出结论：目标节点 q 是 p 的子孙节点，其可能性被 $\prod P_i P_j$ 所确定。

举个例子，对于图 5.3 中所给出的模糊时空 XML 数据树，DF 边(SA$_2$, V$_2$)的广义时间边是 GTE(SA$_2$, E$_8$)和 GTE(SA$_2$, E$_9$)，作为 SA$_2$ 的子孙节点，目标节点 E_8 和 E_9 的可能性均被 $V_2 \cdot P_2 \cdot P_0$ 所确定，它们的时段是 TA$_3$。GTE(SA$_2$, E$_8$)和 GTE(SA$_2$, E$_9$)的次序分别为 1.3.4.2.2 和 1.3.4.2.3，因此，可以得出 GTE(SA$_2$, E$_8$)在 GTE(SA$_2$, E$_9$)之前。FD 边(V$_1$, E$_4$)的广义时间边是 GTE(SA$_1$, E$_4$)，目标节点 E_4 作为 SA$_1$ 的子孙节点，它的可能性被 $V_1 \cdot P_1 \cdot P_0$ 确定，时段是 TA$_1$。GTE(SA$_1$, E$_4$)的次序是 1.3.3.2.2。FF 边(D$_1$, V$_4$)的广义时间边是(GA$_3$, GA$_7$)和 GTE(GA$_3$, GA$_8$)，作为 GA$_3$ 的子孙节点，目标节点 GA_7 和 GA_8 被 $V_4 \cdot P_4 \cdot P_0$ 和 $V_4 \cdot P_5 \cdot P_0$ 所确定，时段是 TA$_5$。GTE(GA$_3$, GA$_7$)和 GTE(GA$_3$, GA$_8$)的次序分别为 1.3.2.1.2.2.1 和 1.3.2.1.2.2.2。

下面会详细地给出模糊时空 XML 的关系转换方法。通过接下来的处理，XML 中所有的模糊时空数据都可以被转换为关系型。

（1）在所给的模糊时空数据树中，连接所有的 DF 边、FD 边和 FF 边，组建广义时间边 GTE(p, q)。

（2）创建一个表 $R(S, T, O, V, F, P, T)$，S 和 T 记录相应确定的 GTE(p, q)的源

节点和目标节点（相当于源节点和目标节点列）；O 表示 q 的次序号（相当于次序列）；V 表示 q 的值（相当于值列）；F 表示目标节点 q 是 p 的子孙节点的可能性，被 $P_i·P_j$ 所限定（相当于模糊属性列）；P 表示目标节点 q 是 p 的子孙节点的可能性（相当于可能性属性列）；T 表示目标节点 q 在 GTE(p, q)的时间（相当于时间列）。

（3）将 DD 边和广义边 GTE(p, q)按相同的标记存放在一个表中，直至所有的边都完成转换。

（4）将元组按照时段存放在一个表中。

图 5.5 展示了对图 5.3 中模糊时空 XML 文档的时间边转换表。由于空间有限，图 5.5 只列出了几个典型的关系表，其他的都可以按类似的方法进行扩展。图 5.5（a）和图 5.5（b）为 DD 边（R, E_1）和（E_1, SA_1）；图 5.5（c）～图 5.5（e）分别为 DF 边（SA_2, V_3）、FD 边（V_2, E_8）、FF 边（D_1, V_4）。因此，图 5.5（a）和图 5.5（b）的源节点和目标节点都是它们本身；图 5.5（c）～图 5.5（e）则应当组建成 GTE(p, q)。特别说明，在图 5.5（a）中，源列和目标列的值为"R"和"E_1"表示源节点和目标节点分别为 R 和 E_1。注意，根节点 R 是一个特殊元素节点；次序列中值为 1.3 表示 E_1 的次序为 1.3；在值列中值为"cloud"表明 E_1 的值是 cloud；在模糊属性列和可能性属性列中值为"P_0"和"0.9"则表示目标节点 E_1 是 R 的孩子节点的可能性为 0.9，由 P_0 所确定；在模糊时空 XML 数据树中值为[t_1, t_2]代表目标节点 E_1 是 R 的孩子节点的时段为[t_1, t_2]。在图 5.5（b）中，表中有两个元组的原因是图 5.4 中使用两个时段表示图 5.3 的位置节点。在源列和目标列中值为"E_1"和"SA_1"表示源节点和目标节点分别为 E_1 和 SA_1；次序列中值为"1.3.3"表示 SA_1 的次序为 1.3.3；在值列中值为"position"表明 SA_1 的值是 position；模糊属性列、可能性属性列和时间列的值为"$P_0·P_1$"、"0.72"、[t_8, t_9]表示 SA_1 是 E_1 的孩子节点的可能性在[t_8, t_9]上为 0.72，由 $P_0·P_1$ 所确定；模糊属性列、可能性属性列和时间列的值为"$P_0·P_1$"、"0.765"、[t_8', t_9']表示 SA_1 是 E_1 的孩子节点的可能性在[t_8', t_9']上为 0.765，由 $P_0·P_1$ 所确定。图 5.5（c）为 DF 边（SA_2, V_3）。根据所提出的方法，由于源节点 SA_2 有一个模糊结构 V_3 作为它的孩子节点，（SA_2, V_3）的广义时间边为（SA_2, E_{10}）和（SA_2, E_{11}），源列和目标列的值为"SA_2"、"E_{10}"和"SA_2"、"E_{11}"表示源节点和目标节点分别为 SA_2、E_{10} 和 SA_2、E_{11}；次序列中的值"1.3.4.3.3"和"1.3.4.3.4"代表 E_{10} 的次序和 E_{11} 的次序分别为 1.3.4.3.3 和 1.3.4.3.4；值列中的"4"和"6"表示 E_{10} 和 E_{11} 的值为 4 和 6；模糊属性列、可能性属性列和时间列的值为"$P_0·P_3$"、"0.72"，[t_{12}, t_{13}]表示 E_{10} 和 E_{11} 是 SA_1 的孩子节点的可能性在[t_{12}, t_{13}]上为 0.72，由 $P_0·P_3$ 所确定。图 5.5（d）为 FD 边（V_2, E_8）。根据 E_8 有一个模糊结构 V_2 作为它的父亲节点，可知（V_2, E_8）的广义时间边为（SA_2, E_8）。源列和目标列的值"SA_2"、"E_8"表示源节点和目标节点分别为 SA_2、

E_8；次序列中的值"1.3.4.2.2"代表 E_8 的次序为 1.3.4.2.2；值列中"→"表示 E_8 的值为→（向右移动）；模糊属性列、可能性属性列和时间列的值为"$P_0 \cdot P_2$"、"0.63"、$[t_{10}, t_{11}]$ 表示 E_8 是 SA_2 的孩子节点的可能性在 $[t_{10}, t_{11}]$ 上为 0.63，由 $P_0 \cdot P_2$ 所确定。图 5.5（e）为 FF 边（D_1, V_4）。（D_1, V_4）的广义时间边为（GA_3, GA_7）和（GA_3, GA_8）。而且目标节点有两个时段，因此表中有四个元组。源列和目标列的值"GA_3"、"GA_7"和"GA_3"、"GA_8"表示源节点和目标节点分别为 GA_3、GA_7 和 GA_3、GA_8；次序列中的值"1.3.2.1.2.2.1"和"1.3.2.1.2.2.2"代表 GA_7 和 GA_8 的次序分别为 1.3.2.1.2.2.1 和 1.3.2.1.2.2.2；值列中"Shenyang"和"Dalian"表示 GA_7 和 GA_8 的值分别为沈阳和大连；第一个元组中模糊属性列、可能性属性列和时间列的值为"$P_0 \cdot P_4$"、"0.72"、$[t_4, t_5]$ 表示 GA_7 是 GA_3 的孩子节点的可能性在 $[t_4, t_5]$ 上为 0.72，由 $P_0 \cdot P_4$ 所确定；第二个元组中模糊属性列、可能性属性列和时间列的值为"$P_0 \cdot P_5$"、"0.63"、$[t_4, t_5]$ 表示 GA_8 是 GA_3 的孩子节点的可能性在 $[t_4, t_5]$ 上为 0.63，由 $P_0 \cdot P_5$ 所确定；第三个元组中模糊属性列、可能性属性列和时间列的值为"$P_0 \cdot P_4$"、"0.81"、$[t_4', t_5']$ 表示 GA_7 是 GA_3 的孩子节点的可能性在 $[t_4', t_5']$ 上为 0.81，由 $P_0 \cdot P_4$ 所确定；第四个元组中模糊属性列、可能性属性列和时间列的值为"$P_0 \cdot P_5$"、"0.72"、$[t_4', t_5']$ 表示 GA_8 是 GA_3 的孩子节点的可能性在 $[t_4', t_5']$ 上为 0.72，由 $P_0 \cdot P_5$ 所确定。

源	目标	次序	值	模糊属性	可能性属性	时间
R	E_1	1.3	cloud	P_0	0.9	$[t_1, t_2]$
...	...	...	...	...	...	...

(a) (R, E_1)

源	目标	次序	值	模糊属性	可能性属性	时间
E_1	SA_1	1.3.3	position	$P_0 \cdot P_1$	0.72	$[t_8, t_9]$
E_1	SA_1	1.3.3	position	$P_0 \cdot P_1$	0.765	$[t_8', t_9]$
...	...	...	...	...	...	...

(b) (E_1, SA_1)

源	目标	次序	值	模糊属性	可能性属性	时间
SA_2	E_{10}	1.3.4.3.3	4	$P_0 \cdot P_3$	0.72	$[t_{12}, t_{13}]$
SA_2	E_{11}	1.3.4.3.4	6	$P_0 \cdot P_3$	0.72	$[t_{12}, t_{13}]$
...	...	...	...	...	...	...

(c) (SA_2, V_3)

源	目标	次序	值	模糊属性	可能性属性	时间
SA_2	E_8	1.3.4.2.2	→	$P_0 \cdot P_2$	0.63	$[t_{10}, t_{11}]$
...	...	...	...	...	...	...

(d) (V_2, E_8)

源	目标	次序	值	模糊属性	可能性属性	时间
GA_3	GA_7	1.3.2.1.2.2.1	Shenyang	$P_0 \cdot P_4$	0.72	$[t_4, t_5]$
GA_3	GA_8	1.3.2.1.2.2.2	Dalian	$P_0 \cdot P_5$	0.63	$[t_4, t_5]$
GA_3	GA_7	1.3.2.1.2.2.1	Shenyang	$P_0 \cdot P_4$	0.81	$[t_4', t_5']$
GA_3	GA_8	1.3.2.1.2.2.2	Dalian	$P_0 \cdot P_5$	0.72	$[t_4', t_5']$
...	...	...	...	...	...	...

(e) (D_1, V_4)

图 5.5　时间边转换表

5.3　评　　测

5.3.1　在气象中的应用

为了确认这种方法的可行性，把它应用于气象事件，展示怎样使用这个模型来记录和转换时空数据。图 5.6 展示了热带风暴 Nesat[36]在日本时间 2011 年 9 月 24 日上午 9 时的轨迹，它用七个时间点记录了 Nesat 的状态，其中的每个圆圈代表在这个时间点被 Nesat 影响的地区，圆圈中心的点表示为台风中心的可能位置。后面会详细展示如何应用所提出的模型。

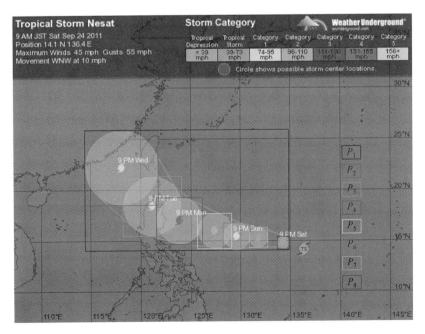

图 5.6　热带风暴 Nesat 的轨迹（见彩图）

步骤 1　获取时空信息并按照上述五个维度将其分为五种类型。首先，因为它以热带台风的自然属性命名并且是唯一的（图 5.6 展示了 P_i, $i = 1, 2, \cdots, 8$），所以把 P_i 作为 OID。对于变化的类型，Nesat 在星期六的晚上 9 时形成。时空数据的 ATTR 可以是多样的，如热带低气压等。在 FP 部分，可以使用经度和纬度来记录 Nesat 的位置。图 5.6 中提出了 8 个 MBR $P_1 \sim P_8$ 表示热带台风的可能区域；在 FM 部分，可以从图 5.6 中得出 Nesat 的运动方向为 "←" 和 "↑"，沿 x 轴和 y 轴的变化值可以由实时值计算；最后在 FT 部分，记录的时间是瞬时值，因此在 7 个时间点上的 FT 部分也是瞬时的。对于时间记录里的时间，因为它们是模糊的，所以需要使用从属函数来衡量模糊时间。

步骤 2　把模糊时空 XML 文档中的节点分为 8 种类型：根、元素、一般属性、空间属性、时间属性、文本、模糊结构、可能性属性。Nesat 可以视为根节点；属性包括一般属性节点，如热带低气压；FP 和 FM 包括空间属性节点，如时空数据的位置和运动；如果有必要，OID、ATTR、FP 和 FM 均可包含时间属性节点；ATTR、FP、FM 和 FT 均可包含模糊结构节点和概率属性节点；文本节点是叶子节点，是它们父亲节点的值；其他节点都是元素节点。节点分类与图 5.2 类似。

步骤 3　构建模糊时空数据树。根据节点分类即可构建模糊时空数据树。Nesat 被认为是从标记时刻创建，为简化，在周六晚上 9 时到下周三晚上 9 时之间的时间信息可被忽略。模糊时空 XML 数据树若有很多具有多时段的节点，则可以类似于图 5.4 被表示出来。

步骤 4　进行模糊时空数据的 XML 关系转换。完成上述三个步骤后，即可进行模糊时空数据的 XML 关系转换。首先，规定模糊时空 XML 数据树的边的种类：DD 边、DF 边、FD 边、FF 边、DT 边以及 TD 边。其次，连接 DF 边、FD 边、FF 边，组建特殊边 GTE(p, q)。然后，标记各边的次序。最后，执行上述转换方法。时间边的转换表如图 5.5 所示。

通过上述四步将这种方法应用于气象事件，模糊时空 XML 数据树相应节点的值可由气象应用的值来替换。至于基于 XML 的模糊时空数据的建模和模糊时空数据从 XML 到关系数据库的转换方法论在前面已有所涉及。

5.3.2　实验

本节在气象应用的基础上进行评估。所有的评估都在 Microsoft Visual Studio 10.0 上实现，在一台 2.6GHz Intel Core i5 处理器、4GB 运行内存、Windows 7 系统的计算机上进行。

关于实验的评估，实验中使用所提出的基于 XML 的模糊时空数据的建模和模糊时空数据从 XML 到关系数据库的转换方法论作为理论基础。在实验中，假设在模糊时空数据树有两个属性节点（热带低气压和强度）。表 5.1 和表 5.2 是用于实验查询的真实数据集。

表 5.1　实验中的查询使用

查询	
Q1	Query the OID nodes' data
Q2	Query the ATTR nodes' data
Q3	Query the FP nodes' data
Q4	Query the FM nodes' data
Q5	Query the FT nodes' data of OID
Q6	Query the FT nodes' data of ATTR
Q7	Query the FT nodes' data of FP
Q8	Query the FT nodes' data of FM

表 5.2　Nesat 的历史轨迹

时间	纬度	经度	强度
201109301200	21.4	106.1	45
201109300600	21	106.6	55
201109300000	20.9	107.7	60
201109291800	20.6	109.1	60
201109291200	20.2	109.9	65
201109290600	20.1	111	65
201109290000	19.2	112.8	65
201109281800	18.4	113.8	65
201109281200	18.1	114.7	65
201109280600	17.6	115.8	65
201109280000	17.6	116.6	70
201109271800	17.3	117.8	75
201109271200	16.8	118.8	75
201109270600	16.8	119.8	85
201109270000	16.5	121.9	95
201109261800	16.3	122.9	105
201109261200	16	123.9	80
201109260600	15.8	124.7	80
201109260000	15.2	126.1	80
201109251800	14.6	126.9	75
201109251200	14.6	128.1	70

续表

时间	纬度	经度	强度
201109250600	14.7	128.8	70
201109250000	14.7	130.6	65
201109241800	15	132.3	55
201109241200	15.1	133.6	45
201109240600	14.9	135.1	40
201109240000	14.1	136.4	40
201109231800	13.9	137.2	35
201109231200	13.6	138	30

为了呈现对这种方法的评估结果，本节进行了四组实验。由于最后四个问题与时间属性节点有关，所以在每一组实验中，评估又分为两组继续开展（Q1～Q4和Q5～Q8）。在第一组实验中，对比评估 Q1～Q4、Q5～Q8 在 XML[6, 29]和关系型 XML 上的执行时间，在图 5.7 和图 5.8 中，从 Q1～Q8 可以观察到关系型 XML 的时间短于 XML 的执行时间，这可以通过"不需要校验模式的信息"来解释。另外，Q5～Q8 的执行时间短于 Q1～Q4，这可以通过"时间属性节点是不必要的，时间属性节点的位置在它们相应的归属节点之前"来解释。执行时间主要取决于查询节点在模糊时空数据树结构中的位置。

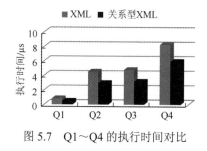

图 5.7　Q1～Q4 的执行时间对比

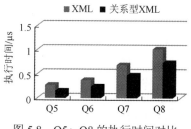

图 5.8　Q5～Q8 的执行时间对比

在第二组实验中，对比评估 Q1～Q4 和 Q5～Q8 在 XML 和关系 XML 的方法中的内存使用情况，展现在图 5.9 和图 5.10 中。从 Q1～Q8 可以观察到，在内存使用方面，关系型 XML 小于 XML。内存使用不仅取决于数据集大小的占用，还取决于在模糊时空数据树中查询所需的节点的花费。另外，Q5～Q8 对内存的使用小于 Q1～Q4，这可以通过"时间属性节点是不必要的，时间属性节点的位置在它们相应的归属节点之前"来解释；并且，查询模糊时空数据树的时间属性节点所需内存要小于其他时空节点。

在第三组实验中，在关系型 XML 的方法中，用 Q1～Q4 和 Q5～Q8 的模糊节点的不同百分率评估精度，并展示在图 5.11 和图 5.12 中。从 Q1～Q4 和 Q5～Q8

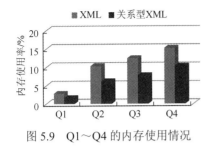

图 5.9　Q1～Q4 的内存使用情况

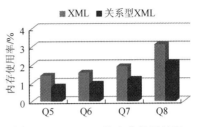

图 5.10　Q5～Q8 的内存使用情况

可以观察到是递减的,这可以用"OID、ATTR、FP 和 FM 的结构复杂性是递增的"来解释。此外,Q5～Q8 的精度比 Q1～Q4 的高,这可以用"时间属性节点是不必要的,时间属性节点的位置在它们相应的归属节点之前"来解释。而且,由于之前的假设:"假设已知时空对象的前驱和后继都不是模糊的,因为如果它们是模糊的,模糊前驱和后继的已知就都是不必要或者说是多余的。由于时空对象的前驱和后继都不是模糊的,所以变化类型也不是模糊的。既然如此,则给 OID 所有的值的隶属度都赋值为 1.0。"所以 Q1 和 Q5 的精度都是 1.0。

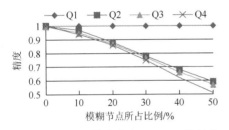

图 5.11　转换后模糊节点 Q1～Q4 的精度

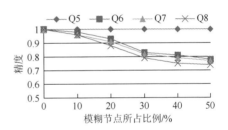

图 5.12　转换后模糊节点 Q5～Q8 的精度

在用模糊节点 Q1～Q4 和 Q5～Q8 的不同百分率评估了关系型 XML 的方法的精度后,最后一组实验中,用模糊节点 Q1～Q4 和 Q5～Q8 的不同百分率对比评估在 XML 和关系型 XML 的方法中的精度,展现在图 5.13 和图 5.14 中。从 Q1～Q8 可以观察到关系型 XML 的精度更高,可以解释为:关系数据库是可用于存储大量 XML 数据的可靠系统。此外,实验还阐明了关系型 XML 方法在存储模糊时空数据上的优点。

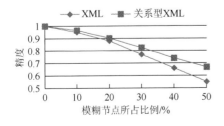

图 5.13　转换后模糊节点 Q1～Q4 的精度对比

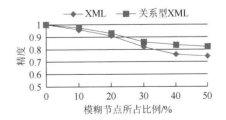

图 5.14　转换后模糊节点 Q5～Q8 的精度对比

5.4　本 章 小 结

　　XML 在表示模糊时空数据方面的灵活性和简单性特点,增加了在关系数据库中存放模糊时空数据的难度。本章研究了基于 XML 的模糊时空数据建模的方法论及模糊时空数据从 XML 到关系数据库的转换,所提出的方法显著增强了模糊时空数据从 XML 到关系数据库的互操作性。

　　将来的工作是面向应用和优化,当前致力于用模型展现这种方法在气象应用中的可行性。此外,还计划通过引进查询优化技术来提升转换策略、发展查询转换方法来转换 XML 查询,如 XQuery 查询以及相应的 SQL 语句。

第6章 模糊时空数据从关系数据库到 XML 的转换

本章基于关系数据库对模糊时空数据进行建模，并对模糊时空数据从关系数据库到 XML 的转换方法进行研究。首先基于关系数据库提出模糊时空数据的建模方法；然后提出模糊时空数据从关系数据库到 XML 的转换方法。这种方法的独特之处在于涵盖了模糊时空数据的时间、空间、模糊特点；并且在进行模糊时空数据的转换时不需要模式信息。最后将所提出方法在气象应用中进行使用，以证明所提出方法的可行性。

6.1 模糊时空数据关系模型

本节提出用最小外接矩形（MBR）来表示模糊位置信息，约束矩形表示一个矩形在 p 时间区间里的连续变化，给定任意 $t \in p$，MBR 在 t 时段的位置由 x 维和 y 维上的表达式 $x_{\min} \leqslant x(t) \leqslant x_{\max} \cap y_{\min} \leqslant y(t) \leqslant y_{\max}$ 给出，用 $(x_{\min}, y_{\min})$ 和 $(x_{\max}, y_{\max})$ 来表示该表达式，如图 6.1 所示。

模糊时空数据与普通时空数据的根本区别在于数据具有模糊性。所以本章引入模糊集理论来表示其模糊性。模糊集理论中对集合中的元素的隶属关系逐步进行评估，将其设置为可能性分布，使用从属函数[0, 1]对其进行描述，值可取 0～1 的任何数（包含 0 和 1）。当取值为 0 或 1 时，表示元素属于或者不属于这个集合，它的隶属关系是确定的。本章统一将这种隶属关系称为可能性。

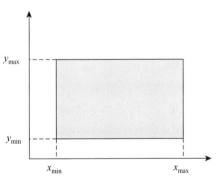

图 6.1 最小外接矩形

模糊时空数据库的基本表与普通数据库的基本表的区别在于，它需要表示时间、空间和模糊信息。由于这些信息都是不断变化的，难以用一张表来完整描述。于是提出分别用 summary、OID、ATTR、position、motion 这五种类型的表及其子表来表示模糊时空信息。

定义 6.1（总计信息，summary） 模糊时空数据的总计信息 summary 用四元组 $S(o, \mathrm{Fs}, t, p)$ 来表示，各属性列含义介绍如下。

　　o：次序（ordinal）。

　　Fs：模糊时空数据（fuzzy spatiotemporal data）。

　　t：时间（time），用（t_s, t_e）表示，其中，t_s 表示变化开始的时间，t_e 表示变化结束的时间。注意：t_s 和 t_e 在表中为模糊时间，对于模糊时空数据的创建没有 t_e。为了便于计算，t_e 默认取值为∞，但这并不意味着模糊时空数据是永远存在的。

　　p：可能性（poss）。

　　对于上述定义中的次序，在 summary 表中用 0.1, 0.2, ⋯, 0.*k*（*k*∈**N**⁺）表示，在其他表中则用 0.*k-m.n*（*m* = 1, 2, 3, 4, ⋯, *k*, *n*∈**N**⁺）来表示，*m* 代表该表的类型（1 为 OID，2 为 ATTR，3 为 position，4 为 motion），*n* 代表该行在表格中的位置；若存在子表，则表示为 0.*k-m.n.p.q*⋯（*m* = 1, 2, 3, 4；*k*, *n*, *p*, *q*∈**N**⁺）。

　　表 6.1 给出了 Clouds 中的三个模糊时空数据 cloud1、cloud2、cloud3，它们的次序分别为 0.1、0.2、0.3，表示在 summary 表中的位置分别是第一个、第二个、第三个，所在的时间段分别为（t_1, t_2）、（t_{14}, t_{15}）、（t_{16}, t_{17}）。

表 6.1　模糊时空数据 Clouds

ordinal	fuzzy spatiotemporal data	time	poss
0.1	cloud1	（t_1, t_2）	0.9
0.2	cloud2	（t_{14}, t_{15}）	0.7
0.3	cloud3	（t_{16}, t_{17}）	0.75

　　定义 6.2（历史拓扑结构信息，OID）　模糊时空数据的历史拓扑结构信息 OID 用四元组 O（*o*, On, Ot, *t*）表示，描述数据的创建、分裂、合并、消亡，各属性列含义如下。

　　o：次序（ordinal）。

　　On：变化名称（Oname）。

　　Ot：变化类型（Otype）。

　　t：时间（time），表示方法见定义 6.1。

　　表 6.2 给出了表 6.1 中三个数据的 OID，以 cloud1 为例，它的次序为 0.1-1.1，表示在 summary 表中的次序为 0.1，在 OID 表中的次序为 1.1，名字为 WizKhalifa，类型为 create，时间为（t_3）。

表 6.2　Clouds 的历史拓扑结构

ordinal	Oname	Otype	time
0.1-1.1	WizKhalifa	create	（t_3）
0.2-1.2	Krovanh	create	（t_{18}）
0.3-1.3	Nepartak	create	（t_{19}）

定义 6.3（静态属性信息，ATTR）　模糊时空数据的静态属性信息 ATTR 用四元组 $A(o, An, At, t)$ 表示，各属性列含义如下。

o：次序（ordinal）。

An：属性名称（Aname）。

At：属性的类型（Atype）。

t：时间（time），表示方法见定义 6.1。

如表 6.3 所示，表中以 cloud1 为例给出它的 ATTR 属性 covered cities、cloud density，次序分别为 0.1-2.1，0.1-2.2，类型分别为连续的和离散的，所在时间段分别为 (t_4, t_5)，(t_6, t_7)。

表 6.3　cloud1 的静态属性

ordinal	Aname	Atype	time
0.1-2.1	covered cities	conjunctive	(t_4, t_5)
0.1-2.2	cloud density	disjunctive	(t_6, t_7)

定义 6.4（位置信息，position）　模糊时空数据的位置信息 position 用五元组 $P(o, Mi, Ma, t, p)$ 表示，表中使用最小外接矩形表示位置信息，各属性列含义如下。

o：次序（ordinal）。

Mi：位置的最低限 $\min(x_{\min}, y_{\min})$。

Ma：位置的最高限 $\max(x_{\max}, y_{\max})$。

t：时间（time），表示方法见定义 6.1。

p：位置的可能性（poss）。

如表 6.4 所示，表中以 cloud1 为例，给出它在 (t_8, t_9) 时间段上的位置信息，次序为 0.1-3.1，最小外接矩形的坐标为 $(3, 5)$ 和 $(6, 8)$，在该位置的可能性为 0.8。

表 6.4　cloud1 的位置信息

ordinal	min	max	time	poss
0.1-3.1	$(3, 5)$	$(6, 8)$	(t_8, t_9)	0.8
0.1-3.2	$(4, 5)$	$(7, 6)$	(t_8', t_9')	0.85

定义 6.5（运动信息，motion）　模糊时空数据的运动信息 motion 用五元组 $M(o, x, y, t, p)$ 表示，各属性列含义如下。

o：次序（ordinal）。

x：x 轴方向（x-axis），可存储速度值或方向，方向可为 "↑"、"↓"、"←"、"→"。

y：y 轴方向（y-axis），可存储速度值或方向，方向可为 "↑"、"↓"、"←"、"→"。

t：时间（time），表示方法见定义 6.1。

p：位置的可能性（poss）。

如表 6.5 所示，表中给出 cloud1 的运动信息，在时间段（t_{10}, t_{11}）上的运动方向为"→"、"↑"，表示在 x 维上的方向为向右，在 y 维上的方向为向上，可能性为 0.7；在时间段（t_{12}, t_{13}）上的运动速度为 4、6，表示在 x 轴方向的速度为 4，在 y 轴方向的速度为 6，可能性为 0.8。

表 6.5　cloud1 的运动信息

ordinal	x-axis	y-axis	time	poss
0.1-4.1	→	↑	(t_{10}, t_{11})	0.7
0.1-4.2	4	6	(t_{12}, t_{13})	0.8

上述可能性均为相对可能性。由于关系数据库由多个相互联系的表构成，可以用于描述模糊时空数据信息。对于时空数据的元素或者属性是模糊的，在关系数据库中用模糊关系来描述元素变化为这种元素或属性的可能性，这种可能性是相对的，它将变化前的元素的可能性假设为 1.0，基于变化前可能性为 1.0 所得的变化后的可能性称为相对可能性。对于子表的表示，如表 6.6、表 6.7 所示。这两个表是表 6.3 的子表，用于对表 6.3 中 covered cities 属性和 cloud density 属性特点的补充。

表 6.6　cloud1 覆盖城市

ordinal	covered cities	time	poss
0.1-2.1.1	Shenyang	(t_4, t_5)	0.8
0.1-2.1.2	Dalian	(t_4, t_5)	0.7

表 6.7　cloud1 的云层厚度

ordinal	cloud density	time	poss
0.1-2.2.1	thick	(t_6, t_7)	0.85
0.1-2.2.2	thin	(t_6, t_7)	0.75

在以上定义的五种类型的表中，summary 表为数据总表，OID 表为历史拓扑结构属性表，ATTR 为静态属性表，position 和 motion 则为动态属性表，OID、ATTR、position、motion 这四种表均用于表示数据的某种属性，也可视为 summary 表的子表，而它们本身又具有子表，从而能够存储大量的模糊时空信息。

6.2　模糊时空数据关系模型到 XML 的转换

本节提出将关系模型转换为 XML 的具体方法。关系数据库可以转换为有序的树型结构。设定一棵模糊时空数据树具有八种类型的节点：根、元素、一般属性、空间属性、时间属性、文本、模糊结构、可能性属性节点。其中，一般属性、空间属性和时间属性均为属性节点，每个属性节点都有一个属性名和属性值。定义一般属性为静态不变的属性，空间属性为动态变化的属性，表示数据的位置变化，时间属性表示数据的时间变化。将 summary 表和 OID 表的每一个元组作为元素，将 ATTR 表的每一个元组作为一般属性节点，将 position 表和 motion 表及其子表的元组作为空间属性节点，在此处使用模糊结构节点来表示其模糊属性，将所有表中的 time 列作为时间属性节点，poss 列作为可能性属性节点，表中具体的数值则用文本节点表示。其中，可能性属性节点、时间属性节点和文本节点可作为所有的元素节点、一般属性节点和空间属性节点的子节点使用。

定义 6.6（一般数据转换）　给定表 $X(A, B, C, D)$，若表 X 存储的数据为一般数据，在转换过程中将 X 作为根节点，将其每个元组 $S_1, S_2, S_3, \cdots, S_k(k = \mathbf{N}^+)$ 作为 X 的孩子节点，其属性列作为 S_k 的孩子节点 A_k, B_k, C_k, D_k；若存在子表 $A_k(E_k, F_k, G_k)$，则将子表属性列作为 A_k 的孩子节点 S_k，X 的子孙节点 E_k, F_k, G_k。若表中只有一个元组，则 $S_k(k = 1)$ 节点可省略，属性列 A_k, B_k, C_k, D_k 直接作为 X 的孩子节点。

对于全部表中的各元组之间的关系，若两个元组的次序列长度相同，仅最后一位不同，则两个元组的创建节点拥有同一父亲节点，为兄弟关系；若两个元组的次序长度不同，且次序较短的元组与次序较长元组的左部分完全相同，若长度仅差一位，则两个元组的创建节点为父子关系，若长度相差多位，则为子孙关系。

定义 6.7（模糊数据转换）　给定表 $X(A, B, C, D)$，若表 X 存储的数据为模糊时空数据，则建立模糊结构节点 $V_1, V_2, V_3, \cdots, V_k(k = \mathbf{N}^+)$ 作为 S_k 的孩子节点，若表中只有一个元组，则 $S_k(k = 1)$ 节点可省略，V_k 直接作为 X 的孩子节点；属性列 A, B, C, D 则作为 V_k 的孩子节点；对于子表部分，同定义 6.6。

如图 6.2 所示，以表 6.3 为例，在 ATTR 表中，将 ATTR 作为父亲节点，将 covered cities 和 cloud density 作为其孩子节点；而在表中 covered cities 和 cloud density 均为模糊时空数据，则构建模糊结构 D_1 和 D_2 作为其孩子节点；对于表 6.3，还存在子表 6.6 和表 6.7，它们均为模糊时空数据，则构建模糊结构 V_4、V_5 作为其孩子节点，而表 6.6 和 6.7 均具有两个元组，则建立 GA_7、GA_8 作为 V_4 的孩子节点，GA_9、GA_{10} 作为 V_5 的孩子节点；而后分别将子表的属性列作为 ATTR 节点的子孙节点。

对于图 6.2（b）子表 6.6 的树型结构，根据上述定义得到图 6.3。因两个元组 GA_7、GA_8 具有同样的模糊结构，在转换过程中为了让图形更加清晰明了，将 V_4 与 V_4' 合并后作为 GA_7、GA_8 的父亲节点，子表 6.7 同理。

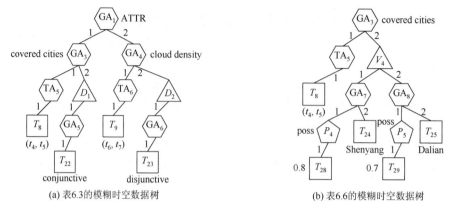

(a) 表6.3的模糊时空数据树

(b) 表6.6的模糊时空数据树

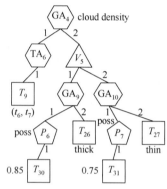

(c) 表6.7的模糊时空数据树

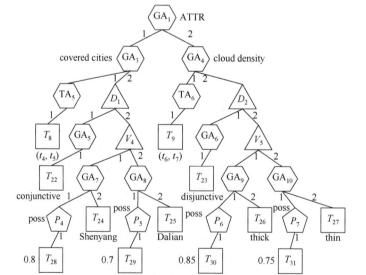

(d) 表6.3与子表合并后的模糊时空数据树

图 6.2　包含子表的模糊时空数据树

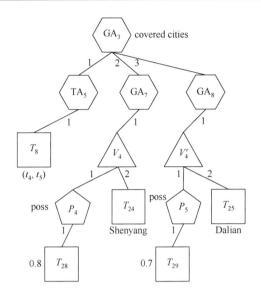

图 6.3　表 6.6 的原始模糊时空数据树

对于节点与节点之间的关系，可以用模糊时空数据树的边来表示。

定义 6.8（边的类型与编序）　给定父亲节点 A 和孩子节点 B，连接两个节点形成边 A-B，并为各边分配次序，对于拥有同一父亲节点的兄弟节点，按照从左到右的顺序依次编序 $1, 2, 3, 4, \cdots, n$（$n \in \mathbf{N}^+$）。将边的类型分为六种：DD、DF、FD、FF、DT、TD。

（1）DD 表示源节点与目标节点都是确定节点。

（2）DF 表示源节点和目标节点分别是确定节点和模糊节点。

（3）FD 代表源节点和目标节点分别是模糊节点和确定节点。

（4）FF 表示源节点和目标节点均为模糊节点。

（5）DT 代表源节点和目标节点分别是确定节点和时间节点。

（6）TD 表示源节点和目标节点分别是时间节点和确定节点。

对于 DF、FD、FF、FT 等存在模糊节点的对应关系，则是由于在模糊时空数据树中引入模糊结构的概念来表示模糊信息。不存在 TF 的对应关系，这是因为时间节点的孩子节点只能为文本节点。在图 6.4 中，以表 6.4 为例，它在两个时刻有两个不同的位置信息，则创建 position1 和 position2 两个节点，并引入模糊结构 V_1 和 V_1' 来更清晰地表示两种模糊位置信息；依次从根节点开始，连接父亲节点与孩子节点，其中 position1 和 position2 具有模糊属性，分别用 V_1 和 V_1' 表示。如定义 6.8 所示，为各边编序；对于定义 6.8 中提到的边的类型，SA_1-SA_3、SA_1-SA_4 为 DD；SA_3-TA_2、SA_4-TA_2'为 DT；SA_3-V_1、SA_4-V_1'为 DF；TA_2-T_5、TA_2'-T_5'为 TD；V_1-P_1、V_1-E_4、V_1-E_5、V_1-E_6、V_1-E_7、V_1'-P_1'、V_1'-E_4'、V_1'-E_5'、V_1'-E_6'、$V1'$-E_7'为 FD。

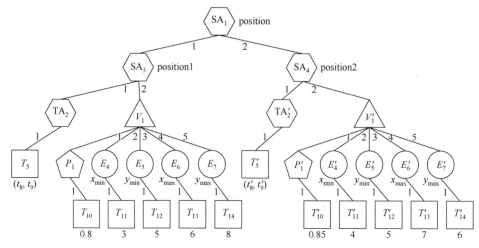

图 6.4　表 6.4 的模糊时空数据树

在实际转换中，对于模糊数据 M 变化的 summary 表、OID 表、ATTR 表、position 表和 motion 表及它们的子表，通用的操作步骤如下。

（1）分别创建每个表的根节点 R，并根据表中元组个数及表的类型创建其相应的子节点 E_i、GA_i 或 SA_i，见定义 6.6。

（2）判断各表中是否存在模糊信息，并创建相应的模糊结构 V_i，见定义 6.7。

（3）创建可能性属性节点 P_i。对于关系表中模糊关系列值为 1.0 的数据，默认其可能性属性节点不存在。

（4）创建时间属性节点 TA_i。对于表中时间列相同的值，可在数据树中逐一创建时间属性节点，然后删除冗余节点；若某节点和其子节点的时间约束相同，则删除其子节点的时间属性子节点。也就是说，当一个节点的时间属性可从其祖先节点继承时，它的时间属性节点就是冗余的。

（5）创建文本节点 T_i。为上述创建节点增加文本节点，记录其具体数值。

（6）连接各树的父亲节点 m 与孩子节点 n_i，形成边 m-$n_i(i = 1, 2, 3, \cdots, k)$，$k \in \mathbf{N}^+$。

（7）连接各表对应的树。在表中次序列中查找各树的根节点和最末端子孙节点，对照是否相同，若 B 树的根节点与 A 树最末端的子孙节点 A_x 相同，则将 A_x 节点替换为 B 树；对于不存在相同节点的树 X，在表中查找比根节点的次序列长度短一位，且与其根节点的次序列左部分完全相同的节点，找到的节点 X_0 则为它的父亲节点，连接 X_0 和树 X。

（8）为各边分配次序，见定义 6.8。

根据以上步骤，最终可构建出模糊数据 M 的模糊时空数据树。

具体来说，以 cloud1 为例，根据步骤（1）～步骤（8）分别创建表 6.1～表 6.7 对应的树，如图 6.5、图 6.6、图 6.2、图 6.4、图 6.7 所示。如表 6.5 所示，关系数据库中会有一些具有多时段的数据，若已知时间段 (t_{10}, t_{11}) 包含时间段 (t_{12}, t_{13})，则两个时间属性节点如图 6.7 中的 TA_3 和 TA_7 所示。给定数据 X 的时间属性列的值分别为 $n_i, n_j, n_p, n_q (i, j, p, q = 1, 2, \cdots)$，若 n_j 是 n_i 的子集，n_q 是 n_p 的子集，n_p 是 n_i 的子集的子集，那么可得出 $n_q \subset n_j$，$\cup n_k = n_j (k \in q)$。则在数据树中，n_i 为 X 的孩子节点，n_j 为 X 的子孙节点，而 n_p 为 X 的子孙节点的子节点，n_q 为 X 的子孙节点的子节点的子节点的子节点。

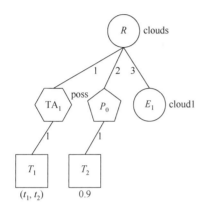

图 6.5　表 6.1 的模糊时空数据树　　　图 6.6　表 6.2 的模糊时空数据树

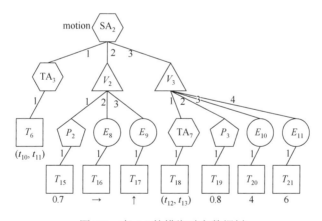

图 6.7　表 6.5 的模糊时空数据树

根据上述转换定义，连接五棵树，由步骤（7）可知 OID、ATTR、position、motion 为 cloud1 的孩子节点，连接 E_1 和 E_2、GA_1、SA_1、SA_2，形成边 E_1-E_2、E_1-GA_1、E_1-SA_1、E_1-SA_2；根据步骤（8）为各边编序，形成 cloud1 的模糊时空数据树，最终结果如图 6.8 所示。由于空间有限，省略了图 6.4 的 position2 节点，实际转换中 position 部分如图 6.4 所示。

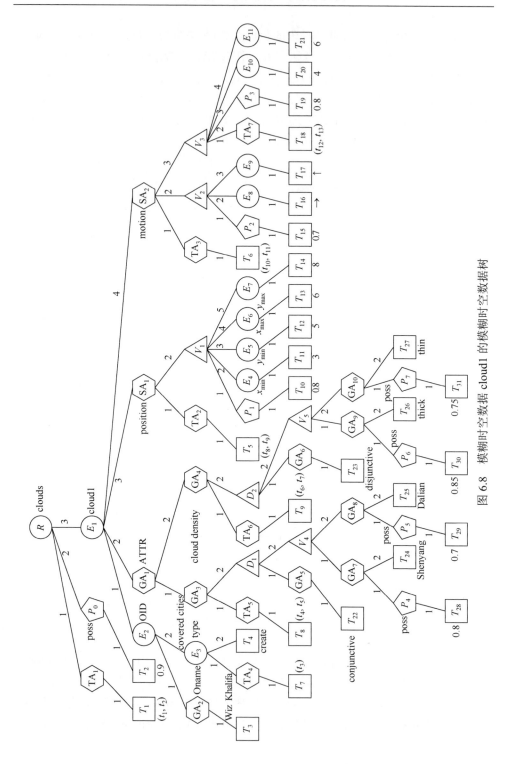

图 6.8　模糊时空数据 cloud1 的模糊时空数据树

　　XML 文档形成了树的一种结构，所以很容易进行相互转换。通常来说 XML 文档由根元素、元素、属性和文本构成（必须包含父元素，该元素是其他元素的父元素）。所有元素都可拥有 n（$n \geq 0$）个子元素、属性和文本内容。在建模观点中，XML 文档中的元素和属性类似，在数据树中则均表现为节点。由于 XML 的自行定义和灵活性，可根据需求将 XML 文档树的节点分为元素和属性。图 6.3 中的树即可作为 XML 文档树使用，与普通 XML 文档树的区别在于，它引入了模糊时空数据，所以在 XML 文档中，除普通数据外还需存放模糊时空数据。

　　如图 6.9 所示，这个 XML 文档是由图 6.8 的树转换而来的。在这里我们统一

```
1.  <clouds Ts="t1"Te="t2">            30.  <xmin>3</xmin>
2.  <Val Poss=0.9>                     31.  <ymin>5</ymin>
3.  <cloud1>                           32.  <xmax>6</xmax>
4.  <OID>                              33.  <ymax>8</ymax>
5.  <OID Oname ="Wiz Khalifa">         34.  </Val>
6.  </OID>                             35.  </position>
7.  <type Ts ="t3"> "create"</type>    36.  <position Ts ="t8'" Te ="t9' ">
8.  <ATTR>                             37.  <Val Poss=0.85>
9.  <covered cities Ts ="t4"Te ="t5">  38.  <xmin>4</xmin>
10. <Dist type="conjunctive">          39.  <ymin>5</ymin>
11. <Val Poss=0.8>Shenyang</Val>       40.  <xmax>7</xmax>
12. <Val Poss=0.7>Dalian</Val>         41.  <ymax>6</ymax>
13. </Dist>                            42.  </Val>
14. </covered cities>                  43.  </position>
15. <covered cities Ts ="t4'"Te ="t5'">  44.  <motion Ts ="t10"Te ="t11">
16. <Dist type ="conjunctive">         45.  <Val Poss=0.7>
17. <Val Poss=0.9>Shenyang</Val>       46.  <xaxis>""→"</xaxis>
18. <Val Poss=0.8>Dalian</Val>         47.  <yaxis>"↑"</yaxis>
19. </Dist>                            48.  </Val>
20. </covered cities>                  49.  <Val Ts ="t12"Te ="t13">
21. <cloud density Ts ="t6"Te ="t7">   50.  <Val Poss=0.8>
22. <Dist type ="disjunctive">         51.  <xval>4</xval>
23. <Val Poss=0.85>thick</Val>         52.  <yval>6</yval>
24. <Val Poss=0.75>thin</Val>          53.  </Val>
25. </Dist>                            54.  </motion>
26. </cloud density>                   55.  </cloud1>
27. </ATTR>                            56.  </Val>
28. <position Ts ="t8"Te ="t9">        57.  </clouds>
29. <Val Poss=0.8>
```

图 6.9　模糊时空数据 cloud1 的 XML 文档

把文档树的时间属性节点和可能性属性节点作为 XML 文档的属性，将文本节点作为文本内容，将根节点 clouds 作为 XML 文档的根元素，其他节点均作为元素。

6.3　在气象中的应用

为验证所提出方法的可行性，将它应用于气象事件，展示怎样使用这种模型来记录和转换时空数据。图 6.10 为 1709 台风 Nesat 在中国香港时间 2017 年 7 月 26 日～2017 年 7 月 30 日的运动轨迹，表 6.8 为它的数据。在图中选取 10 个点，用来记录台风的状态。

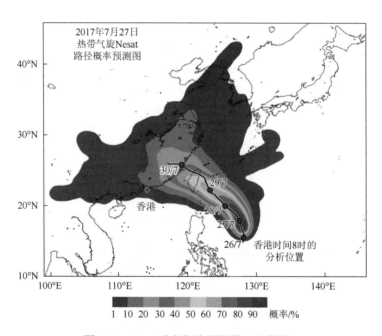

图 6.10　Nesat 路径概率预测图（见彩图）

表 6.8　2017 年台风 Nesat 时空数据

时间	纬度	经度	移动速度 v	气压/kPa	七级半径	十级半径	类型	概率/%
0726 08h	128.0	15.3	20（北）	1000	—	—	热带低压	15
0726 20h	127.6	16.6	15（北）	995	250	—	热带风暴	85
0727 08h	127.6	17.5	12（北北西）	990	250	—	热带风暴	95
0727 20h	127.1	18.7	22（北北西）	985	250	—	强热带风暴	80

续表

时间	纬度	经度	移动速度 v	气压/kPa	七级半径	十级半径	类型	概率/%
0728 08h	125.3	20.1	15（北西）	980	250	40	强热带风暴	70
0728 20h	124.3	21.0	17（西北西）	975	250	40	台风	70
0729 08h	123.3	22.3	20（北西）	960	250	120	台风	65
0729 20h	121.8	24.7	20（西北西）	965	250	120	台风	50
0730 08h	119.3	25.7	18（西北西）	980	250	80	强热带风暴	30
0730 12h	118.4	25.9	10（西北西）	987	—	—	热带风暴	25

提取模糊时空数据的五个约束因素。如图 6.10 给出的在中国香港时间 2017
年 7 月 26 日～2017 年 7 月 30 日的台风路径概率预测，表 6.10 中所给出这 10 个
点的时空数据分别命名为 $P_i(i = 1, 2, \cdots, 10)$，作为模糊时空数据的 OID；将其时
间作为 FT，由于记录的时间是瞬时值，在 10 个时间点上的 FT 部分需要重新定义，
将该点当前的瞬时时间 t_1 到下一点的瞬时时间 t_2 作为该点的 $FT(t_1, t_2)$，该点的
FT 包含 t_1，如表 6.9 所示；将其十级半径区域认为是其影响范围，作为台风的
position；将其移动速度和移动方向作为 FM；将其类型作为 ATTR。

表 6.9　2017 年台风 Nesat 模糊时空数据

ordinal	fuzzy spatiotemporal data	time	poss
0.1	P_1	（072608，072620）	0.15
0.2	P_2	（072620，072708）	0.85
0.3	P_3	（072708，072720）	0.95
0.4	P_4	（072720，072808）	0.80
0.5	P_5	（072808，072820）	0.70
0.6	P_6	（072820，072908）	0.70
0.7	P_7	（072908，072920）	0.65
0.8	P_8	（072920，073008）	0.50
0.9	P_9	（073008，073012）	0.30
0.10	P_{10}	（073012）	0.25

建立 Nesat 的关系表。将提取的信息分类，建立 summary、OID、ATTR、position、
motion 这五种表及其子表。下面以香港时间 2017 年 7 月 30 日 8 时的点 P_9 为例建
立其关系表，如表 6.10～表 6.15 所示。根据其影响范围计算，其 MBR 为{(118.6,
25.2)，(120.0, 26.3)}，注意：在气象方面使用"西北西"来表示西北偏西，在关
系表中用 x-axis，y-axis 表示在 x 维和 y 维上的运动方向和运动速率。对于 P_9，将
其移动速度分解为 x 维和 y 维分别是 16.6 和 6.9。

表 6.10　P_9 的历史拓扑结构

ordinal	Oname	Otype	time
0.9-1.1	Nesat9	create	（073008，073012）

表 6.11　P_9 的静态属性

ordinal	Aname	Atype	time
0.9-2.1	covered cities	conjunctive	（073008，073012）
0.9-2.2	Intensity	disjunctive	（073008，073012）

表 6.12　P_9 覆盖城市

ordinal	covered city	time	poss
0.9-2.1.1	Fuzhou	（073008，073012）	0.3
0.9-2.1.2	Putian	（073008，073012）	0.3

表 6.13　P_9 的强度

ordinal	intensity	time	poss
0.9-2.2.1	Strong tropical storm	（073008，073012）	0.3

表 6.14　P_9 的位置

ordinal	min	max	time	poss
0.9-3.1	（118.6，25.2）	（120，26.3）	（073008，073012）	0.3

表 6.15　P_9 的运动

ordinal	x-axis	y-axis	time	poss
0.9-4.1	←	↑	（073008，073012）	0.3
0.9-4.2	16.6	6.9	（073008，073012）	0.3

根据所提出的转换步骤（1）～步骤（8）可转换为 ER 图。同样以中国香港时间 2017 年 7 月 30 日 8 时的点 P_9 为例进行转换。首先，创建各表对应的树：创建根节点、元素节点、一般属性节点、动态属性节点；判断是否存在模糊属性，创建模糊结构；创建可能性属性节点和时间属性节点，并删除冗余节点；连接各父亲节点和孩子节点，形成各边；其次，连接各树，并为各边编序。

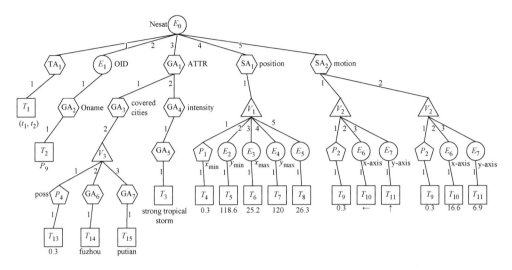

图 6.11　P_9 的模糊时空数据树

将图 6.11 所得的模糊时空数据树转换为 XML 文档，如图 6.12 所示。

```
1.  <Nesat Ts ="t1"Te ="t2">

2.  <OID>

3.  <OID Oname ="P9">

4.  </OID>

5.  <ATTR>

6.  <covered cities>

7.  <Val Poss = 0.3>Fuzhou</Val>

8.  <Val Poss = 0.3>Putian</Val>

9.  </covered cities>

10. <intensity>

11. <Type>Strong tropicalstorm</Type>

12. </intensity>

13. </ATTR>

14. <position>

15. <Val Poss = 0.3>

16. <xmin>118.6</xmin>
```

```
17. <ymin>25.2</ymin>

18. <xmax>120.0</xmax>

19. <ymax>26.3</ymax>

20. </Val>

21. </position>

22. <motion>

23. <Val Poss = 0.3>

24. <xaxis>"←"</xaxis>

25. <yaxis>"↑"</yaxis>

26. </Val>

27. <Val Poss = 0.3>

28. <xaxis>"16.6"</xaxis>

29. <yaxis>"6.9"</yaxis>

30. </Val>

31. </motion>

32. </Nesat>
```

图 6.12　模糊时空数据 P_9 的 XML 文档

6.4　本　章　小　结

关系数据库中数据存储的平面无序性和 XML 文档中数据存储的分层有序性，为模糊时空数据的转换增加了难度。本章研究模糊时空数据在关系数据库中的建模，提出了模糊时空数据从关系数据库到 XML 的转换方法。为保证转换的正常进行，还总结出一种基于 ER 的模糊时空数据树。本章提出的转换方法将对模糊时空数据在关系数据库与 XML 之间的互操作性的研究有所帮助。

参 考 文 献

[1] Wu X, Zhang C, Zhang S. Database classification for multidatabase mining. Information Systems, 2005, 30 (1): 71-88.

[2] Balmin A, Papakonstantinou Y. Storing and querying XML data using denormalized relational databases. VLDB, 2005: 30-49.

[3] Du F, Amer-Yahia S, Freire J. ShreX: Managing XML documents in relational databases// Thirtieth International Conference on Very Large Data Bases. VLDB Endowment, 2004: 1297-1300.

[4] Malaika S. Using XML in relational database applications//International Conference on Data Engineering. IEEE, 2002: 167.

[5] Bray T, Paoli J, Sperberg-McQueen C M, et al. Extensible markup language (XML) 1.0, W3C recommendation. http: //www.w3.org/TR/REC-xml.

[6] Arenas M, Barcelo P, Libkin L, et al. Relational and XML data exchange. Synthesis Lectures on Data Management, 2010, 2 (1): 112.

[7] Chebotko A, Atay M, Lu S, et al. XML subtree reconstruction from relational storage of XML documents. Data & Knowledge Engineering, 2007, 62 (2): 199-218.

[8] Atay M, Chebotko A, Liu D, et al. Efficient schema-based XML-to-relational data mapping. Information Systems, 2007, 32 (3): 458-476.

[9] Krishnamurthy R, Chakaravarthy V T, Kaushik R, et al. Recursive XML schemas, recursive XML queries, and relational storage: XML-to-SQL query translation//International Conference on Data Engineering. IEEE, 2004: 42-53.

[10] Pal S, Cseri I, Seeliger O, et al. Indexing XML data stored in a relational database. VLDB, 2004: 1146-1157.

[11] Shanmugasundaram J, Kiernan J, Shekita E, et al. Querying XML views of relational data. Proceedings of VLDB，2001: 261-270.

[12] Shanmugasundaram J, Tufte K, Zhang C, et al. Relational databases for querying XML documents: Limitations and opportunities//International Conference on Very Large Data Bases. San Francisco: Morgan Kaufmann Publishers Inc., 1999: 302-314.

[13] Tatarinov I, Viglas S D, Beyer K, et al. Storing and querying ordered XML using a relational database system//ACM SIGMOD International Conference on Management of Data. ACM, 2002: 204-215.

[14] Bourret R, Bornhovd C, Buchmann A. A generic load/extract utility for data transfer between XML documents and relational databases//International Workshop on Advanced Issues of E-Commerce and Web-Based Information Systems. IEEE, 2000: 134-143.

[15] Bai L, Yan L, Ma Z M. Fuzzy spatiotemporal data modeling and operations in XML. Applied

Artificial Intelligence, 2015, 29 (3): 259-282.

[16] Liu J, Ma Z M, Feng X. Storing and querying fuzzy XML data in relational databases. Applied Intelligence, 2013, 39 (2): 386-396.

[17] Ma Z M, Yan L. Fuzzy XML data modeling with the UML and relational data models. Data & Knowledge Engineering, 2007, 63 (3): 972-996.

[18] Murthy R, Banerjee S. XML schemas in Oracle XML DB//International Conference on Very Large Data Bases. DBLP, 2003: 1009-1018.

[19] Chen G, Kerre E E. Extending ER/EER concepts towards fuzzy conceptual data modeling// IEEE International Conference on Fuzzy Systems Proceedings, 1998. IEEE World Congress on Computational Intelligence. IEEE, 1998: 1320-1325.

[20] Yan L, Ma Z M. Modeling fuzzy information in fuzzy extended entity-relationship model and fuzzy relational database. Journal of Intelligent & Fuzzy Systems, 2014, 27 (4): 1881-1896.

[21] Fong J, Pang F, Bloor C. Converting relational database into XML document//International Workshop on Database and Expert Systems Applications. IEEE, 2001: 61-65.

[22] Zadeh L A.Fuzzy sets. Information and Control, 1965, 8 (3): 338-353.

[23] Zadeh L A. Fuzzy sets as a basis for a theory of possibility. Fuzzy Sets & Systems, 1978, 1 (1): 3-28.

[24] Bai L, Yan L, Ma Z M. Determining topological relationship of fuzzy spatiotemporal data integrated with XML Twig pattern. Applied Intelligence, 2013, 39 (1): 75-100.

[25] Bai L, Yan L, Ma Z M. Querying fuzzy spatiotemporal data using XQuery. Integrated Computer-Aided Engineering, 2014, 21 (2): 147-162.

[26] Guesgen H W. A fuzzy set approach to representing spatiotemporal and environmental context. Proceedings of AAAI, 2013: 13-16.

[27] Ribaric S, Hrkac T. A model of fuzzy spatio-temporal knowledge representation and reasoning based on high-level Petri nets. Information Systems, 2012, 37 (3): 238-256.

[28] Sözer A, Yazıcı A, Oğuztüzün H, et al. Modeling and querying fuzzy spatiotemporal databases. Information Sciences, 2008, 178 (19): 3665-3682.

[29] Arenas M, Libkin L. An information-theoretic approach to normal forms for relational and XML data//ACM Sigmod-Sigact-Sigart Symposium on Principles of Database Systems. ACM, 2003: 15-26.

[30] Liu C, Vincent M W, Liu J. Constraint preserving transformation from relational schema to XML schema. World Wide Web-Internet & Web Information Systems, 2006, 9 (1): 93-100.

[31] Lo A, Alhajj R, Barker K. VIREX: Visual relational to XML conversion tool. Journal of Visual Language & Computer, 2006, 17 (1): 25-45.

[32] Moro M M, Lim L, Chang Y C. Schema advisor for hybrid relational-XML DBMS//ACM SIGMOD International Conference on Management of Data. ACM, 2007: 959-970.

[33] Saito T L, Morishita S. Relational-style XML query//ACMSIGMOD.ACM, 2008: 303-314.

[34] Antova L, Jansen T, Koch C, et al. Fast and simple relational processing of uncertain data//IEEE, International Conference on Data Engineering. IEEE, 2008: 983-992.

[35] 刘健, 马宗民, 璩秋龙. 基于模糊 XML 的小枝查询处理.计算机学报, 2014, 37(9): 1972-1985.

[36] NOAA. Satellites and information. http: //www.nesdis.noaa.gov.

第四部分 模糊时空数据在 XML 与面向对象数据库之间的转换

随着计算机技术的发展，人们对数据的处理能力逐渐增强，对于复杂数据的应用范围也有所扩大。通过对模糊时空数据进行研究，人们可以更加有效地使用这些模糊的、动态的、空间的数据，如对自然灾害的预测及移动目标的监测等方面。为了实现对模糊时空数据的处理，首先要对模糊时空数据进行建模。在对模糊时空数据建模的研究过程中发现，使用面向对象的观点和 XML 技术对处理模糊时空数据更加有利。在前人的研究过程中，针对这两种观点也采用了很多种不同的策略。其中之一是对空间数据的建模和处理的文献[1,2]，在文献[1]中，主要研究的是空间数据在 XML 中的表示，因为空间数据是符合 XML DTD 的，所以可以被"包装在"XML 文档中，并且可以通过解析 XML 文档图形化地表示空间数据。文献[2]表明多维的 XML 可以用来表示空间信息，并且这些信息可以与 XML 元素和属性建立联系。第二类研究的是 XML 中的时间数据[3,4]。在文献[3]中，Mendelzon 等提出的问题是检索时间 XML 文档，文献的实验结果表明，在进行时间查询评估时，在时间段上和连续路径上建立索引的方法明显优于在传统路径上的索引。文献[4]提出了两种用来生成和维护抽象时间文档代码的技术：第一种方法称为通用方法，对 XML 文档的改变没有任何限制；第二种方法是基于更新的方法，XML 文档的改变被假定为指定的更新。第三类是用 XML 处理时空数据[5,6]，Franceschet 等在文献[5]中提出了一种转换算法，这种算法用来将时空概念模式映射到 XML Schema，同时设计了一个框架验证包含时空信息的 XML 文档与时空概念模式是否一致。而在文献[6]中，Liu 和 Wan 提出了基于特征的时空数据模型，并且使用 Native XML 数据库存储时空数据。在面向对象数据库中，在使用面向对象的思想建模时空数据方面也有很多研究[7, 8]，如文献[7]提出一个正式的定义，并且通过设计一个时空框架来管理不同粒度的时间和空间信息。同时提出了一个包含特殊类型的时空扩展的 ODMG（object data management group）类型系统，用于定义多粒度的时空特性。而所提出的粒度转换函数在不同的空间和时间粒度获取属性值。文献[8]提出了一个称为特征演化模型（有限元法）、基于"状态事件"的方法，用来表示时空地理数据。这个模型使用面向对象技术表示地理实体和对象的变化，通过减少分型使潜在的时间元素变化的复杂性最小化。而概念模型则使用 UML 表示，同时具有一个优势：使用任何面向对象编程语言和数据库开发环境都可以实现。

在当前的计算机科学领域，对自治数据库系统的协同工作能力的需求导致多数据库系统出现，其中包括同构和异构的数据库。因此，在任何异构的多数据库系统中，不同结构的数据库中的不同数据模型之间的相互转换都是至关重要的[9]。目前很多数据都保存在关系数据库中，而数据库管理者就面临着如何实现存储于异构数据库系统中的 XML 数据与关系数据库交互的问题。现在已经有越来越多的研究可以将存在于数据库中的信息自动处理生成 XML 文档[10-14]，文献[10]中提出了一种将关系模式转换成 XML Schema 定义的方法，而在 XML 数据库中使用的就是 XML Schema。文献[12]提出交互式方法，这种方法通过查询和整合关系数据库生成 XML 文档和相应的 XML Schema。文献[13]提出了一个名为 COCALEREX 的系统来处理基于目录和传统关系数据库的转换工作，处理的核心是从关系数据库转换为 XML。文献[14]提出了时间边的方法将模糊时空 XML 数据转换到关系数据库。此外，考虑到面向对象数据库在数据存储方面的优势和 XML 在基于 Web 应用方面的优势，前人已经进行了很多研究面向对象数据库中的数据与 XML 中的数据相互转换方法[15-18]的工作。面向对象数据库模型和 XML 之间有很多共同点，如在处理复杂的数据和关系[19, 20]方面，所以从这个角度来讲，数据在面向对象数据库和 XML 之间相互转换具有可行性并且产生的问题较少。文献[15]研究了数据从面向对象数据库到 XML 的转换，Naser 等提出了对象图的方法，对象图依赖于所需转换的数据模式的特点。对于面向对象模式，对象图简单地总结和概括了所有的嵌套关系和继承关系，它们都是面向对象模型的基础。然后依据嵌套关系，模拟继承关系并得到一个模拟的对象图，因此，在模拟对象图中的所有元素都可以直接用 XML 的格式表示出来。最后将面向对象数据库中的实际数据转换成 XML 文档。使用这种方法有利于面向对象数据库中的内容进行平台无关的交换。另外，文献[17]研究了数据从 XML 到面向对象数据库的转换方法，采用的思路依然是对象图。在这个对象图中包含了基于面向对象模型的所有简单的和复杂的元素，以及它们之间的联系。这种方法充分利用了面向对象模型和 XML 的共同点，实现了普通数据和简单关系从面向对象数据库到 XML 的转换。文献[18]

提出了一个将 XML 数据转换成面向对象模型的框架，这种方法通过使用具有灵活的声明的类与 XML Schema 之间的映射，将基于对象的查询和更新转换成基于 XML 的查询和更新。但是以上方法处理的都是普通数据在面向对象数据库和 XML 之间的转换，并没有涉及模糊信息的处理。

在实现模糊数据在面向对象数据库和 XML 之间的转换方面，已经有了一些研究成果[21, 22]。文献[21]介绍了一种将模糊数据从 XML 迁移到面向对象数据库的方法。这种方法的思想是把模糊 XML 实例基于 XML DTD 分解成不同类型的模糊性。除此之外，文献[22]还提出了一种将模糊数据从面向对象数据库转换为 XML 的方法。这种方法通过定义一系列的规则，将面向对象数据库中的类、属性、方法、关系和模糊性转换成 XML 中的元素和属性。尽管这些方法都实现了模糊数据的转换，但都仅仅是从理论上进行了分析。同时，已经存在的方法解决的均为普通的静态数据问题，并不适用于处理多维的动态的模糊时空数据。

这部分提出的是对模糊时空数据在面向对象数据库和 XML 之间双向转换的方法体系的研究。接下来将从支持模糊时空语义的数据模型入手，提出表达能力更强的模糊时空 XML 数据模型和模糊时空面向对象数据模型，用以处理在 Web 应用和面向对象数据库中存在的大量模糊时空信息。在此基础上，深入研究模糊时空数据在 XML 中的表示方法和在面向对象数据库中的表示方法。同时，基于所建立的模糊时空数据模型和表示方法，深入研究模糊时空数据在 XML 和面向对象数据库之间的相互转换，并使用实际时空应用中的模糊时空数据对所提出的转换方法作进一步的评估和论证。这部分的主要贡献可以总结如下。

（1）利用已有的标签和自定义标签，建立了模糊时空数据分别在 XML 和面向对象数据库中的模型。

（2）制定了一系列转换规则，可以实现模糊时空数据在面向对象数据库和 XML 之间的双向转换过程。

第7章　模糊时空数据模型

为实现模糊时空数据在 XML 与面向对象数据库之间的转换，本章根据实际应用中存在的模糊时空数据提取出模糊时空数据的语义，在此基础上，分别根据面向对象的特点和 XML 的特点建立模糊时空数据模型，提出表达能力更强的模糊时空 XML 数据模型和模糊时空面向对象数据模型。首先定义模糊时空数据，对模糊时空语义进行分析；然后研究 XML 中的模糊时空数据，定义模糊时空 XML 数据模型；最后研究面向对象数据库中的模糊时空数据，通过改进 UML 类图表示其模糊属性。

7.1　模糊时空数据

本节介绍在模糊时空数据模型中的模糊性和模糊时空数据元素的定义和表示。在文献[23]中，研究人员已经给出了模糊时空数据的定义，文献[24]又进一步丰富了对模糊时空数据的定义。但是为了更适合本章的研究，对模糊时空数据的定义作了一些修改。

定义 7.1（模糊时空数据，fuzzy spatiotemporal data，FSTD）　模糊时空数据 FSTD =（IDR，DGA，FGA，FSP，FTM），FSTD 是一个五元组，各个元素的具体含义如下。

（1）IDR 表示模糊时空对象的标识符。

（2）DGA 表示模糊时空对象的精确的常规属性。

（3）FGA 表示模糊时空对象的模糊的常规属性。

（4）FSP 表示模糊时空对象的模糊空间属性。

（5）FTM 表示模糊时空对象的模糊时间属性。

根据定义 7.1，已经知道了模糊时空数据的五个元素——IDR、DGA、FGA、FSP 和 FTM，以及它们所表示的模糊时空数据的内容，接下来将对五元组作具体的说明。

IDR 用来唯一标识一个模糊时空对象，可以用 IDR 区别不同的模糊时空对象。当 IDR 发生变化时，模糊时空对象也就发生了变化。

DGA 的特点是静态的、非时空的、精确的。所谓静态的，是指不会随着时间的变化而变化；非时空的表示其不是时空属性，因为本书主要研究的是模糊时数据，这些数据具有特殊性，所以对时间的和空间的属性需要进行单独讨论；精确的是相对于模糊的来讲的，表示属性值或者属性存在的可能性。

　　FGA 是模糊的、静态的属性。FGA 与 DGA 相比，就是模糊与精确的对比，用于表示常规的属性。对于一个模糊时空对象，它的 FGA 可能是一个或者多个。在表示常规属性的模糊性时，可以使用隶属度和可能性分布等方式。

　　大体来说，FSP 包括两类，分别为 FSPP 和 FSPM。首先讨论 FSPP，FSPP 表示模糊空间位置属性，主要有模糊空间点、模糊空间线和模糊空间域。模糊空间点表示可以被看作一个点的位置属性的精确位置是不确定的，但是这个不确定的位置是在一个确定的区域内。对于模糊空间点的表示，可以使用一个由多个点连在一起组成的多边形来表示，其中每个点都是模糊空间点可能出现的位置。模糊空间线表示可以被看作一条线的位置属性的线的形状、位置或者长度等属性是不能确定的，但是这条线所属的区域是确定的。因为在本章中主要作一些理论方面的研究，所以为了研究方便，在这部分中的线是直线或者接近于直线的线。线的语义就是包括两个端点（可以分别定义为始点和终点）的一个点的集合。模糊空间域表示一个边界模糊的区域。图 7.1（a）表示模糊空间点，图 7.1（b）表示模糊空间线，图 7.1（c）表示模糊空间域。黑色的部分表示所期望的位置，灰色的部分表示可能的位置，并且颜色越浅，表示的可能性越低。简单起见，这部分所讨论的区域均为二维的且没有洞的区域。

(a) 模糊空间点　　　　　　　　　(b) 模糊空间线　　　　　　　　(c) 模糊空间域

图 7.1　模糊空间位置

　　对于模糊空间点，本章使用一系列顺时针的点来表示。首先把具有可能性的特殊的点标记起来，然后选择其中一个点作为起始点，最后把所有被标记的点按照顺时针的顺序记录下来。图 7.2 展示的就是模糊空间点的表示方式。具有可能性的特殊的点分别为 $P_1(x_1, y_1)$、$P_2(x_2, y_2)$、$P_3(x_3, y_3)$、$P_4(x_4, y_4)$ 和 $P_5(x_5, y_5)$。接下来选择起始点 $P(x, y)$，当 $x = x_{min} = \min\{x_1, x_2, \cdots, x_5\}$ 时，如果只有一个点的横坐标等于 x_{min}，那么这个点就被定义为起始点。如果有不止一个点的横坐标等于 x_{min}，那么 $y = y_{min} = \min\{y_1, y_2, \cdots, y_5\}$，则点（$x$，$y$）被定义为起始点。最后把所有的被标记的点按照顺时针的顺序记录下来，如图 7.2 所示的多边形 $(x_1, y_1), (x_2, y_2), \cdots, (x_5, y_5)$。

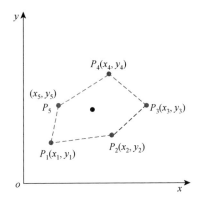

图 7.2　模糊空间点的表示方式

对于模糊空间线，首先使用两个点表示直线或者近似直线。然后用一个偏移量来表示模糊值。图 7.3 展示的是一个模糊空间线的表示方式，$P_1(x_1, y_1)$ 和 $P_2(x_2, y_2)$ 两个点表示一条直线或者一条近似直线的两个端点，m 表示偏移量。

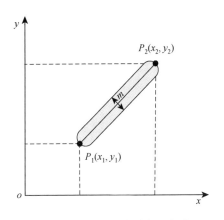

图 7.3　模糊空间线的表示方式

对于模糊空间域，则使用最小外接矩形的思想来表示，所谓的最小外接矩形，就是使用一个最小的矩形将所有可能的区域包围起来。对于矩形的表示，在二维坐标系中，只需要使用两个坐标点就可以完成。图 7.4 展示的是模糊空间域的表示方式，$P_1(x_1, y_1)$ 和 $P_2(x_2, y_2)$ 是对应的最小外接矩形的两个坐标点。

接下来讨论 FSPM，FSPM 是模糊空间运动，包括模糊运动方向和模糊运动值。模糊运动方向表示运动的方向是模糊的，可能是任意方向。下面分两种情况进行讨论，第一种情况是运动的方向虽然是不确定的，但是运动的方向的区间是确定

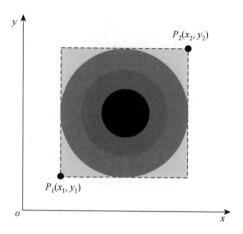

图7.4　模糊空间域的表示方式

的；第二种情况是运动的方向在几个不确定的方向上，并且在每个不确定的方向上都附带一个可能性的值。图 7.5（a）所展示的是第一种情况，图 7.5（b）所展示的是第二种情况。模糊运动值实际上代表的就是时空数据的速度，这个速度处于一个范围之内。

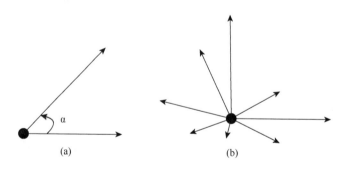

图7.5　模糊运动方向

接下来讨论模糊运动方向的表示方式。对于模糊运动方向的第一种情况，可以使用两个角度表示运动方向的范围。在坐标系中，x 轴的正方向定义为东，角度为 0°。在图 7.6（a）中，起始角为 β，终止角为 γ，α 就是模糊运动方向。在图 7.6（b）中，η（ρ）是所有可能运动方向的其中一个，ρ 表示在 η 方向上的可能性值。

对于模糊运动值，使用一个区间值来表示。在每一个运动方向上都会有一个模糊运动值，如图 7.7 所示，V_s 表示最小值，而 V_e 表示最大值，所以这个方向上的模糊运动值就是从 V_s 到 V_e。

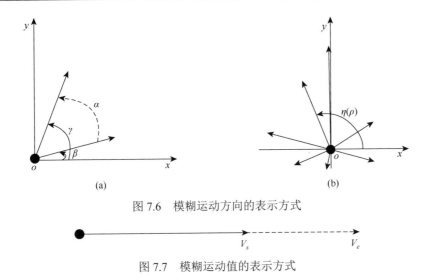

图 7.6　模糊运动方向的表示方式

$$V_s \qquad\qquad V_e$$

图 7.7　模糊运动值的表示方式

FTM 是模糊时空数据的模糊时间属性。在时间上的模糊性包括模糊时间点和模糊时间段。前者是由可能的时间点组成的一个集合，并且每个时间点上都有可能性的度来表示这个时间点发生的可能性。后者是由可能的时间段组成的一个集合，在相应的时间段上也有对应的可能性的度。或者说模糊时间段还有一个等价的定义，模糊时间段可以由两个模糊时间点来表示，其中一个为开始时间点，另一个为结束时间点，这两个时间点表示的区间就是模糊时间段。

简单起见，在研究中所谓的时间是同构的自然数，并且是线性排列的。对于模糊时间点的描述，首先需要定义一个时间子，或者称为时间的粒度。每一个时间点就是一个时间子，那么一个模糊时间点就是一些连续的时间子，一个模糊时间段由两个模糊时间点组成。在图 7.8（a）中，I_1 是一个离散的时间子，I_2 是一个模糊时间点。从图中也可以看出，模糊时间点是一个时间区间，具有一个起点和一个终点。另外，模糊时间点还有一个重要的属性，用来表示时间点的可能性的度，在此可以称为可能性分布。在图 7.8（b）中，I_s 和 I_e 表示模糊时间段的起

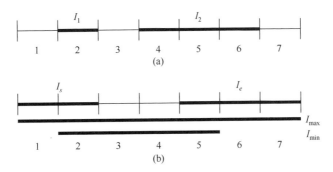

图 7.8　（a）时间子（I_1）和模糊时间点（I_2），（b）模糊时间段

始时间和结束时间，I_s 和 I_e 都是模糊时间段。而 I_{max} 表示最长的模糊时间段，I_{min} 表示最短的模糊时间段。前面已经提到模糊时间点的可能性分布，模糊时间段的可能性分布是依赖于模糊时间点的。假设在 I_s 中一个离散的时间点 T_s 的概率为 P_s，在 I_e 中一个离散的时间点 T_e 的概率为 P_e，那么这个模糊时间段的概率（从 T_s 到 T_e）为 $P_s \cdot P_e$。

7.2　模糊时空 XML 数据模型

建立模糊时空 XML 数据模型，首先需要确定在模糊时空 XML 数据中元素的类型。7.1 节已经对模糊时空数据进行了分类和讨论，但是考虑到 XML 的树型结构，模糊时空 XML 数据有其特有的变量，这些变量对于研究模糊时空 XML 数据模型是至关重要的。例如，可以通过一个元素在 XML 树中的深度判断是否为根元素。此外，还可以将不同类型的模糊时空数据定义在 XML 树的不同深度，这样更有利于分析 XML 树中的元素。同样，对于表征模糊性的元素，也与普通数据在 XML 中的深度不同。

在关系模型中，模糊性的描述有两种重要的方式，一种是与单个元组相关联的隶属度，另一种是表示属性值的可能性分布。隶属度是用来表示一个元组隶属于其相对应父节点的概率。可能性分布表示一个元素的确切的属性值并不能唯一确定，而是只能确定属性值的范围，并且相对应的属性值均用一个概率表示这个属性值是期望值的可能性。XML 数据是结构化的，因此，在表示模糊数据时具有独特的优势。在 XML 中，当元素或者属性的值模糊时，可以使用带隶属度的元素或者属性表示它们及它们的可能性。当涉及使用分布函数表示模糊性的时候，可以使用已有的分布函数表示它们的可能性。但区别于关系模型的是，关系模型在进行连接的时候已经确定两个表是存在关系的，然后使用两个表中都存在的列进行连接。而对于 XML 来说，两个根节点之间的联系不是确定的，只是有一定的可能性存在某种联系，称为关系度，用以表征两个根节点之间相关联的程度。使用上述理论能够合适地描述模糊数据和它的可能性，理论基础就是 XML 具有灵活的格式和自定义的特点。

总体来看，在 XML 中有三类模糊性。第一类是元素本身的模糊性，如模糊空间点，它的模糊性是根据它的定义来体现的，所以对于这类元素，会根据其定义表示出其模糊性。第二类是元素值或者属性值的模糊性，如果此类模糊性是表示真值度的，则可以使用隶属度表示；如果表示的是可能性分布，则可以使用分布函数来处理。第三类是根元素之间的关系的模糊性，这类模糊性使用定义的关系度表示，实际上是使用一个[0，1]区间的实数来表征根元素之间存在联系的可能程度。如果关系度为 0，则表示两个根节点不存在任何关系；如果关系度为 1，则表示两个根节点之间必然存在着某种确定的关系。不同种类的模糊性用于描述不同级别的模糊，不同级别的模糊也会使用不同的处理方式。

定义 7.2（模糊时空 XML 数据，fuzzy spatiotemporal XML data，FXSTD）　模糊时空 XML 数据 FXSTD =（ELE, ξ, KAT, ATT, FST, ρ）。

（1）ELE 是模糊时空数据中的元素。

（2）ξ 表示元素在 XML 树中的深度。

（3）KAT 是模糊时空数据中的主属性。

（4）ATT 是模糊时空数据中的常规属性。

（5）FST 是模糊时空数据的模糊时空属性。

（6）ρ 是模糊时空数据中模糊性的度量。

ELE = {Root, NLE$_i$, LE$_j$} 是一个元素的组合，包括根元素 Root、非叶子元素 NLE$_i$ 和叶子元素 LE$_j$。在根元素下的元素都是根元素的子元素，它们被用于对根元素的内容具体化。

ELE(ξ) 表示对应的 ELE 的深度。当 $\xi = 1$ 时，表示为根元素，从根元素往下每多一层，ξ 的值加 1 一次。

KAT $\in$ ELE，在 XML 中有一个主属性用来区分不同的 XML，也就是标记根元素的属性，用于区分不同的根元素。因为一段 XML 就是用来定义一个根元素及其子元素、属性和方法的。

ATT $\subset$ ELE，KAT $\notin$ ATT，ATT $\not\subset$ KAT。ATT 也是 XML 中元素的属性，它所表示的是常规属性的集合，并且与 KAT 是并列的。KAT 不属于 ATT，ATT 中也不包含 KAT。

FST $\subset$ ELE，FST $\not\subset$ KAT，KAT $\not\subset$ FST。FST 是研究的重点，它的内容也是最多的。FST 是模糊时空属性的集合，包括空间上的，也包括时间上的。但是 FST 与 KAT 之间没有父子关系，只有兄弟关系，它们均为根元素的子元素。

ρ 是用来标记模糊属性的，如 ATT 集合中的 FGA 和 FST。在 XML 中通过已有的标签或者自定义的标签来表示模糊时空数据的模糊属性。

在 XML 文档中给出的都是具体的信息，为了使所建立的模型更具有普遍性，使用 XML Schema 来规范 XML 文档，虽然 XML Schema 具有 XML 文档的基本结构，但它也可以约束 XML 文档，如元素出现的次数、元素的类型、元素的属性、属性的类型等。

定义 7.3（模糊 XML Schema，fuzzy XML schema，FXS）　给定一个集合 $E \subset$ ELE，$A \subset$ {KAT, ATT, FST}。FXS =(E, A, ϖ, ψ, ρ)确定一个集合 E 中的元素 l 的类型、元素 l 所具有的属性、A 中每个属性的数据类型。元素类型 ϖ 由下面的语法定义：

$$\varpi := \omega \,|\, \text{Sequence}[l_1: \varpi_1, l_2: \varpi_2, \cdots, l_k: \varpi_k] \,|$$

$$Choice[l_1: \varpi_1, l_2: \varpi_2, \cdots, l_k: \varpi_k]$$

其中，$l_1, l_2, \cdots, l_k \in E$；$\omega$ 是一个空类型；Sequence、Choice 是复杂类型。ψ 是属性的类型集，而 ρ 是模糊性。

在学术研究中，模糊时空 XML 可以分为平面式模糊时空 XML 和嵌套式模糊时空 XML。平面式模糊时空 XML 有一个根元素，根元素的子元素并不涉及其他根元素。相比较而言，嵌套式模糊时空 XML 比平面式模糊时空 XML 要复杂很多，因为嵌套式模糊时空 XML 增加了不同根元素之间的关系。一个模糊时空 XML 自然而然可以被建模成一个有序的树，因此，能够使用 XML 文档树来表示平面式模糊时空 XML 和嵌套式模糊时空 XML。

定义 7.4（平面式模糊时空 XML 数据树，flat fuzzy spatiotemporal XML data tree，FSTDT）　平面式模糊时空 XML 数据树 FSTDT = (R, A, SP, TM, VAL, TEX)。

（1）R 是 FSTDT 中的根节点。根节点是一个虚拟节点，用于表示模糊时空对象。根节点所有的子节点都是模糊时空对象的属性。

（2）$A \subset \{KAT，ATT，FST\}$ 是表示根节点属性的子节点，$\xi(A) = 2$。

（3）SP 是 FSTDT 中的空间节点，主要包括五种空间属性，分别为模糊空间点、模糊空间线、模糊空间域、模糊运动方向和模糊运动值。

（4）TM 是 FSTDT 中的时间节点，主要包括模糊时间点和模糊时间段两种类型。

（5）VAL 是 FSTDT 中的模糊值节点，Func 和 Poss 是它的两个子节点。

（6）TEX 是叶子节点，表示它的父亲节点的值。TEX 的数据类型很多，如 dataTime、integer、string 等。

对于 XML 文档来说，需要 XML Schema 规范约束其表现形式。根据前面提到的模糊时空 XML 数据、XML Schema 和模糊时空 XML 树，图 7.9 提出了模糊时空数据在 XML Schema 中的表现形式。对于 KAT 的 XML Schema，KAT 是元素 Elem 的属性，并且是必不可少的属性，所以使用了 use ="required"。对于 DGA 的 XML Schema，数据类型 original-definition 是一个通用的名字，这是用形式化语言来表示的，准确的数据类型需要根据实际的应用类型来确定。对于 FGA 部分，模糊值可能是[0，1]实数或者分布函数，定义 Val 用于表示模糊值类型，定义 Poss 用于表示值为[0，1]，定义 Func 用于表示分布函数。对于 FSP 部分，在 FSP 中存在多种模糊时空元素，并且每种模糊元素都可以使用合适的 XML Schema 表示。例如，模糊时间点 FSP，首先定义一个元素 name ="NO." 表示模糊空间点里面的点元素的编号，使用 minOccurs 和 maxOccurs 限制点元素的个数。在接下来的 FTM 部分，模糊时间点和模糊时间段都属于模糊属性。

Schema of KAT	Schema of FSP(模糊空间点)	Schema of FSP (模糊空间域)
`<xs:element name="Elem" minOccurs="0" maxOccurs="unbounded">` `<xs:complexType>` `<xs:attribute name="KAT" type="xs:ID" use="required"/>` `</xs:complexType>` `</xs:element>`	`<xs:element name="SpatialPoint">` `<xs:complexType>` `<xs:sequence>` `<xs:element name="No." type="xs:integer"/>` `<xs:element ref="Point"/>` `<xs:element name ="Val"/>` `</xs:sequence>` `</xs:complexType>` `</xs:element>`	`<xs:element name="SpatialRegion">` `<xs:complexType>` `<xs:sequence>` `<xs:element name="No." type="xs:integer"/>` `<xs:element ref="Point"/>` `</xs:sequence>` `</xs:complexType>`

Schema of FGA (模糊值是[0,1]区间的实数)

```
<xs:element name="FAT"
minOccurs="0" maxOccurs
="unbounded">
<xs:complexType>
<xs:element name="Val"/>
</xs:complexType>
</xs:element>
<xs:element name="Val"
minOccurs="0" maxOccurs
="unbounded">
<xs:complexType>
<xs:attribute name="Poss" type
="xs:fuzzy" default="1.0"/>
</xs:complexType>
</xs:element>
```

（Schema of FSP 模糊空间点续）
```
<xs:element name="Point"
minOccurs="1"
maxOccurs="unbounded">
<xs:complexType>
<xs:sequence>
<xs:element name="Xaxis"
type=" xs:integer"/>
<xs:element name="Yaxis"
type=" xs:integer"/>
</xs:sequence>
</xs:complexType>
</xs:element>
<xs:element name="Val"
minOccurs ="0" maxOccurs
="unbounded">
<xs:complexType>
<xs:attribute name ="Poss" type
="xs:fuzzy" default="1.0"/>
</xs:complexType>
</xs:element>
```

（Schema of FSP 模糊空间域续）
```
<xs:element name="Point"
minOccurs="2" maxOccurs="2">
<xs:complexType>
<xs:sequence>
<xs:element name="Xaxis"
type="xs:integer"/>
<xs:element name="Yaxis"
type="xs:integer"/>
</xs:sequence>
</xs:complexType>
</xs:element>
```

Schema of FGA (模糊值是可能性分布函数)

```
<xs:element name="FAT"
minOccurs="0" maxOccurs
="unbounded">
<xs:complexType>
<xs:element name="Val"/>
</xs:complexType>
</xs:element>
<xs:element name="Val"
minOccurs="0" maxOccurs
="unbounded">
<xs:complexType>
<xs:attribute name="Func" type
="xs:string"/>
</xs:complexType>
</xs:element>
```

Schema of FSP (模糊空间线)

```
<xs:element name="SpatialLine">
<xs:complexType>
<xs:sequence>
<xs:element name="No."
type="xs:integer"/>
<xs:element ref="Point "/>
</xs:sequence>
<xs:attribute name="Offset"
type="xs:integer"/>
</xs:complexType>
</xs:element><xs:element
name="point" minOccurs="2"
maxOccurs="2">
<xs:complexType>
<xs:sequence>
<xs:element name="Xaxis"
type="xs:integer"/>
<xs:element name="Yaxis"
type="xs:integer"/>
</xs:sequence>
</xs:complexType>
</xs:element>
```

Schema of FTM (模糊时间段)

```
<xs:element
name="TimeInterval">
<xs:complexType>
<xs:sequence>
<xs:element name="timeStart"/>
<xs:element name="timeEnd"/>
</xs:sequence>
</xs:complexType>
</xs:element>
<xs:element name="timeStart"
minOccurs="0"
maxOccurs="unbounded">
<xs:simpleType>
<xs:restriction base="dateTime">
<xs:minInclusive
value="valueStart"/>
<xs:maxInclusive
value="valueEnd"/>
</xs:restriction>
</xs:simpleType>
</xs:element>
<xs:element name="timeEnd"
minOccurs="0"
maxOccurs="unbounded">
<xs:simpleType>
<xs:restriction base="dateTime">
<xs:minInclusive
value="valueStart"/>
<xs:maxInclusive
value="valueEnd"/>
</xs:restriction>
</xs:simpleType>
</xs:element>
```

Schema of FSP (第二类模糊运动方向)

```
<xs:element
name="Direction_2">
<xs:complexType>
<xs:sequence>
<xs:element name="degree"
type="xs:integer"/>
<xs:element name ="Val"/>
</xs:sequence>
</xs:complexType>
</xs:element>
<xs:element name="Val"
minOccurs="0" maxOccurs
="unbounded">
<xs:complexType>
<xs:attribute name="Poss" type
="xs:fuzzy" default="1.0"/>
</xs:complexType>
</xs:element>
```

Schema of FSP (第一类模糊运动方向)

```
<xs:element name="Direction_1">
<xs:complexType>
<xs:sequence>
<xs:element ref="Degree"/>
</xs:sequence>
</xs:complexType>
</xs:element>
<xs:element name="Degree"
minOccurs="2" maxOccurs="2">
<xs:simpleType>
<xs:restriction base="xs:integer">
<xs:minInclusive
value="degreeStart"/>
<xs:maxInclusive
value="degreeEnd"/>
</xs:restriction>
</xs:simpleType >
</xs:element>
```

Schema of FSP (模糊运动值)

```
<xs:element
name="MotionValue">
<xs:simpleType>
<xs:restriction base="xs:integer">
<xs:minInclusive
value="valueStart"/>
<xs:maxInclusive
value="valueEnd"/>
</xs:restriction>
</xs:simpleType>
</xs:element>
```

Schema of DGA

```
<xs:element name="Elem"
minOccurs="0" maxOccurs
="unbounded">
<xs:complexType>
<xs:element name="DAT" type
="original-definition"/>
</xs:complexType>
</xs:element>
```

Schema of FTM(模糊时间点)

```
<xs:element name="TimePoint ">
<xs:restriction base="dateTime">
<xs:minInclusive
value="valueStart"/>
<xs:maxInclusive
value="valueEnd"/>
</xs:restriction>
</xs:element>
```

图 7.9　FSTDT 中元素的 XML Schema 定义

需要注意的是它们的数据类型 xs:dataTime，这种数据类型是 XML Schema 中的一种基本类型。对于模糊时间段，它需要有一个起始时间和结束时间，起始时间定义为 name ="timeStart"，结束时间定义为 name ="timeEnd"。对于起始时间和结束时间来说，它们都是模糊时间点，所以需要使用 FTP 定义这两部分内容。FTP 使用一个包括最大值和最小值的时间段表示，分别为 value ="valueStart" 和 value ="valueEnd"。需要说明的是，在定义模糊值的模糊性的时候，如果使用的是隶属度的形式，则可以使用形式化的语言 name ="Poss"，type ="xs:fuzzy"，default ="1.0"表示；也可以使用一段表示区间的 XML Schema 表示，其中，xs: minInclusive value ="0.0"，xs: maxInclusive value ="1.0"，在这部分中采用的是第一种方式。总之，根据模糊时空数据定义，可以灵活使用 XML Schema 的数据类型和标签（或者自定义的标签）表示在 XML 中的模糊时空数据。同时可以发现，XML 在处理模糊时空数据时具有灵活性和有效性。

定义 7.5（嵌套式模糊时空 XML 数据树，nested fuzzy spatiotemporal XML data tree，NSTDT） 嵌套式模糊时空 XML 数据树 NSTDT = $(R_1, R_2, RE, GA, SP, TM, VAL, TEX)$。

R_1 和 R_2 是 NSTDT 中两个不同的根节点。具体来说，就是以 R_1 为根节点的 XML 与以 R_2 为根节点的 XML 建立了联系。

RE 是表示 R_1 和 R_2 之间关系的节点，包括关系度和关系类型，具体的类型还会有具体的其他参数。

GA 表示常规属性。

SP、TM、VAL、TEX 的含义与定义 7.4 中的含义相同。

本章主要研究根节点之间三种不同的关系，分别是模糊关联、模糊继承和模糊聚合。首先是模糊关联关系，关联关系是两个本来没有任何关系的元素因为某种情况而产生了联系。假定在模糊时空 XML 中给定一个元素 e，它的子元素可以表示为 $CE(e) = \{c_1, c_2, \cdots, c_n\}$，$n = 1, 2, \cdots, n$，$CE(e)$ 中的元素为元素 e 的第一层元素。如果有两个元素 e_i 和 e_j，$CE(e_i) = \{c_{i1}, c_{i2}, \cdots, c_{in}\}$，$CE(e_j) = \{c_{j1}, c_{j2}, \cdots, c_{jn}\}$，其中，$c_{in}$ 和 $c_{jn}(n = 1, 2, \cdots, n)$ 没有任何关系，则可以写成 $CCE(e_i, e_j) = \{c_{i1}, c_{i2}, \cdots, c_{in}\}\{c_{j1}, c_{j2}, \cdots, c_{jn}\}$，表示 e_i 和 e_j 相互联系却相互独立。例如，一束鲜花和一张客桌，原本并没有任何关系，当把鲜花放到客桌上时，鲜花就装饰了客桌，客桌就成了鲜花的载体，两者之间就产生了某种联系，这种联系就是所谓的关联关系。模糊关联关系就是两个元素之间有一定的可能性会存在某种关联关系，但并非一定存在确切的关系。

对于模糊继承关系，它与模糊关联关系有些类似，但是它所表达的语义更加强烈，继承关系是一种与生俱来的关系。如果有两个元素 e_i 和 e_j，$CE(e_i) = \{c_{i1}, c_{i2}, \cdots, c_{in}, c_{k1}, c_{k2}, \cdots, c_{kn}\}$，$CE(e_j) = \{c_{j1}, c_{j2}, \cdots, c_{jn}, c_{k1}, c_{k2}, \cdots, c_{kn}\}$，其中，$c_{in}$ 和 $c_{jn}(n = 1, 2, \cdots, n)$

没有任何关系，而 $c_{kn}(n = 1, 2, \cdots, n)$是相同的，则说明 e_i 和 e_j 有一些共同的特点。可以写成 $CE(e) = CCE(e_i, e_j) = \{c_{k1}, c_{k2}, \cdots, c_{kn}\}$，也就是把 e_i 和 e_j 的共同特征抽取出来。那么 e_i 和 e_j 两者与 e_k 的关系都是继承关系。例如，一朵乌云具有形状、大小、下雨等子元素，一朵白云具有形状、大小、遮阳等子元素，则可以抽取出一朵云，它有形状、大小等子元素。于是乌云和白云两者与云的关系都是继承关系。模糊继承关系同样是表示这种继承关系的存在是有一定的可能性的，但并不能完全确定。

最后说明模糊聚合关系。如果有两个元素 e_i 和 e_j，$CE(e_i) = \{c_{i1}, c_{i2}, \cdots, c_{in}\}$，$CE(e_j) = \{c_{j1}, c_{j2}, \cdots, c_{jn}\}$，其中，$c_{in}$ 和 $c_{jn}(n = 1, 2, \cdots, n)$没有任何关系，则可以写成 $CE(e_{ij}) = CCE(e_i, e_j) = \{c_{i1}, c_{i2}, \cdots, c_{in}, c_{j1}, c_{j2}, \cdots, c_{jn}\}$。那么 e_{ij} 与 e_i 和 e_j 两者之间的关系都是聚合关系。例如，车轮和车身组成了汽车，那么车轮和车身两者与汽车的关系就是聚合关系。同理，模糊聚合关系也是用于表示这种关系存在的不确定性的，例如，某个车轮是它所组合的汽车的原装车轮的可能性为 60%，这样就存在了模糊性，这种模糊性使用关系度来表示。这三种模糊关系的 XML Schema 定义如图 7.10 所示。

模型关联关系	模糊继承关系	模糊聚合关系

`<xs:element name="R" minOccurs="0" maxOccurs="unbounded">`
`<xs:complexType>`
`<xs:element name="Ri" type="original-definition"/>`
`</xs:complexType>`
`</xs:element>`
 	
`<xs:element name="LR" minOccurs="0" maxOccurs="unbounded">`
`<xs:complexType>`
`<xs:element name="fuzzyAssociation">`
`<xs:complexType>`
`<xs:extension base="R"/>`
`<xs:element name="involvement" type="string"/>`
`<xs:element name="Val">`
`<xs:complexType>`
`<xs:attribute name="Poss" type="xs:fuzzy" default="1.0"/>`
`</xs:complexType>`
`</xs:element>`
`</xs:complexType>`
`</xs:element>`
`<xs:element name="LRi" type="original-definition"/>`
`</xs:complexType>`
`</xs:element>`
	`<xs:element name="GER" minOccurs="0" maxOccurs="unbounded">`
	`<xs:complexType>`
	`<xs:element name="GERi" type="original-definition"/>`
	`</xs:complexType>`
	`</xs:element>`
	
	`<xs:element name="SPR" minOccurs="0" maxOccurs="unbounded">`
	`<xs:complexType>`
	`<xs:element name="fuzzyGeneration">`
	`<xs:complexType>`
	`<xs:extension base="GER"/>`
	`<xs:element name="Val">`
	`<xs:complexType>`
	`<xs:attribute name="Poss" type="xs:fuzzy" default="1.0"/>`
	`</xs:complexType>`
	`</xs:element>`
	`</xs:complexType>`
	`</xs:element>`
	`<xs:element name="SPRi" type="original-definition"/>`
	`</xs:complexType>`
	`</xs:element>`
		`<xs:element name="PR" minOccurs="0" maxOccurs="unbounded">`
		`<xs:complexType>`
		`<xs:element name="PRi" type="original-definition"/>`
		`</xs:complexType>`
		`</xs:element>`
		
		`<xs:element name="WR" minOccurs="0" maxOccurs="unbounded">`
		`<xs:complexType>`
		`<xs:element name="fuzzyAggregation">`
		`<xs:complexType>`
		`<xs:element ref="PR"/>`
		`<xs:element name="Val">`
		`<xs:complexType>`
		`<xs:attribute name="Poss" type="xs:fuzzy" default="1.0"/>`
		`</xs:complexType>`
		`</xs:element>`
		`</xs:complexType>`
		`</xs:element>`
		`<xs:element name="WRi" type="original-definition"/>`
		`</xs:complexType>`
		`</xs:element>`

图 7.10　NSTDT 中模糊关系的 XML Schema 定义

在模糊关联关系的 XML Schema 中，元素 R 和 LR 的关系是模糊关联关系。

对于 fuzzyAssociation，使用标签 extension 标记 R 和 LR 的关联关系。元素 involvement 表示的是关联关系的多重性。属性 Poss 表示 R 和 LR 之间的关系度。对于模糊继承关系的 XML Schema，GER 和 SPR 分别用来表示继承根元素和被继承根元素，GER_i 是 GER 的子元素，SPR_i 是 SPR 的子元素。在模糊聚合关系的 XML Schema 中，PR 表示部分根元素，WR 表示整体根元素。标签 ref 用来定义 PR 和 WR 之间的关系。同上，Poss 也用于表示关系度。

7.3　模糊时空面向对象数据模型

本节主要分析模糊时空面向对象数据模型中的模糊性和这些模糊性在面向对象时空数据库中的表现方式，并且研究模糊时空数据在面向对象数据库模型中的表达方式。

定义 7.6（模糊时空面向对象数据模型，fuzzy spatiotemporal objected-oriented data model，FSODM）　模糊时空面向对象数据模型 FSODM = $\{C, A, M, R, \tau, \rho\}$，其中，$C$ 表示类，A 表示属性，M 表示方法，R 表示关系，τ 表示数据类型，ρ 表示模糊性。

FSODM 是由类、属性、方法和关系等组成的。对于类，对象就是类的一个实例。通常来说，对象是具有明确语义边界并封装了状态和行为的实体，由一组属性和作用在这组属性上的一组操作构成。在现实世界中任何客观存在的事物都可以看作对象。这样的对象可以是有形的，如一辆车；也可以是无形的，如一项计划或者一个抽象的概念。无论从哪方面看，对象均是一个独立单位，它具有自己的性质和行为。类是对具有相同属性和操作的一组对象的统一的抽象描述，而对象是类的实例。关系表示的是类与类之间产生的联系。一些类并不是孤立存在的，而是在类与类之间存在某种关系，使它们的联系更加紧密。FSODM 是一种基于类的模式，它支持多种关系的表述，如关联、聚合和继承，也支持一些约束，如子类和父类之间的约束，这些对于面向对象的应用至关重要。从理论上来说，类有两种不同的方式：一种是外部类，是最普遍的一种类，它是现实世界最直观的抽象，发挥的是对象的作用；另一种是内部类，出现在属性或者方法的位置，发挥的是属性或者方法的作用。

对象自身具有很多属性和方法，一个对象与其他的一个对象或者多个对象之间存在着某种关系。一个对象被定义为模糊的，则是因为不完整的信息或者不确定的信息。例如，一个对象表示的是云的位置，可以确定这朵云是在沈阳、锦州或者大连（同时它们三个又各自带有一个概率值）。通常来说，一个对象至少有一个属性值是模糊的，则称这个对象是模糊的。一个类被定义为模糊的是基于以下原因：①如果是外部类，在这个类里面一些对象具有相似的属性，那么这个对象属于这个类的隶属度为[0, 1]区间的实数；②如果是内部类，则说明一些属性或者方法是模糊的，因此这个类也是模糊的；③由于继承关系一个子类产生于一个模糊的父类，或者一个父类由多个子类抽象而成（这些子类中至少有一个子类是模糊的），这样的子类或者父类都可以称为模糊类。此外，类与类之间的关系也可能是模糊的。所以，在 FSODM 中介绍了三层模糊性，这三层模糊性如下。

（1）第一层模糊性：属性或者方法的值是模糊的。

（2）第二层模糊性：类里面的属性或者方法是模糊的。

（3）第三层模糊性：类与类之间的关系是模糊的。

对于第一层模糊性，就是常规属性的值出现了模糊性。例如，一个类中存在一个方法雨，因为是否下雨存在一定的可能性，所以在该方法中会附带一个真值度，真值度可以使用隶属度来表示。除此之外，还存在一些属性和方法的值需要使用可能性分布来表示，此时需要选取合适的分布函数来表示这些属性和方法。

对于第二层模糊性，它所表示的是类里面的属性和方法本身的定义是模糊的。常见的是这部分所研究的模糊空间属性和模糊时间属性。此外，它还可以包括一些其他的自定义的属性或者方法。

第三层模糊性涉及的是类与类之间关系的模糊性，包括模糊继承、模糊关联和模糊聚合。这种模糊性实际上表示的是两个类之间存在的关系的紧密程度，或是两个类之间存在关系的可能性。同样这种可能性也需要用关系度来表示。

下面研究面向对象数据库中的这些类、属性、方法和关系表示。为了建立面向对象模型，使用 UML 类图来表示模糊时空数据。因为存在模糊性，所以需要对存在的 UML 类图作适当的修改，以期能够更准确地表示在模糊时空面向对象数据模型中存在的各种数据。

模糊时空面向对象数据模型提出的重点是：如何将数据库中的各类时空对象的时空信息有效地使用面向对象方法存储在面向对象数据库中，其基本思路是：根据从数据库中获取的模糊时空语义，提出建立模糊时空面向对象数据模型的约束条件，并根据数据库中各类时空对象的特征提出模糊时空面向对象数据通用模型；根据提出的模型和 UML 的特点，提出使用 UML 准确有效地表示面向对象的类和类中的属性、方法。

如图 7.11 所示，首先研究面向对象数据库中存在的时空数据，从中获取面向对象数据库中的模糊时空语义。其中包括对象标识符、常规属性、模糊时间属性、模糊空间属性和模糊关系属性。根据模糊时空语义分析建立模糊时空面向对象数据模型的约束条件，然后使用形式化语言建立模糊时空面向对象数据模型。模糊时空面向对象数据模型中的元素包括对象标识符（OID）、模糊常规属性（或方法）（FATM）、精确常规属性（或方法）（DATM）、模糊空间位置元素（FSPE）、模糊空间运动元素（FSME）以及模糊时间元素（FTME）。最后，使用 UML 将 OID、FATM、DATM、FSPE、FSME、FTME 规范地表示出来。

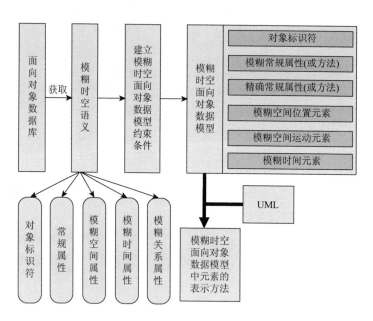

图 7.11　模糊时空面向对象数据建模

　　首先建模第一层模糊性。第一层模糊性对应的是属性值或者方法值的模糊性，第一层模糊性会在修饰的属性后面增加修饰词 WITH。本章主要研究模糊值是[0, 1]内的实数或是分布函数。如果是[0, 1]内的实数，则表示为 WITHPoss(float)；如果是分布函数，则表示为 WITHFunc(string)。

　　接下来建模第二层模糊性，这部分研究的是模糊空间位置属性，模糊空间运动属性和模糊时间属性都属于这个范畴。对于这类模糊性，为了有效地表示并区别于第一层模糊性，可以在具有这类模糊性的属性名称前标识关键字 Fuzzy。在属性的大括号中标识属性中存在的元素，在中括号中标识限定性条件，在小括号中标识相对应的元素的数据类型。在 FSODM 中模糊时空属性的表示如表 7.1 所示。模糊时空属性的模糊性定义如下。

　　（1）模糊空间位置：模糊空间点、模糊空间线、模糊空间域。

　　（2）模糊空间运动：模糊运动方向、模糊运动值。

　　（3）模糊时间属性：模糊时间点、模糊时间段。

由表 7.1 可知, 很多数据类型都是 integer 和 string, 这些数据类型更多的是为了研究方便而暂时定义的, 在实际应用中可以根据实际情况定义合适的数据类型。另外, 在中括号中存在的数字用于表示元素出现的次数, "+" 表示在原数字的基础上增加一次或多次, 纯数字则表示元素出现的确切次数。其中模糊时间属性略有区别, 模糊时间属性需要附着于类或其他属性, 所以在 UML 类图中, 需要用矩形框把模糊时间属性及其附着的类或属性圈在一起。

表 7.1　模糊时空属性在 FSODM 中的表示方式

模糊时空属性	在 FSODM 中的表示方式	在 FSODM 中的简称
模糊时间点	FuzzyTimePoint{valueStart(Date)，valueEnd(Date)}	FuzzyTimePoint
模糊时间段	FuzzyTimeInterval{timeStart{valueStart(Date)，valueEnd(Date)}timeEnd {valueStart(Date)，valueEnd(Date)}}	FuzzyTimeInterval
模糊空间点	FuzzySpatialPoint{No.(integer)，Point{Xaxis(integer)，Yaxis(integer)} [1 +]，Poss(float)}	FuzzySpatialPoint
模糊空间线	FuzzySpatialLine{No.(integer)，Point{Xaxis(integer)，Yaxis(integer)} [2]，Offset(string)}	FuzzySpatialLine
模糊空间域	FuzzySpatialRegion{(No.(integer)，Point{Xaxis(integer)，Yaxis(integer)} [2])	FuzzySpatialRegion
模糊运动方向（第一种情况）	FuzzyDirection_1{Degree{degreeStart(integer)，degreeEnd(integer)} [2]}	FuzzyDirection_1
模糊运动方向（第二种情况）	FuzzyDirection_2{Degree(integer)，Poss(float)}	FuzzyDirection_2
模糊运动值	FuzzyMotionValue{valueStart(integer)，valueEnd(integer)}	FuzzyMotionValue

最后建模第三层模糊性。关联关系是普遍语义关联最弱的[25]。关联是指两个或两个以上的类之间的关系, 用于刻画事物之间的联系信息。其中, 两个类之间并非只可能存在一种关联关系, 它们可以存在多种关联关系。例如, 甲和乙在公司存在领导与员工的关系, 在平常的生活中, 他们两个是朋友关系。模糊关联仅仅表示语义方面的联系, 而不能表示依赖关系的方向 (通常情况下, 关联关系是双向的, 但在这部分研究中所定义的关联关系为单向的)。另外, 关联关系具有多重性, 可以是一对一、一对多或多对多。表示多重性可以在类图中表现出来。在 UML 类图中, 使用带圆形端点的实线把具有关联关系的两个类连接在一起。由于要在各个端点附近分别描述关联的性质, 所以两端的端点不同; 但如果在两个类中都描述这种关系则会出现重复, 所以在有黑点的一端描述这种关系。在表示多重性方面, 可以使用一对数字或符号分别标识在两个端点处。而对于关系度, 则可以使用数字或者字母标识在线的中间, 同时要标识出类与类之间的关系类型。

图 7.12 给出了模糊关联关系的表示法。

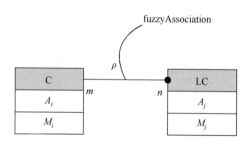

图 7.12　模糊关联关系的表示法

继承关系用于表示一般和特殊的关系。如果类 M 的所有属性和方法都存在于类 N 中，同时类 N 中存在不属于 M 的属性和方法，则称 M 是 N 的特殊类（special class），而 N 是 M 的一般类（general class），M 与 N 之间的关系称为继承。而在面向对象数据中，一般类可以称为父类（superclass），特殊类可以称为子类（subclass），在 UML 中则把继承关系称为泛化关系。继承表示为从特殊类到一般类的一条实线，在代表一般类的一端有一个空心三角形，在实线上使用一个字母或数字表示类与类之间的关系度，使用 fuzzyGeneration 表示模糊继承关系，如图 7.13 所示。

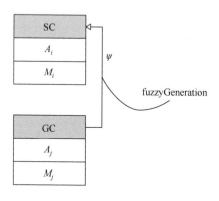

图 7.13　模糊继承关系的表示法

模糊聚合关系用于表示整体类和部分类之间的"整体-部分"关系。可理解为一个类的对象作为另一个类的对象的组成部分，也可以理解为一个类的定义引用了另一个类的定义。在聚合关系中，表示整体的类可称为聚集，表示部分的类则称为成分。实际上聚合关系是一种特殊的关联关系，但聚合关系的语义表达更为强烈，也可将其单独作为一种关系进行讨论。在 UML 类图中，把聚合关系表示成一条一端带有一个菱形的线段，带有菱形的那一端指向的是聚集。同理，使用字母或者数字表示关系度,而使用 fuzzyAggregation 表示模糊聚合关系,如图 7.14 所示。

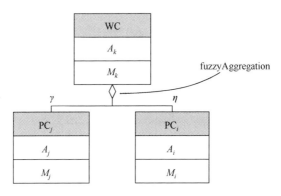

图 7.14 模糊聚合关系的表示法

至此,模糊时空面向对象数据模型中存在的各种模糊性都讨论完毕,对于在模型中存在的精确的常规属性,则只需按照 UML 类图中的规则表示出来。修改后的用于表示时空数据的模糊对象的 UML 类图称为 FSODM Schema。

7.4 本章小结

本章的主要内容分为三方面。7.1 节定义了模糊时空数据,对模糊时空语义进行了分析,并对模糊时空数据中的各个元素作了详细说明和介绍。7.2 节主要研究了 XML 中的模糊时空数据,定义了模糊时空 XML 数据模型。运用 XML Schema 的特点和数据模型中存在的元素,将模糊时空数据用 XML Schema 表示出来。7.3 节研究了在面向对象数据库中的模糊时空数据,通过改进 UML 类图表示了模糊时间属性、模糊空间属性、模糊常规属性和模糊关系属性。

第 8 章　模糊时空数据从面向对象数据库到 XML 的转换

FSODM Schema 是基于类定义的，而 XML Schema 则是基于树定义的。所以在实际操作中，一个模式从 FSODM 转换到 XML 等同于把一个基于类的定义映射为基于树的定义。本章把数据从面向对象数据库转换到 XML 分为两部分进行研究。首先，将模糊时空数据从面向对象数据库转换为平面式 XML。平面式 XML 是一种简单的 XML 格式，由一些简单的叶子元素和属性作为其非叶子元素的子元素。然后，将模糊时空数据从面向对象数据库转换到嵌套式 XML。嵌套式 XML 是一种相对复杂的 XML 格式，它包括多个根节点之间的相互关联。图 8.1 展示的是转换结构图。从图 8.1 可以看出，本章的主要内容为制定转换规则，这些转换规则包括不同类之间的关系和在一个类中的类、常规属性（模糊常规属性、精确常规属性）、时空属性（模糊空间属性和模糊时间属性）和方法。所有的转换规则都将在本章提出。

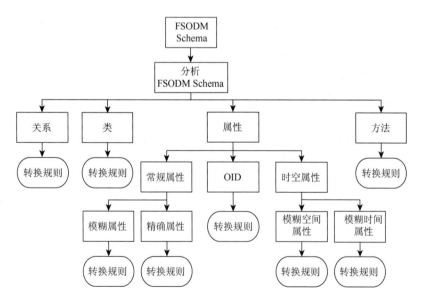

图 8.1　FSODM 的转换结构图

8.1　模糊时空数据从面向对象数据库到平面式 XML 的转换

假设存在一个 FSODM Schema，用 S 表示。S 中包含的元素有类、OID、模糊时间属性、模糊空间属性、常规属性和方法。其中，常规属性可能是模糊的，也可能不是模糊的。如图 8.1 所示，图中指出了很多需要研究的转换规则，后面将对这些基本转换规则进行定义和分析。

规则 8.1　对于一个 FSODM Schema S 中的类（记为 C），在 XML Schema 中会相应地建立一个名为 C 的根元素，具体如下：

```
<?xml version="1.0" encoding="UTF-8"?>
<xs: schema xmlns: xs="http://www.w3.org/2001/XMLSchema"
    elementFormDefault="qualified"
    attributeFormDefault="unqualified">
<xs: element name="C">
<xs: complexType>
<xs: sequence>
<!--sub-elements of C-->
</xs: sequence>
</xs: complexType>
</xs: element>
</xs: schema>
```

规则 8.2　对于类 C 中的对象标识符 OID（记为 O_i），首先在 XML Schema 中建立一个属性名为 O_i 的属性，然后使用 XML Schema 特有的类型 type ="ID" 表示，其中，ID 是唯一性标识符。此外，在类 C 中 O_i 是必不可少的，为了满足这个条件，需要补充 use ="required"。最后将所有条件组合在一起，属性 O_i 作为元素 C 的子元素。XML Schema 的表现形式如下：

```
<xs: element name="C" minOccurs="0" maxOccurs="unbounded">
<xs: complexType>
<xs: attribute name="Oi" type="xs:ID"use="required"/>
</xs: complexType>
</xs: element>
```

规则 8.3　对于在 FSODM Schema S 中类 C 的常规属性（或者方法）（记为 A_i），相对应地在 XML Schema 中建立一个名为 A_i 的元素，然后根据该属性在类 C 中的类型，确定其映射到 XML 中元素的类型，这里使用形式化语言表示。相对应的 XML Schema 表示如下：

```
<xs: element name="C" minOccurs="0" maxOccurs="unbounded">
<xs: complexType>
<xs: element name="Aᵢ" type="original-definition"/>
</xs: complexType>
</xs: element>
```

　　规则 8.1～规则 8.3 是一组类型，分析它们的使用方式。若所有的类、属性、方法都是确切的，则这组规则可以直接用来实现相应的数据从 FSODM Schema 到 XML Schema 的转换。但是当 FSODM 中存在模糊性的时候，则需使用下面两个规则（规则 8.4 和规则 8.5）。

　　规则 8.4　如果在 FSODM 中存在第一层模糊性，对于 FSODM 中类 C 的每一个模糊常规属性（或方法）（如果可以记为 A_{i1} WITHPoss(float)），将使用下面的策略。首先建立一个元素 Val，作为 A_{i1} 的子元素；然后建立一个表示模糊度的子元素 Poss，作为 Val 的子属性。具体的 XML Schema 表示如下：

```
<xs: element name="Aᵢ₁" minOccurs="0" maxOccurs="unbounded">
<xs: complexType>
<xs: element name="Val"/>
</xs: complexType>
</xs: element>
<xs: element name="Val" minOccurs="0" maxOccurs="unbounded">
<xs: complexType>
<xs: attribute name="Poss" type="xs:fuzzy" default="1.0"/>
</xs: complexType>
</xs: element>
```

　　规则 8.5　如果在 FSODM 中存在第一层模糊性，对于 FSODM 中类 C 的精确常规属性（或方法）（记为 A_{i2} WITHFunc(string)），则使用下面的策略。首先建立一个元素 A_{i2}，作为根节点 C 的子元素；然后生成一个元素 Val，作为元素 A_{i2} 的子元素；最后生成一个元素名为 A_{i2} 的子元素，作为元素 Val 的子元素。XML Schema 的表现形式如下：

```
<xs: element name="Aᵢ₂" minOccurs="0" maxOccurs="unbounded">
<xs: complexType>
<xs: element name="Val"/>
</xs: complexType>
</xs: element>
<xs: element name="Val" minOccurs="0" maxOccurs="unbounded">
<xs: complexType>
<xs: attribute name="Func" type="xs:string"/>
```

```
</xs: complexType>
</xs: element>
```

　　上面的规则讨论的是常规属性从 FSODM Schema 到 XML Schema 的转换,其中,常规属性包括精确的常规属性和模糊的常规属性。但是在 FSODM 中还有很多空间上的属性和时间上的属性,也是所定义的第二层模糊性。因此,接下来将研究时空属性的转换规则。

　　在 7.3 节中已经定义了面向对象数据库中的模糊空间位置,接下来的规则 8.6～规则 8.8 将用于定义模糊空间点、模糊空间线和模糊空间域。

　　规则 8.6　对于 FSODM Schema 中的类 C,FuzzySpatialPoint{No.(integer),Point{Xaxis(integer),Yaxis(integer)}[1+],Poss(float)} 是 C 中的模糊空间点属性,首先可以根据关键字 Fuzzy 确定其是第一层模糊性,那么创建一个名称为 SpatialPoint 的元素作为根元素 C 的子元素。然后根据 FuzzySpatialPoint 中存在的变量 NO.和 Point 元素,在 SpatialPoint 下创建相应的子元素。最后根据中括号内的约束条件确定元素 Point 的出现次数。转换后相应的 XML Schema 映射结果如下:

```
<xs: element name="SpatialPoint">
<xs: complexType>
<xs: sequence>
<xs: element name="No." type="xs:integer"/>
<xs: element ref="Point"/>
<xs: element name="Val"/>
</xs: sequence>
</xs: complexType>
</xs: element>
<xs: element name="Point" minOccurs="1" maxOccurs="unbounded">
<xs: complexType>
<xs: sequence>
<xs: element name="Xaxis" type="xs:integer"/>
<xs: element name="Yaxis" type="xs:integer"/>
</xs: sequence>
</xs: complexType>
</xs: element>
<xs: element name="Val" minOccurs="0" maxOccurs="unbounded">
<xs: complexType>
<xs: attribute name="Poss" type="xs:fuzzy" default="1.0"/>
</xs: complexType>
</xs: element>
```

　　规则 8.7　对于 FSODM Schema 中的类 C,FuzzySpatialLine{No.(integer),

Point{Xaxis(integer)，Yaxis(integer)}[2]，Offset(string)}是 C 中的模糊空间线属性，相应地在 XML Schema 中建立名为 Spatialline 的元素，作为类 C 的子元素。在 FuzzySpatialLine 中有 NO.、Point 和 Offset 三个变量，所以在元素 Spatialline 中生成三个子元素 NO.、Point 和 Offset。最后根据约束条件确定元素 Point 的详细信息，得到相应的 XML Schema：

```
<xs: element name="Spatialline">
<xs: complexType>
<xs: sequence>
<xs: element name="No." type="xs:integer"/>
<xs: element ref="Point"/>
</xs: sequence>
<xs: attribute name="Offset" type="xs:integer"/>
</xs: complexType>
</xs: element>
<xs: element name="Point" minOccurs="2" maxOccurs="2">
<xs: complexType>
<xs: sequence>
<xs: element name="Xaxis" type="xs:integer"/>
<xs: element name="Yaxis" type="xs:integer"/>
</xs: sequence>
</xs: complexType>
</xs: element>
```

规则 8.8　对于 FSODM Schema 中的类 C，FuzzySpatialRegion(No.(integer)，Point{Xaxis(integer)，Yaxis(integer)}[2]〉是 C 中的模糊空间域属性。首先建立元素名为 SpatialRegion 的元素，作为 C 的子元素；然后根据属性 FuzzySpatialRegion 在 FSODM 中的定义，生成两个子元素 NO.和 Point。相应的 XML Schema 表示如下：

```
<xs: element name="SpatialRegion">
<xs: complexType>
<xs: sequence>
<xs: element name="No." type="xs:integer"/>
<xs: element ref="Point"/>
</xs: sequence>
</xs: complexType>
</xs: element>
<xs: element name="Point" minOccurs="2" maxOccurs="2">
<xs: complexType>
<xs: sequence>
```

```
<xs: element name="Xaxis" type="xs:integer"/>
<xs: element name="Yaxis" type="xs:integer"/>
</xs: sequence>
</xs: complexType>
</xs: element>
```

对于模糊空间属性，除了模糊空间位置外，还包括模糊空间运动。对模糊空间运动的研究主要包括模糊运动方向和模糊运动值。对于模糊运动方向则分为两种情况，一种情况是模糊运动方向的角度是一个范围，另一种情况是模糊运动方向可以是任意方向。规则 8.9 和规则 8.10 将用于实现模糊运动的映射。

规则 8.9　对于 FSODM Schema 中的类 *C*，FuzzyDirection_1 是第一类模糊运动方向属性。首先在 XML Schema 中创建元素 Direction_1，作为根元素 *C* 的子元素；然后根据 FSODM 中对第一类模糊运动方向的定义，生成元素 Degree，作为元素 Direction_1 的子元素。映射出的元素 Direction_1 的具体信息如下：

```
<xs: element name="Direction_1">
<xs: complexType>
<xs: sequence>
<xs: element ref="Degree"/>
</xs: sequence>
</xs: complexType>
</xs: element>
<xs: element name="Degree" minOccurs="2" maxOccurs="2">
<xs: simpleType>
<xs: restriction base="xs:integer">
<xs: minInclusive value="degreeStart"/>
<xs: maxInclusive value="degreeEnd"/>
</xs: restriction>
</xs: simpleType>
</xs: element>
```

规则 8.10　对于 FSODM Schema 中的类 *C*，FuzzyDirection_2{Degree(integer)，Poss(float)} 是第二类模糊运动方向。根据 Direction_2 在 FSODM 中的定义，它包括两个变量 Degree 和 Poss。所以在 XML Schema 中创建子元素 Degree 和 Poss，作为已创建的元素 Direction_2 的子元素，元素 Direction_2 则作为根元素 *C* 的子元素。具体的 XML Schema 的表现形式如下：

```
<xs: element name="Direction_2">
<xs: complexType>
<xs: sequence>
```

```
<xs: element name="Degree" type="xs:integer"/>
<xs: element name="Val"/>
</xs: sequence>
</xs: complexType>
</xs: element>
<xs: element name="Val" minOccurs="0" maxOccurs="unbounded">
<xs: complexType>
<xs: attribute name="Poss" type="xs:fuzzy" default="1.0"/>
</xs: complexType>
</xs: element>
```

规则 8.11　对于 FSODM Schema 中的类 C，MotionValue 是类 C 的模糊运动值属性。根元素 C 在 XML Schema 中会映射出名为 MotionValue 的子元素，在 FSODM 中 MotionValue 的语义就是一个范围，所以在 XML Schema 中对应的模糊运动元素表示如下：

```
<xs: element name="MotionValue">
<xs: simpleType>
<xs: restriction base="xs:integer">
<xs: minInclusive value="valueStart"/>
<xs: maxInclusive value="valueEnd"/>
</xs: restriction>
</xs: simpleType>
</xs: element>
```

接下来讨论 FSODM 中的模糊时间属性，模糊时间属性并不是单独存在的，它附属在某个类、属性或者方法中。只是它们附属的对象不同，模糊时间属性在 FSODM 中所处的层次不同。模糊时间属性包括模糊时间点和模糊时间段。

规则 8.12　在 FSODM Schema 中有名为 FuzzyTimePoint 的模糊时间点属性，假定它附属的对象为 A_{u1}，那么在 XML Schema 中会生成一个名为 TimePoint 的元素，作为附属对象在 XML Schema 中附属元素 A_{u1} 的子元素。XML Schema 的具体形式如下：

```
<xs: element name="TimePoint">
<xs: restriction base="dateTime">
<xs: minInclusive value="valueStart"/>
<xs: maxInclusive value="valueEnd"/>
</xs: restriction>
</xs: element>
```

规则 8.13　对于 FSODM Schema，FuzzyTimeInterval{timeStart{valueStart (Date)，

valueEnd(Date)}，timeEnd{valueStart(Date)，valueEnd(Date)}}的附属对象为 A_{u2}。
首先创建根元素 C 的子元素 TimeInterval；然后创建两个元素 timeStart 和 timeEnd，
作为 TimeInterval 的子元素，其中，timeStart 和 timeEnd 在实际中为两个模糊时间
点，可以使用模糊时间的规则。需要注意的是，在 FSODM 中日期的类型为 Date，
而在 XML Schema 中日期的类型为 dateTime。

```
<xs:element name="TimeInterval">
<xs:complexType>
<xs:sequence>
<xs:element name="timeStart"/>
<xs:element name="timeEnd"/>
</xs:sequence>
</xs:complexType>
</xs:element>
<xs:element name="timeStart" minOccurs=
"0" maxOccurs="unbounded">
<xs:simpleType>
<xs:restriction base="dateTime">
<xs:minInclusive value="valueStart"/>
```

```
<xs:maxInclusive value="valueEnd"/>
</xs:restriction>
</xs:simpleType>
</xs:element>
<xs:element name="timeEnd" minOccurs="0"
maxOccurs="unbounded">
<xs:simpleType>
<xs:restriction base="dateTime">
<xs:minInclusive value="valueStart"/>
<xs:maxInclusive value="valueEnd"/>
</xs:restriction>
</xs:simpleType>
</xs:element>
```

　　前面提到的规则和分析只是对面向对象数据库模型中的每一个元素进行了转
换，而一个完整的类包含很多元素，接下来针对单个类模型设计转换算法。

算法 8.1　从 FSODM 到平面式 XML 的转换

输入：FSODM Schema S

输出：平面式 XML Schema X

（1）确定所转换的类，运用规则 8.1 创建根元素。

（2）分析类中的 OID，运用规则 8.2 转换 OID。

（3）运用规则 8.3 将 FSODM Schema 中精确的常规属性映射到 XML Schema 中相对应的元素。

（4）如果在所转换的类中有模糊常规属性，当对应的是隶属度时，使用规则 8.4；当对应的是可能性分布时，使用规则 8.5。

（5）对于模糊空间位置属性，分析它们的具体类型，若是模糊空间点，则使用规则 8.6；若是模糊空间线，则使用规则 8.7；若是模糊空间域，则使用规则 8.8。

（6）分析所转化类中的模糊空间运动属性，运用规则 8.9、规则 8.10 和规则 8.11 映射相对应的第一类模糊运动属性、第二类模糊运动属性和模糊运动值属性。

（7）对于以上所转换的内容，如果附属了模糊时间点属性，则运用规则 8.12；如果附属了模糊时间段属性，则运用规则 8.13。

　　为了更直观地理解算法8.1，设计了下面的转换过程图，如图8.2所示。左边是转换顺序，右边是转换规则。模糊时空面向对象数据模型是基于类定义的，因此其最好的转换顺序也基于类，并且自上而下地进行模糊时空数据转换。从图8.2可以看到，转换的次序是类、对象标识符、常规属性（或方法）、模糊空间位置属性和模糊空间运动属性。首先使用规则8.1对模糊时空面向对象的类进行转换，当这个类有模糊时间属性时，模糊时间点对应规则8.12，模糊时间段对应规则8.13。然后向下转换对象标识符，规则8.2将完成这个过程。再向下是类中的常规属性（或方法），需要判断是否模糊，如果是模糊常规属性（或方法），则分为隶属度和可能性分布，分别对应规则8.4和规则8.5；如果是精确常规属性（或方法），将使用规则8.3进行转换。继续向下是模糊位置属性的转换，如果是模糊空间点，则使用规则8.6；如果是模糊空间线，则使用规则8.7；如果是模糊空间

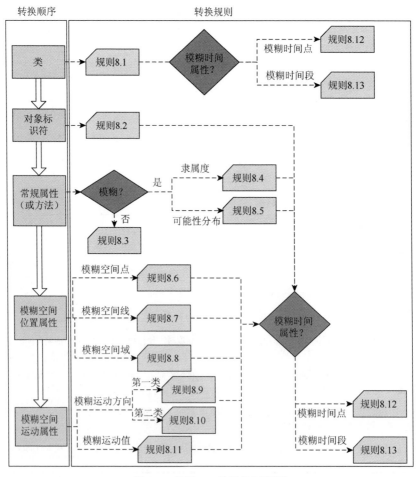

图8.2　算法8.1的转换过程图

域，则使用规则 8.8。最后是对模糊空间运动属性的转换，第一类模糊运动方向、第二类模糊运动方向和模糊运动值分别对应规则 8.9、规则 8.10 和规则 8.11。在转换过程中各种属性可能自身具有模糊时间属性，如果判断为是，则使用规则 8.12 和规则 8.13 完成模糊时间属性的转换。

接下来使用一个实例来解释转换过程，如图 8.3 所示。假设存在一个类 DarkCloud，有 OID 和精确的常规属性 Name。在数据模型中 DarkCloud 有一个模糊常规方法 Rain。另外，类 DarkCloud 包含了很多属性和方法，方法 Rain 可能发生也可能不发生。假设有 RainWITH 0.6，这就意味着方法 Rain 属于第一层隶属度模糊性。这里 Rain 发生的概率为 0.6。通常来说，如果一个属性没有被声明，那么它们发生的概率值为 0。这里的属性值可能是模糊的，也就是第一层模糊性的可行性分布。对于第二层模糊性，关键字 Fuzzy 被引用到了模型之中。在这个类中 Fuzzy TimePoint 是类 DarkCloud 的时间属性，它的值是模糊的。属性 Fuzzy SpatialPoint 和 Fuzzy Direction_1 也具有模糊性，并且它们附带有模糊时间段属性。第三层模糊性是不同的类之间关系的模糊性。在此实例中，主要说明的是一个类及其属性方法到 XML 的转换。

如图 8.3 所示，分析得到需要转换的类是 DarkCloud。首先使用规则 8.1 创建一个根元素；然后就是 OID，使用规则 8.2 映射到相应的 XML Schema 元素，同时需要映射 OID 的数据类型；属性 Name 是一个常规的、精确的属性，适用于规则 8.3；方法 Rain 是模糊方法，属于第一层模糊性，并且使用隶属度来表示，所以使用规则 8.4；分析类 DarkCloud 具有的模糊空间属性，适用于规则 8.6 和规则 8.9；最后分析附属模糊时间属性的元素，可以看出类 DarkCloud 有模糊时间点属性，使用规则 8.12。同时 fuzzy SpatialPoint 和 fuzzy Direction_1 具有模糊时间段属性，使用规则 8.13 映射模糊时间段的元素 TimeInterval，并作为元素 SpatialPoint 和 Direction_1 的子元素。通过分析，最终的转换结果如下：

图 8.3　模糊类 DarkCloud

```
<xs:element name="DarkCloud" minOccurs="0"
maxOccurs="unbounded">
<xs:complexType>
<xs:attribute name="OID" type="xs:ID"
use="required"/>
<xs:element name="Name" type="original-
definition"/>
```

```
<xs:element name="Rain"/>
<xs:element name="SpatialPoint"/>
<xs:element name="Direction_1"/>
<xs:element name="TimePoint ">
<xs:restriction base="dateTime">
<xs:minInclusive value="valueStart"/>
<xs:maxInclusive value="valueEnd"/>
```

```
</xs:restriction>
</xs:element>
</xs:complexType>
</xs:element>
<xs:complexType name="RainType" minOccurs=
"0" maxOccurs="unbounded">
<xs:sequence>
<xs:element name="Val"/>
</xs:sequence>
</xs:complexType>
<xs:element name="Val" minOccurs="0"
maxOccurs="unbounded">
<xs:complexType>
<xs:attribute name="Poss" type="xs:fuzzy"
default="1.0"/>
</xs:complexType>
</xs:element>
<xs:element name="SpatialPoint" minOccurs=
"0" maxOccurs="unbounded">
<xs:complexType>
<xs:element name="TimeInterval"/>
<xs:sequence>
<xs:element name="No." type="xs:integer"/>
<xs:element ref="Point"/>
<xs:element name="Val"/>
</xs:sequence>
</xs:complexType>
</xs:element>
<xs:element name="Point" minOccurs="1"
maxOccurs="unbounded">
<xs:complexType>
<xs:sequence>
<xs:element name="Xaxis" type=
"xs:integer"/>
<xs:element name="Yaxis" type=
"xs:integer"/>
</xs:sequence>
</xs:complexType>
</xs:element>
<xs:element name="Val" minOccurs="0"
maxOccurs="unbounded">
<xs:complexType>
<xs:attribute name="Poss" type="xs:fuzzy"
default="1.0"/>
<xs:element name="Direction_1" minOccurs=
"1" maxOccurs="unbounded">
<xs:complexType>
<xs:element name="TimeInterval"/>
<xs:sequence>
<xs:element ref="Degree"/>
</xs:sequence>
</xs:complexType>
</xs:element>
<xs:element name="Degree" minOccurs="2"
maxOccurs="2">
<xs:simpleType>
<xs:restriction base="xs:integer">
<xs:minInclusive value="degreeStart"/>
<xs:maxInclusive value="degreeEnd"/>
</xs:restriction>
</xs:simpleType>
</xs:element>
<xs:element name="TimeInterval">
<xs:complexType>
<xs:sequence>
<xs:element name="timeStart"/>
<xs:element name="timeEnd"/>
</xs:sequence>
</xs:complexType>
</xs:element>
<xs:element name="timeStart" minOccurs=
"0" maxOccurs="unbounded">
<xs:simpleType>
<xs:restriction base="xs:dateTime">
<xs:minInclusive value="valueStart"/>
<xs:maxInclusive value="valueEnd"/>
</xs:restriction>
</xs:simpleType>
</xs:element>
<xs:element name="timeEnd" minOccurs="0"
maxOccurs="unbounded">
<xs:simpleType>
```

```
<xs:restriction base="xs:dateTime">          </xs:restriction>
<xs:minInclusive value="valueStart"/>        </xs:simpleType>
<xs:maxInclusive value="valueEnd"/>          </xs:element>
```

8.2　模糊时空数据从面向对象数据库到嵌套式 XML 的转换

7.3 节提出了三层模糊性，其中的两层已经在 8.1 节讨论过，最后一层将在本节进行分析。最后一层模糊性研究的是类与类之间的模糊关系。在面向对象数据库模型中主要研究三种关系，分别为继承关系、关联关系和聚合关系。而对于 FSODM 中研究的模糊关系，相对应的就是模糊继承关系、模糊关联关系和模糊聚合关系。

规则 8.14　对于 FSODM 中的每一个子类 GC，它的父类为 SC。根据规则 8.1 建立一个名为 SC 的根元素，同时另一个名为 GC 根元素也被建立。根据 UML 类图上标记的 fuzzyGeneration，创建一个名为 fuzzyGeneration 的元素作为 GC 的子元素，这个元素包含两个子元素：一个使用标签 extension 继承父类 SC 的属性，另一个元素 Val 用于表示关系度。S_i 泛指 GC 中的其他属性和方法的映射。

```
<xs:element name="SC" minOccurs="0" maxOccurs="unbounded">
<xs:complexType>
<!--sub-elements of C-->
</xs:complexType>
</xs:element>
<xs:element name="GC" minOccurs="0" maxOccurs="unbounded">
<xs:complexType>
<xs:element name="fuzzyGeneration">
<xs:complexType>
<xs:extension base="SC"/>
<xs:element name="Val">
<xs:complexType>
<xs:attribute name="Poss" type="xs:fuzzy" default="1.0"/>
</xs:complexType>
</xs:element>
</xs:complexType>
</xs:element>
<xs:element name="S₁" type="original-definition"/>
</xs:complexType>
</xs:element>
```

规则 8.15　对于 FSODM 中的类 C，它的关联类为 LC。首先根据规则 8.1 建立名为 LC 的根元素，同时要建立名为 *C* 的根元素；然后根据 UML 类图中标识的关系 fuzzyAssociation，建立元素名为 fuzzyAssociation 的元素，并作为根元素 LC 的子元素。在 UML 图上还表示了类 *C* 和类 LC 之间的多重性及它们之间的关系度，所以在模糊关联关系元素中包含三个子元素，第一个使用 extension 标签标记 *C* 与 LC 之间的关系，第二个元素 Val 用于标记关系度，第三个元素 linkage 用于表示多重性。最后，S_i 泛指类 LC 中的其他属性和方法的映射。

```
<xs:element name="C" minOccurs="0" maxOccurs="unbounded">
<xs:complexType>
<!--sub-elements of C-->
</xs:complexType>
</xs:element>
<xs:element name="LC" minOccurs="0" maxOccurs="unbounded">
<xs:complexType>
<xs:element name="fuzzyAssociation">
<xs:complexType>
<xs:extension base="C"/>
<xs:element name="Val">
<xs:complexType>
<xs:attribute name="Poss" type="xs:fuzzy" default="1.0"/>
</xs:complexType>
</xs:element>
<xs:element name="linkage" type="string"/>
</xs:complexType>
</xs:element>
<xs:element name="Si" type="original-definition"/>
</xs:complexType>
</xs:element>
```

规则 8.16　对于 FSODM 中的部分类 PC_i，它的整体类为 WC。同理，可使用规则 8.1 建立名为 WC 的根元素和名为 PC_i 的根元素。为了转换模糊聚合关系，首先定义一个名为 fuzzyAggregation 的元素，然后使用标签 ref 标记 PC_i，使用 Val 表示关系度。与前述相同，S_i 是整体类 WC 中的其他属性和方法。XML 的表现形式如下：

```
<xs:element name="PCi" minOccurs="0" maxOccurs="unbounded">
<xs:complexType>
<!--sub-elements of PCi-->
</xs:complexType>
</xs:element>
```

```
<xs:element name="WC" minOccurs="0" maxOccurs="unbounded">
<xs:complexType>
<xs:element name="fuzzyAggregation">
<xs:complexType>
<xs:element ref="PCᵢ"/>
<xs:element name="Val">
<xs:complexType>
<xs:attribute name="Poss" type="xs:fuzzy" default="1.0"/>
</xs:complexType>
</xs:element>
</xs:complexType>
</xs:element>
<xs:element name="S₁" type="original-definition"/>
</xs:complexType>
</xs:element>
```

规则 8.14～规则 8.16 是对类与类之间模糊关系转换的定义，接下来将运用这些转换规则设计转换算法，实现模糊时空数据从面向对象数据库到嵌套式 XML 的转换。具体的转换算法如下。

算法 8.2 从 FSODM 到嵌套式 XML 的转换

输入：FSODM Schema S

输出：嵌套式 XML Schema X

（1）判断是否存在没有转换的类，如果有则根据算法 8.1 转化，如果没有则向下进行。

（2）遍历每一个类，确定类与类之间的关系。

（3）如果类与类之间是模糊继承关系，则使用规则 8.14。

（4）如果类与类之间是模糊关联关系，则使用规则 8.15。

（5）如果类与类之间是模糊聚合关系，则使用规则 8.16。

根据算法 8.2 设计了如图 8.4 所示的转换过程图。在这个转换过程图中，需要引用图 8.2 的内容。如图 8.4 所示，首先需要使用循环过程把每个类及其属性和方法都转换成一个根节点及其子节点的形式；然后经过判断所有单个类转化完成，将不同类之间的模糊关系转换成不同根节点之间的模糊关系；最后转换类与类之间的模糊关系，主要包括模糊继承关系、模糊关联关系和模糊聚合关系，这些关系的转换分别对应规则 8.14、规则 8.15 和规则 8.16。

为了更好地理解算法 8.2 所提出的转换步骤，下面使用更详尽的例子来说明算法 8.2。在这个例子中（图 8.5）包括了类与类之间的模糊关系、精确常规属性、

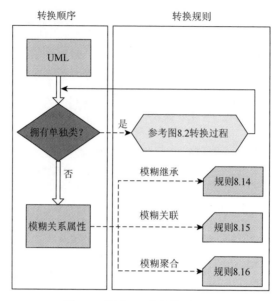

图 8.4　算法 8.2 的转换过程图

模糊常规属性、模糊空间属性和模糊时间属性。在这个例子中，前面提到的所有
转换规则都会被用到，可以更直观地说明每个规则的使用方式。

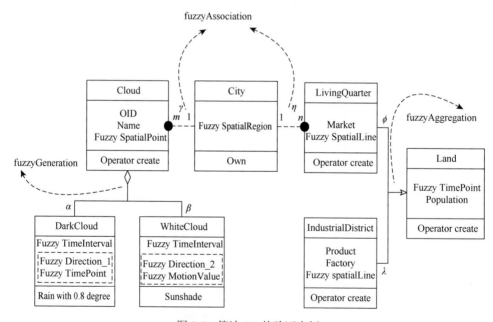

图 8.5　算法 8.2 的验证实例

首先需要把实例中的每个类都转换完成；然后分析类与类之间的关系，并对

它们之间的关系进行转换。因为单个类的转化已经在 8.1 节完成，这里就不再对单个类的转化作分析。下面主要分析类与类之间关系的转化：首先分析类 Cloud、City 和 LivingQuarter。在类 Cloud 和类 City 之间是模糊关联关系，它们的关系度为 γ，所以 Val 为 γ，多重性为 $1:m$，所以 linkage 就是 $1:m$；同理，类 LivingQuarter 和类 City 之间也是模糊关联关系，相对应关系度为 η，多重性为 $1:n$。使用规则 8.15 完成模糊关联关系的转换。

（1）类 City 的转换结果如下：

```
<xs:element name="City" minOccurs="0"
maxOccurs="unbounded">
<xs:complexType>
<xs:element name="Own"
type="original-definition"/>
<xs:element name="SpatialRegion"/>
</xs:complexType>
</xs:element>
<xs:element name="SpatialRegion"
minOccurs="0"
maxOccurs="unbounded">
<xs:complexType>
<xs:sequence>
<xs:element ref="Point"/>
</xs:sequence>
</xs:complexType>
</xs:element>
<xs:element name="Point" minOccurs="2"
maxOccurs="2">
<xs:complexType>
<xs:sequence>
<xs:element name="Xaxis" type=
"xs:integer"/>
<xs:element name="Yaxis" type=
"xs:integer"/>
</xs:sequence>
</xs:complexType>
</xs:element>
```

（2）类 Cloud 的转换结果如下：

```
<xs:element name="Cloud" minOccurs="0"
maxOccurs="unbounded">
<xs:complexType>
<xs:element name="fuzzyAssociation">
<xs:complexType>
<xs:extension base="City"/>
<xs:element name="Val"/>
</xs:complexType>
</xs:element>
<xs:attribute name="OID" type="xs:ID"
use="required"/>
<xs:element name="Name" type="original-
definition"/>
<xs:element name="SpatialPoint"/>
</xs:complexType>
</xs:element>
<xs:element name="SpatialPoint">
<xs:complexType>
<xs:sequence>
<xs:element name="No." type="xs:
integer"/>
<xs:element ref="Point"/>
<xs:element name="Val"/>
</xs:sequence>
</xs:complexType>
</xs:element>
<xs:element name="Point" minOccurs="1"
maxOccurs="unbounded">
<xs:complexType>
<xs:sequence>
<xs:element name="Xaxis" type="xs:
integer"/>
```

```
<xs:element name="Yaxis" type="xs:
integer"/>
</xs:sequence>
</xs:complexType>
</xs:element>
<xs:element name="Val" minOccurs="0"
```

```
maxOccurs="unbounded">
<xs:complexType>
<xs:attribute name="Poss" type="xs:
fuzzy" default="1.0"/>
</xs:complexType>
</xs:element>
```

（3）类 LivingQuarter 的转换结果如下：

```
<xs:element name="LivingQuarter"
minOccurs="0" maxOccurs="unbounded">
<xs:complexType>
<xs:element name="fuzzyAssociation">
<xs:complexType>
<xs:extension base="City"/>
<xs:element name="Val">
<xs:complexType>
<xs:attribute name="Poss" type="xs:fuzzy"
default="1.0"/>
</xs:complexType>
</xs:element>
</xs:complexType>
</xs:element>
<xs:element name="Market" type=
"original-definition"/>
<xs:element name="SpatialLine"/>
</xs:complexType>
</xs:element>
```

```
<xs:element name="Spatialline">
<xs:complexType>
<xs:sequence>
<xs:element name="No." type="xs:integer"/>
<xs:element ref="Point"/>
</xs:sequence>
<xs:attribute name="Offset" type=
"xs:integer"/>
</xs:complexType>
</xs:element>
<xs:element name="point" minOccurs="2"
maxOccurs="2">
<xs:complexType>
<xs:sequence>
<xs:element name="Xaxis" type="xs:integer"/>
<xs:element name="Yaxis" type="xs:integer"/>
</xs:sequence>
</xs:complexType>
</xs:element>
```

接下来分析类 Cloud、类 DarkCoud 和类 WhiteCloud 之间的关系：首先根据规则 8.1～规则 8.13 实现这三个类的转化；然后通过分析得到 DarkCloud 和 WhiteCloud 是两个子类，它们的超类为 Cloud。类 DarkCloud 和类 Cloud 之间的关系度为 α，而类 WhiteCloud 和类 Cloud 的关系度为 β，根据规则 8.14，它们之间的关系可以映射成下面的 XML Schema。

（4）类 DarkCloud 的映射结果如下：

```
<xs:element name="DarkCloud" minOccurs=
"0" maxOccurs="unbounded">
<xs:complexType>
<xs:element name="fuzzyGeneration">
<xs:complexType>
```

```
<xs:extension base="Cloud"/>
<xs:element name="Val"/>
</xs:complexType>
</xs:element>
<xs:element name="Rain"/>
```

```
<xs:element name="TimeInterval"/>
<xs:element name="Direction_1"/>
</xs:complexType>
</xs:element>
<xs:element name="Rain" minOccurs="0"
maxOccurs="unbounded">
<xs:complexType>
<xs:element name="Val"/>
</xs:complexType>
</xs:element>
<xs:element name="Val" minOccurs="0"
maxOccurs="unbounded">
<xs:complexType>
<xs:attribute name="Poss" type="xs:
fuzzy" default="1.0"/>
</xs:complexType>
</xs:element>
<xs:element name="TimeInterval">
<xs:complexType>
<xs:sequence>
<xs:element name="timeStart"/>
<xs:element name="timeEnd"/>
</xs:sequence>
</xs:complexType>
</xs:element>
<xs:element name="timeStart" minOccurs=
"0" maxOccurs="unbounded">
<xs:simpleType>
<xs:restriction base="xs:dateTime">
<xs:minInclusive value="valueStart"/>
<xs:maxInclusive value="valueEnd"/>
</xs:restriction>
<xs:simpleType>
</xs:element>
```

```
<xs:element name="timeEnd" minOccurs="0"
maxOccurs="unbounded">
<xs:simpleType>
<xs:restriction base="xs:dateTime">
<xs:minInclusive value="valueStart"/>
<xs:maxInclusive value="valueEnd"/>
</xs:restriction>
<xs:simpleType>
</xs:element>
<xs:element name="Direction_1" minOccurs=
"1" maxOccurs="unbounded">
<xs:complexType>
<xs:element name="TimePoint"/>
<xs:sequence>
<xs:element ref="Degree"/>
</xs:sequence>
</xs:complexType>
</xs:element>
<xs:element name="Degree" minOccurs="2"
maxOccurs="2">
<xs:simpleType>
<xs:restriction base="xs:integer">
<xs:minInclusive value="degreeStart"/>
<xs:maxInclusive value="degreeEnd"/>
</xs:restriction>
<xs:simpleType>
</xs:element>
<xs:element name="TimePoint" minOccurs=
"0" maxOccurs="unbounded">
<xs:restriction base="xs:dateTime">
<xs:minInclusive value="valueStart"/>
<xs:maxInclusive value="valueEnd"/>
</xs:restriction>
</xs:element>
```

（5）类 WhiteCloud 的映射结果如下：

```
<xs:element name="WhiteCloud" minOccurs=
"0" maxOccurs="unbounded">
<xs:complexType>
<xs:element name="fuzzyGeneration">
```
```
<xs:complexType>
<xs:extension base="Cloud"/>
<xs:element name="Val"/>
</xs:complexType>
```

```
</xs:element>
<xs:element name="Sunshade" type=
"original-definition"/>
<xs:element name="TimeInterval"/>
<xs:element name="Direction_2"/>
</xs:complexType>
</xs:element>
<xs:element name="TimeInterval">
<xs:complexType>
<xs:sequence>
<xs:element name="timeStart"/>
<xs:element name="timeEnd"/>
</xs:sequence>
</xs:complexType>
</xs:element>
<xs:element name="timeStart" minOccurs=
"0" maxOccurs="unbounded">
<xs:simpleType>
<xs:restriction base="xs:dateTime">
<xs:minInclusive value="valueStart"/>
<xs:maxInclusive value="valueEnd"/>
</xs:restriction>
<xs:simpleType>
</xs:element>
<xs:element name="timeEnd" minOccurs="0"
maxOccurs="unbounded">
<xs:simpleType>
<xs:restriction base="xs:dateTime">
<xs:minInclusive value="valueStart"/>
```

```
<xs:maxInclusive value="valueEnd"/>
</xs:restriction>
<xs:simpleType>
</xs:element>
<xs:element name="Direction_2" minOccurs=
"0" maxOccurs="unbounded">
<xs:complexType>
<xs:element name="MotionValue">
<xs:simpleType>
<xs:restriction base="xs:integer">
<xs:minInclusive value="valueStart"/>
<xs:maxInclusive value="valueEnd"/>
</xs:restriction>
</xs:simpleType>
</xs:element>
<xs:sequence>
<xs:element name="Degree" type=
"xs:integer"/>
<xs:element name="Val"/>
</xs:sequence>
</xs:complexType>
</xs:element>
<xs:element name="Val" minOccurs="0"
maxOccurs="unbounded">
<xs:complexType>
<xs:attribute name="Poss" type="xs:
fuzzy" default="1.0"/>
</xs:complexType>
</xs:element>
```

最后分析类 Land、类 LivingQuarter 和类 IndustrialDistrict 之间的关系：对于这三个单独的类，可以使用算法 8.1 中的规则进行转换。对于它们三者之间的关系，类 LivingQuarter 和类 IndustrialDistrict 是两个部分类，而 Land 是对应的整体类。LivingQuarter 和 Land 的关系度为ϕ，IndustrialDistrict 与 Land 的关系度为λ。根据规则 8.16，最终的转换结果如下。

（6）类 IndustrialDistrict 的映射结果如下：

```
<xs:element name="IndustrialDistrict"
minOccurs="0" maxOccurs="unbounded">
<xs:complexType>
```

```
<xs:element name="Produce" type=
"original-definition"/>
<xs:element name="Factory" type=
```

```
"original-definition"/>
<xs:element name="SpatialLine"/>
</xs:complexType>
</xs:element>
<xs:element name="Spatialline">
<xs:complexType>
<xs:sequence>
<xs:element name="No." type="xs:integer"/>
<xs:element ref="Point"/>
</xs:sequence>
<xs:attribute name="Offset" type="xs:
integer"/>
</xs:complexType>
```

```
</xs:element>
<xs:element name="Point" minOccurs="2"
maxOccurs="2">
<xs:complexType>
<xs:sequence>
<xs:element name="Xaxis" type="xs:
integer"/>
<xs:element name="Yaxis" type="xs:
integer"/>
</xs:sequence>
</xs:complexType>
</xs:element>
```

（7）类 Land 的映射结果如下：

```
<xs:element name="Land" minOccurs="0"
maxOccurs="unbounded">
<xs:complexType>
<xs:element name="fuzzyAggregation">
<xs:complexType>
<xs:element ref="LivingQuarter"/>
<xs:element ref="IndustrialDistrict"/>
<xs:element name="Val">
<xs:complexType>
<xs:attribute name="Poss" type="xs:
fuzzy" default="1.0"/>
</xs:complexType>
</xs:element>
</xs:complexType>
```

```
</xs:element>
<xs:element name="Population" type=
"original-definition"/>
<xs:element name="TimePoint"/>
</xs:complexType>
</xs:element>
<xs:element name="TimePoint" minOccurs=
"0" maxOccurs="unbounded">
<xs:restriction base="xs:dateTime">
<xs:minInclusive value="valueStart"/>
<xs:maxInclusive value="valueEnd"/>
</xs:restriction>
</xs:element>
```

　　通过转换规则的制定、转换算法的设计以及最后转换实例的支撑，实现了模糊时空数据从面向对象数据到 XML 的转换。对转换方法的评价指标主要有两个方面，下面分别从 XML Schema 和 XML 文档两方面来讨论。首先评价 XML Schema 具有两个指标，well-formed 指标用于说明 XML Schema 是否结构规范；valid 指标则更进一步，不仅要求结构正确，还要求在数据类型、自定义标签等方面都是正确的，可以用来约束和验证 XML 文档。本章使用更严格的指标 valid 进行结果验证。XML 文档有一个指标，即 valid，这个指标用来表示 XML 文档是否符合 XML Schema 规范。如果 XML Schema 和 XML 文档最后的结果都是 valid，则说明转换生成的 XML 是有效的。接下来分析模糊时空数据从面向对象数据库到 XML 的转换所适用的条件。本章所使用的数据来源于面向对象数据库，这种方法不但可以完成常规数据的转换，同时对于面向对象数据库中的模糊时空数据同样可以完成。

8.3　应用与验证

为了验证本章提出方法的有效性，下面使用一个气象学事件来展现如何使用本章提出的模型实现模糊时空数据的转换。图 8.6 表示热带气旋 Sandy 从 2012 年 10 月 22 日到 2012 年 10 月 30 日的运行轨迹图[26]。接下来将对 Sandy 进行分析和建模，并且完成在 FSODM 和 XML 之间的转换。

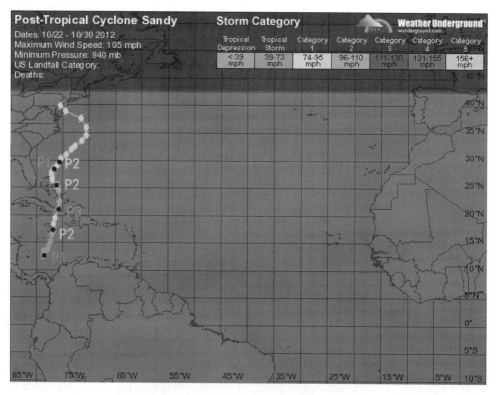

图 8.6　热带气旋 Sandy 的运行轨迹图（见彩图）

8.3.1　建模热带气旋 Sandy

为了确保对热带气旋 Sandy 建模的准确性和有效性，首先分析关于 Sandy 的统计数据。表 8.1 给出了用于实验的完整的真实数据集。

表 8.1　热带气旋 Sandy 数据集

日期	时间	纬度	经度	风速/mph	气压/kPa	风暴类型
2012-10-22	1500 GMT	13.5	−78.0	30	1003	热带低气压
2012-10-22	2100 GMT	12.5	−78.5	40	999	热带风暴
2012-10-23	0300 GMT	12.7	−78.6	45	998	热带风暴
2012-10-23	0900 GMT	13.3	−78.6	45	998	热带风暴
2012-10-23	1500 GMT	13.8	−77.8	50	993	热带风暴
2012-10-23	2100 GMT	14.3	−77.6	50	993	热带风暴
2012-10-24	0300 GMT	15.2	−77.2	60	989	热带风暴
2012-10-24	0900 GMT	16.3	−77.0	70	986	热带风暴
2012-10-24	1500 GMT	17.1	−76.7	80	973	1 级飓风
2012-10-24	2100 GMT	18.3	−76.6	80	970	1 级飓风
2012-10-25	0300 GMT	19.4	−76.3	90	954	1 级飓风
2012-10-25	0900 GMT	20.9	−75.8	105	960	2 级飓风
2012-10-25	1500 GMT	22.4	−75.5	105	964	2 级飓风
2012-10-25	2100 GMT	24.5	−75.6	105	963	2 级飓风
2012-10-26	0300 GMT	25.3	−76.1	90	968	1 级飓风
2012-10-26	0900 GMT	26.3	−76.9	80	968	1 级飓风
2012-10-26	1500 GMT	26.7	−76.9	80	970	1 级飓风
2012-10-26	2100 GMT	27.3	−77.1	75	971	1 级飓风
2012-10-27	0300 GMT	27.7	−77.1	75	969	1 级飓风
2012-10-27	0900 GMT	28.6	−76.7	70	969	热带风暴
2012-10-27	1500 GMT	29.0	−76.0	75	958	1 级飓风
2012-10-27	2100 GMT	30.2	−75.2	75	961	1 级飓风
2012-10-28	0300 GMT	30.9	−74.3	75	960	1 级飓风
2012-10-28	0900 GMT	31.9	−73.3	75	960	1 级飓风
2012-10-28	1500 GMT	32.5	−72.6	75	951	1 级飓风
2012-10-28	2100 GMT	33.4	−71.3	75	952	1 级飓风
2012-10-29	0300 GMT	34.5	−70.5	75	950	1 级飓风
2012-10-29	0900 GMT	35.9	−70.5	85	946	1 级飓风
2012-10-29	1500 GMT	37.5	−71.5	90	943	1 级飓风
2012-10-29	2100 GMT	38.8	−74.4	90	940	1 级飓风
2012-10-30	0300 GMT	39.8	−75.4	75	952	后热带气旋

在图 8.6 中，有一些彩色的点被标记成了 P_1、P_2、P_3。从颜色上可以直观地辨别出，P_1、P_2、P_3 表示 Sandy 的不同阶段。P_1 表示的是热带风暴阶段，P_2 表示

的是 1 级飓风阶段，P_3 表示 2 级飓风阶段。从表中分析得知，在这三个阶段，风速和气压都是不同的。对于风速和气压来说，它们在某个阶段的值都处于一个范围之内。表 8.2 表示 P_1、P_2、P_3 的风速范围，表 8.3 表示的是气压范围。根据分析，风速的值是有规律的，而气压的值是没有规律的，所以风速是模型中一个重要的考量因素。对于建模，在三个阶段有不同的属性，因此 P_1、P_2、P_3 可以是三个类，同时它们三者之间是存在联系的。

表 8.2　P_1、P_2、P_3 的风速范围

类别	风速/mph	
	最小值	最大值
P_1	39	73
P_2	74	95
P_3	96	110

表 8.3　P_1、P_2、P_3 的气压范围

类别	压强/mb	
	最小值	最大值
P_1	986	999
P_2	940	973
P_3	960	963

注：1mb = 100Pa

对于 P_1，可称为起始阶段，在此使用 P_1 作为 IDR。因为它根据飓风的自然属性命名并且具有唯一性，当 P_1 这样的标识发生改变时，飓风的种类就会发生变化。时空数据的 DGA 可以有多个，如风速和气压，其中，风速是在一个有规律的范围内。对于 FGA，风的破坏力是不确定的，但是它的可能性很小，可以用真值度表示。对于 FST，由于风速和风的聚合力都很低，风的中心难以确定，使用模糊空间点和第二类模糊运动方向表示这种状态。Lat 和 Lon 可以用来表示模糊空间点。对于 FTM，由于飓风的开始时间是不确切的，所以在模型中使用模糊时间点。

对于 P_2，可称为发展阶段。在发展阶段，同样使用 P_2 作为 IDR。对于 DGA，其两个主要的属性是飓风的风速和气压。对于 FGA，考虑的依然是风的破坏力，所以风的破坏力是模型中的一部分，相比于起始阶段，真值度会增加。对于 FSP，风速和聚合力变强，飓风的影响范围变大，飓风的方向变成一个角度。因此，可以使用模糊空间线和第一类模糊运动方向表示这种状态。Lat 和 Lon 用来表示模

糊空间线。对于 FTM，飓风发展的时间是模糊的，但是它处于起始阶段和形成阶段之间，可以使用模糊时间段来表示。

对于 P_3，可称为形成阶段。在形成阶段，P_3 被当作 IDR。对于 DGA 属性，选择风速和气压。对于 FGA，将风的破坏力作为模型的选择依据，但是破坏力是模糊的，所以是第三层模糊性。对于 FSP，风速和聚合力已经变得很强，飓风的影响范围更大，使用模糊空间域和第一类模糊运动方向表示这种状态。同时，还应该关注模糊运动值。对于 FTM 使用模糊时间段；对于 P_1、P_2、P_3 之间的关系，这是一个逐渐发展的过程。所以在这个模型中，加进来一个方法 Develop。其中，P_1、P_2、P_3 之间为模糊关联关系，且关系度较高。

8.3.2　Sandy 的 FSODM Schema 到 XML Schema 的转换

本节将完成热带气旋 Sandy 从 FSODM Schema 到 XML Schema 的转换。首先根据 8.3.1 节的分析，所建立的 FSODM Schema 如图 8.7 所示。在所构建的模型中有三个类，每个类都包括 OID、精确常规属性（或方法）、模糊常规属性、模糊空间位置、模糊空间运动和模糊时间属性，类与类之间也存在关系。对于转化的结果，将使用 XML Spy 软件进行验证。

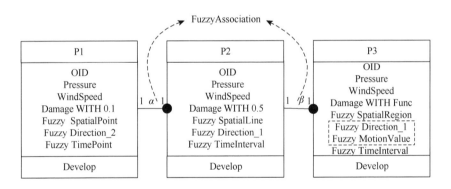

图 8.7　热带气旋 Sandy 的 FSODM Schema

根据以上分析建立的模型，类 P_1 具有很多属性和方法，如 OID，常规属性包括 Pressure、WindSpeed（风速的范围为 39～73mph）、Damage（属于第二层模糊性）、模糊空间点 Fuzzy SpatialPoint、第二类模糊运动方向、模糊时间点属性和方法 Develop。所以根据规则 8.1 创建与类 P_1 相对应的根元素 P_1，然后使用规则 8.2 转换类 P_1 中的 OID。对于精确常规属性 Pressure 和 WindSpeed，还有方法 Develop，此处使用规则 8.3，同时要注意 WindSpeed 的约束条件。此外还有模糊空间属性，将使用规则 8.6 和规则 8.9 进行映射。最后，由于类 P_1 附带了模糊时间点属性，使用规则 8.12。类 P_1 的映射结果如图 8.8 所示。

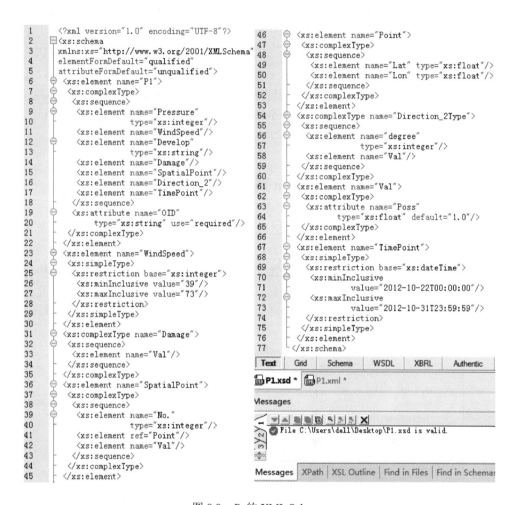

图 8.8　P_1 的 XML Schema

从图 8.8 可知，P_1 的 XML Schema 是有效的，规则 8.1～规则 8.15 使用的是形式化语言，对于实际生活中的数据，则需要根据实际应用对 XML Schema 进行修改。例如，常规属性的气压数据类型由 original-defination 修改为 integer，常规方法 Develop 的数据类型由 original-defination 修改为 string，同理 OID 的类型也是 string。在模糊时空点中，Xaxis 为 Lat，Yaxis 为 Lon，Lat 和 Lon 的数据类型均为 float。热带气旋 Sandy 的时间为 2010 年 10 月 22 日～2010 年 10 月 30 日。最后，根据图 8.6、表 8.1 生成的 P_1 的 XML 文档如图 8.9 所示。

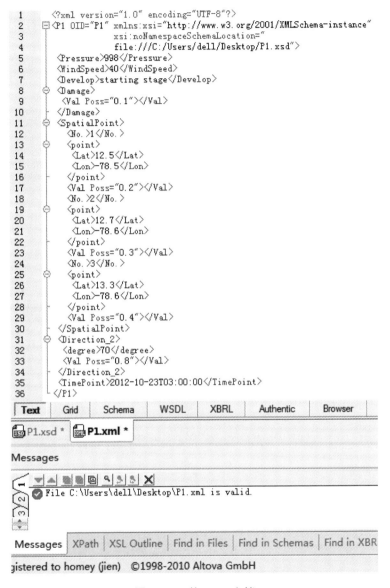

```
1    <?xml version="1.0" encoding="UTF-8"?>
2    <P1 OID="P1" xmlns:xsi="http://www.w3.org/2001/XMLSchema-instance"
3            xsi:noNamespaceSchemaLocation="
4            file:///C:/Users/dell/Desktop/P1.xsd">
5      <Pressure>998</Pressure>
6      <WindSpeed>40</WindSpeed>
7      <Develop>starting stage</Develop>
8      <Damage>
9        <Val Poss="0.1"></Val>
10     </Damage>
11     <SpatialPoint>
12       <No.>1</No.>
13       <point>
14         <Lat>12.5</Lat>
15         <Lon>-78.5</Lon>
16       </point>
17       <Val Poss="0.2"></Val>
18       <No.>2</No.>
19       <point>
20         <Lat>12.7</Lat>
21         <Lon>-78.6</Lon>
22       </point>
23       <Val Poss="0.3"></Val>
24       <No.>3</No.>
25       <point>
26         <Lat>13.3</Lat>
27         <Lon>-78.6</Lon>
28       </point>
29       <Val Poss="0.4"></Val>
30     </SpatialPoint>
31     <Direction_2>
32       <degree>70</degree>
33       <Val Poss="0.8"></Val>
34     </Direction_2>
35     <TimePoint>2012-10-23T03:00:00</TimePoint>
36   </P1>
```

| Text | Grid | Schema | WSDL | XBRL | Authentic | Browser |

P1.xsd *　　P1.xml *

Messages

File C:\Users\dell\Desktop\P1.xml is valid.

| Messages | XPath | XSL Outline | Find in Files | Find in Schemas | Find in XBR |

gistered to homey (jien)　©1998-2010 Altova GmbH

图 8.9　P_1 的 XML 文档

　　对于 P_2 的分析和建模已经完成，类 P_2 包含一系列属性和方法，如 OID，常规属性包括 WindSpeed 和 Pressure，风速范围为 74～95mph，Damage 是第二层模糊性，Fuzzy SpatialLine、Fuzzy MotionDirection_1、FuzzyTimeInterval 和方法 Develop。首先要根据类确定根节点，这里用到规则 8.1。对于精确的常规属性和方法，则选择规则 8.2，如 WindSpeed、Pressure 和 Develop。模糊空间属性 Fuzzy SpatialLine 和 Fuzzy MotionDirection_1，将分别使用规则 8.7 和规则 8.9。接下来

使用规则 8.13 映射类 P_2 所附带的模糊时间段属性。最后使用规则 8.15 映射模糊关联关系。P_2 的映射结果如图 8.10 所示。

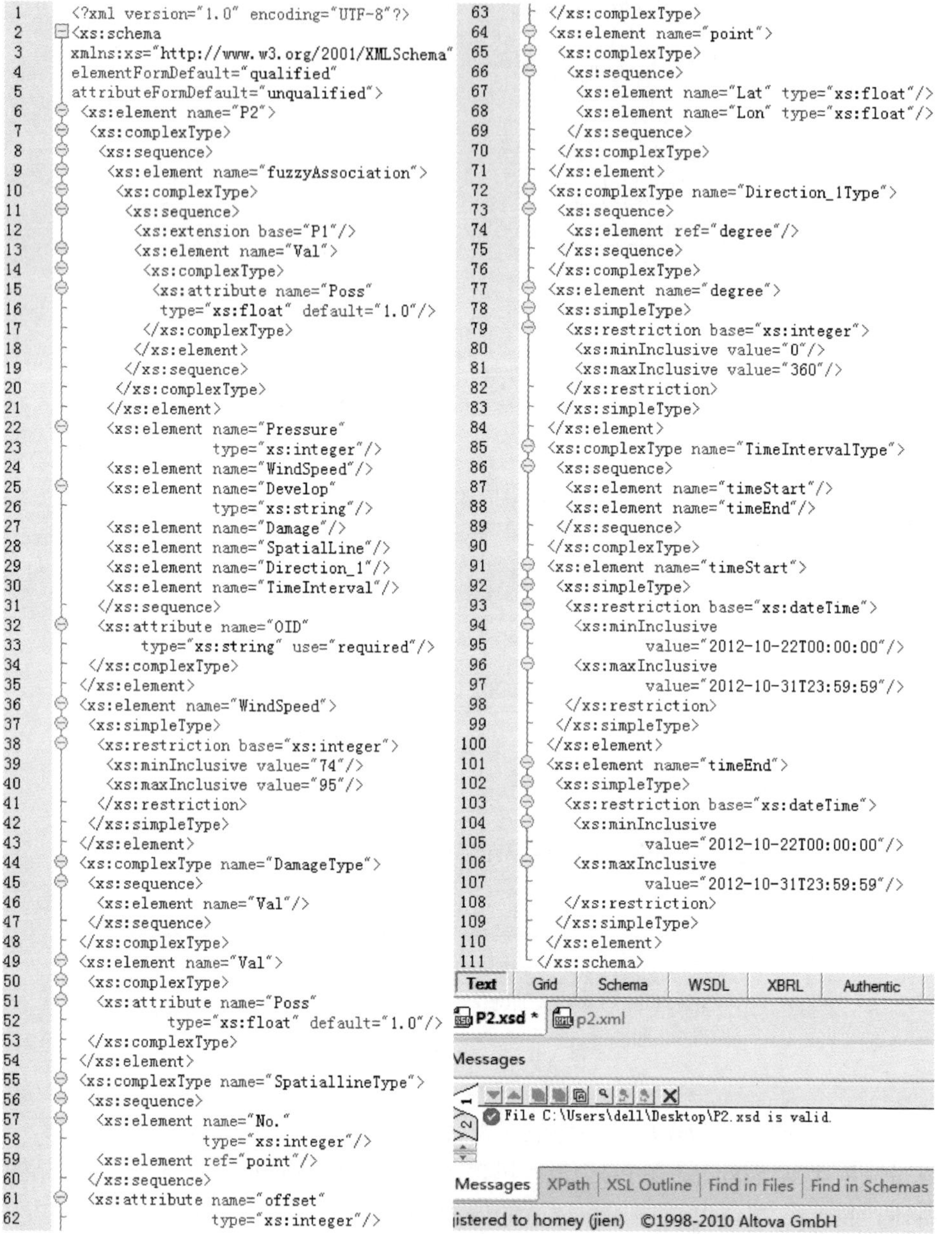

```xml
1  <?xml version="1.0" encoding="UTF-8"?>
2  <xs:schema
3  xmlns:xs="http://www.w3.org/2001/XMLSchema"
4  elementFormDefault="qualified"
5  attributeFormDefault="unqualified">
6   <xs:element name="P2">
7    <xs:complexType>
8     <xs:sequence>
9      <xs:element name="fuzzyAssociation">
10      <xs:complexType>
11       <xs:sequence>
12        <xs:extension base="P1"/>
13        <xs:element name="Val">
14         <xs:complexType>
15          <xs:attribute name="Poss"
16           type="xs:float" default="1.0"/>
17         </xs:complexType>
18        </xs:element>
19       </xs:sequence>
20      </xs:complexType>
21      </xs:element>
22      <xs:element name="Pressure"
23                  type="xs:integer"/>
24      <xs:element name="WindSpeed"/>
25      <xs:element name="Develop"
26                  type="xs:string"/>
27      <xs:element name="Damage"/>
28      <xs:element name="SpatialLine"/>
29      <xs:element name="Direction_1"/>
30      <xs:element name="TimeInterval"/>
31     </xs:sequence>
32     <xs:attribute name="OID"
33                   type="xs:string" use="required"/>
34    </xs:complexType>
35   </xs:element>
36   <xs:element name="WindSpeed">
37    <xs:simpleType>
38     <xs:restriction base="xs:integer">
39      <xs:minInclusive value="74"/>
40      <xs:maxInclusive value="95"/>
41     </xs:restriction>
42    </xs:simpleType>
43   </xs:element>
44   <xs:complexType name="DamageType">
45    <xs:sequence>
46     <xs:element name="Val"/>
47    </xs:sequence>
48   </xs:complexType>
49   <xs:element name="Val">
50    <xs:complexType>
51     <xs:attribute name="Poss"
52                   type="xs:float" default="1.0"/>
53    </xs:complexType>
54   </xs:element>
55   <xs:complexType name="SpatiallineType">
56    <xs:sequence>
57     <xs:element name="No."
58                 type="xs:integer"/>
59     <xs:element ref="point"/>
60    </xs:sequence>
61    <xs:attribute name="offset"
62                  type="xs:integer"/>
63   </xs:complexType>
64   <xs:element name="point">
65    <xs:complexType>
66     <xs:sequence>
67      <xs:element name="Lat" type="xs:float"/>
68      <xs:element name="Lon" type="xs:float"/>
69     </xs:sequence>
70    </xs:complexType>
71   </xs:element>
72   <xs:complexType name="Direction_1Type">
73    <xs:sequence>
74     <xs:element ref="degree"/>
75    </xs:sequence>
76   </xs:complexType>
77   <xs:element name="degree">
78    <xs:simpleType>
79     <xs:restriction base="xs:integer">
80      <xs:minInclusive value="0"/>
81      <xs:maxInclusive value="360"/>
82     </xs:restriction>
83    </xs:simpleType>
84   </xs:element>
85   <xs:complexType name="TimeIntervalType">
86    <xs:sequence>
87     <xs:element name="timeStart"/>
88     <xs:element name="timeEnd"/>
89    </xs:sequence>
90   </xs:complexType>
91   <xs:element name="timeStart">
92    <xs:simpleType>
93     <xs:restriction base="xs:dateTime">
94      <xs:minInclusive
95           value="2012-10-22T00:00:00"/>
96      <xs:maxInclusive
97           value="2012-10-31T23:59:59"/>
98     </xs:restriction>
99    </xs:simpleType>
100  </xs:element>
101  <xs:element name="timeEnd">
102   <xs:simpleType>
103    <xs:restriction base="xs:dateTime">
104     <xs:minInclusive
105          value="2012-10-22T00:00:00"/>
106     <xs:maxInclusive
107          value="2012-10-31T23:59:59"/>
108    </xs:restriction>
109   </xs:simpleType>
110  </xs:element>
111 </xs:schema>
```

| Text | Grid | Schema | WSDL | XBRL | Authentic |

P2.xsd * p2.xml

Messages

File C:\Users\dell\Desktop\P2.xsd is valid.

| Messages | XPath | XSL Outline | Find in Files | Find in Schemas |

...istered to homey (jien) ©1998-2010 Altova GmbH

图 8.10 P_2 的 XML Schema

从图 8.10 可知,P_2 的 XML Schema 是有效的。与前述相同,P_2 的 XML Schema

来源于实际应用，需要对 XML Schema 进行一些修改。例如，常规属性气压的数据类型为 integer，Develop 的类型为 string，OID 的数据类型为 string，Lat 和 Lon 的数据类型为 float。模糊运动方向的角度范围是 $0°\sim360°$，风速的范围为 $74\sim95$mph。模糊时间段为 2012-10-22 $00:00:00\sim$2012-10-31 $23:59:59$，根据图 8.6 和表 8.1 生成的 P_2 的 XML 文档如图 8.11 所示。

图 8.11　P_2 的 XML 文档

对于类 P_3，同样包含很多属性和方法。与 P_1、P_2 相同，主要有 OID，常规属性包括风速和气压，风速的范围是 $96\sim110$mph，Damage 是第二层模糊性的可能性分布类型。另外，P_3 还包括模糊空间域属性、第一类模糊运动方向属性（其上附带模糊运动值）、模糊时间段属性和 Develop 方法。对于根元素的生成，需要使用规则 8.1，接下来对精确常规属性和方法 Pressure、WindSpeed 和 Develop 进行转换，需要注意的是 WindSpeed 的约束条件。模糊空间域使用规则 8.8 映射。第一类模糊运动方向属性使用规则 8.9，同时要运用规则 8.11 生成 Direction_1 的子元素 MotionValue。模糊时间段使用规则 8.13 映射。最后使用规则 8.15 映射 P_2 和 P_3 之间的模糊关联关系。P_3 的映射结果如图 8.12 所示。

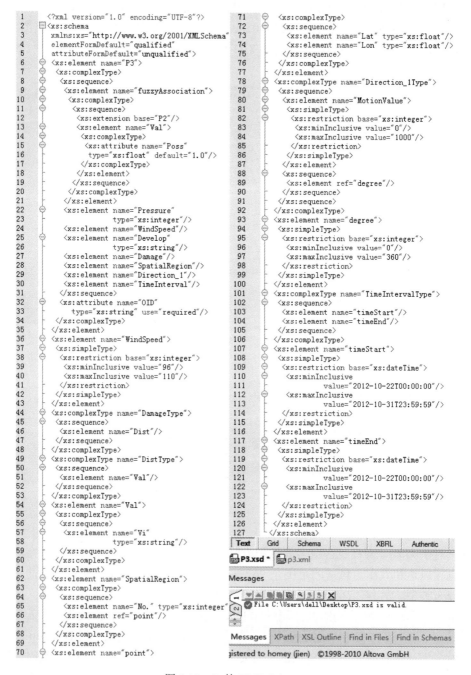

图 8.12　P_3 的 XML Schema

由图 8.12 可知，P_3 的 XML Schema 也是有效的，接下来讨论根据实际应用对 XML Schema 的修改。首先 OID 的数据类型被修改为 string，常规属性气压的数据类型为 integer，常规方法 Develop 的类型为 string，Lat 和 Lon 的类型为 float。另外，风速的范围是 96～110mph。模糊运动值为 0～1000，模糊运动方向角度为 0°～360°。热带气旋 Sandy 的持续时间为 2012-10-22 00∶00∶00～2012-10-31 23∶59∶59。最后，根据图 8.6 和表 8.1 中的数据生成的 P_3 的 XML 文档如图 8.13 所示。

图 8.13　P_3 的 XML 文档

8.4　本　章　小　结

　　本章主要研究了模糊时空数据从面向对象数据库到 XML 的转换过程。为了使研究更具有条理性、渐进性。对研究内容进行了分解，分为两部分。首先研究单个类及其类中的属性和方法转换，对应的转换结果为平面式 XML。然后研究了多个类之间的转换，这些类之间存在各种各样的关系，对应的转换结果为嵌套式 XML。最后获取了一个台风的例子，然后分析其中的数据，建立模糊时空数据模型，并且在 FSODM Schema 和 XML Schema 中表示了根据此实例建立的模型。另外还研究了此实例从面向对象数据库到 XML 转换的过程。

第 9 章　模糊时空数据从 XML 到面向对象 数据库的转换

模糊时空 XML Schema 被认为是包含了很多必要信息的树型结构，而模糊面向对象数据模型（FSODM）是基于类的层状模型。本章所提出的转换方法就是根据 XML 树上不同的节点，将处于 XML 中的模糊时空数据转换到面向对象数据库中。转换的结构图如图 9.1 所示，在图中说明了转换的过程及需要做的工作。在 XML 树上有三种类型的节点，分别为根节点、非叶子节点和叶子节点。在本章的研究中，非叶子节点包含常规属性节点、主属性节点、时空属性节点和关系节点。对于叶子节点，它可能是模糊的，也可能是精确的。所以，在本章要完成的是对各种节点转换规则的制定。

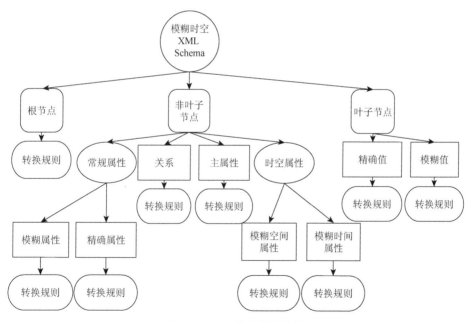

图 9.1　XML 的转换结构图

9.1　模糊时空数据从平面式 XML 到面向对象数据库的转换

在本节的研究中，假定存在一个模糊时空 XML Schema（记为 F），包含根节点、非叶子节点和叶子节点。非叶子节点中存在主属性、常规属性及时空属性；

叶子节点中既存在模糊值也存在精确值。为实现模糊时空数据从 XML 到面向对象数据库的转换,具体规则的制定将在后面提出。

规则 9.1　对于模糊时空 XML Schema F,根节点的名称为 RootXML,则建立相应名为 RootXML 的类。

规则 9.2　对于 F 中的主属性 KAT,其 type = "ID",use = "required",确定其与面向对象数据库模型中对象标识符一致后,在类 RootXML 中建立一个名为 KAT 的对象标识符。

规则 9.3　对于 F 中精确的非叶子节点 DGA,它所表示的是根节点的常规属性,对应于面向对象数据库中类 RootXML 的精确常规属性。在 XML Schema 中,DGA 的类型为 original-definition。所以在类 RootXML 中会创建一个数据类型为 original-definition、名称为 DAT 的属性。

当根节点和非叶子节点都是精确值的时候,使用规则 9.1~规则 9.3 就可实现数据从 XML Schema 到 FSODM Schema 的转换。在 XML 中有两类模糊性,一种是元素是模糊的,另一种是元素的属性值是模糊的。针对根节点和非叶子节点为模糊值的情况,制定了规则 9.4 和规则 9.5。

规则 9.4　对于具有模糊性的叶子节点,如果模糊值使用值域为[0, 1]的实数表示(此叶子节点记为 FVR),那么在类 RootXML 中创建属性名为 FVR 的元素,并且在其后紧跟修饰词 WITHPoss,$0 \leqslant Poss \leqslant 1$,Poss 表示属性的概率值。

规则 9.5　对于具有模糊性的叶子节点,如果模糊值是一个分布函数(此叶子节点记为 FVF),那么在 FSODM Schema 中创建一个属性名为 FVF 的属性,并且作为已创建类的属性。同时在属性 FVF 后标识 WITHFunc,用来标识模糊属性,其中 Func 是数学表达式的分布函数。

以上规则只适用于常规数据,考虑到本书所研究的对象是模糊时空数据,后面将讨论模糊时空 XML 数据树上的模糊空间节点和模糊时间节点。尽管它们都属于非叶子节点,但是它们的表示方法不尽相同。

对于模糊空间节点,规则 9.6~规则 9.11 分别适用于模糊空间点节点、模糊空间线节点、模糊空间域节点、第一类模糊运动方向节点、第二类模糊运动方向节点和模糊运动值节点。

规则 9.6　在模糊时空 XML 数据模型中,模糊空间点节点(记为 SpatialPoint)是模糊的元素,它的模糊性根据定义的描述使用 XML Schema 表示,所以在类 RootXML 中会生成一个名为 SpatialPoint 的属性,为了标识其模糊元素属性,在它的前面加上修饰符 Fuzzy。

规则 9.7　对于非叶子节点模糊空间线 SpatialLine,它的模糊性在 XML Schema 中使用分布函数表示,但是分布函数只是它的属性,也是根据其定义表示的。所以在类 RootXML 中会生成一个名为 SpatialLine 的属性,并用 Fuzzy 标识。

规则 **9.8**　对于 XML 中的模糊空间域节点 SpatialRegion，在 XML Schema 中根据 MBR 模型对其进行表示。在根元素所生成的类中，生成一个用 Fuzzy 修饰的 SpatialRegion 元素。

规则 **9.9**　对于模糊运动方向节点 Direction_1，它的 XML Schema 在图 7.9 中已经给出。根据已有的 XML Schema，首先在类 RootXML 中建立一个名为 Direction_1 的属性，因为其具有模糊性，所以使用前置的 Fuzzy 标识 Direction_1。

规则 **9.10**　对于模糊运动方向节点 Direction_2，其对应的 FSODM 是第一层模糊性，所以在 FSODM 中创建模糊运动方向属性 Fuzzy Direction_2。

规则 **9.11**　对于非叶子节点模糊运动值，使用一个最大值和一个最小值的区间来表示。所以在类 RootXML 中，会创建一个名为 MotionValue 的属性，并且被 Fuzzy 标识。

接下来将研究 XML 树中的一组特殊节点，它们表示的是模糊时间属性。模糊时间属性节点包括模糊时间点节点和模糊时间段节点，它们均为模糊元素，并且可以是前面规则中提到的各种节点的子节点。规则 9.12 和规则 9.13 分别用于模糊时间点节点和模糊时间段节点。

规则 **9.12**　对于 XML 中的模糊时间点节点 TimePoint，其 XML Schema 在图 9.3 中已经给出。其中，使用时间范围表示其模糊时间点节点的模糊性，对于这样的模糊元素，会在 FSODM 中生成一个名为 TimePoint 的属性，并且被 Fuzzy 标识。生成的属性附属于 XML 中 TimePoint 节点的父节点所生成的对象。

规则 **9.13**　对于 XML 中的模糊时间段节点 TimeInterval，其表示方式在定义中已经明确提到。由 XML 定义可知，使用分布函数来表示 TimeInterval。所以在 FSODM 中会生成一个用 Fuzzy 标识的 TimeInterval 属性，并且附属于 XML 中 TimeInterval 节点的父节点在 FSODM 中所生成的对象。

对于以上规则中提到的各个节点，它们都存在于平面式 XML。根据这些规则提出了以下算法，该算法将实现平面式 XML 转换到面向对象数据库的转换。具体内容见算法 9.1。

算法 9.1　从平面式 XML 到 FSODM 的转换

输入：平面式 XML Schema F

输出：FSODM Schema S

（1）分析根节点，根据规则 9.1 创建类 RootXML

（2）遍历查询非叶子节点，如果是精确的，则判断是否为 KAT，若是则使用规则 9.2。

（3）如果为常规属性，则使用规则 9.3。

（4）非叶子节点是模糊的，如果是模糊空间位置节点：

（5）判断模糊空间点，使用规则 9.6；

（6）判断模糊空间线，使用规则 9.7；

（7）判断模糊空间域，使用规则 9.8。

（8）如果是模糊运动节点：

（9）判断为第一类模糊运动方向，使用规则9.9；

（10）判断为第二类模糊运动方向，使用规则9.10。

（11）判断为模糊运动值，使用规则9.11。

（12）遍历查询叶子节点，如果是模糊的：

（13）判断值在[0, 1]区间，使用规则9.4；

（14）判断为分布函数，使用规则9.5。

（15）在转换过程中，如果出现模糊时间节点：

（16）判断是模糊时间点节点时，使用规则9.12；

（17）判断是模糊时间段节点时，使用规则9.13。

为了更直观地表现所提出的算法，同时使算法更容易被理解，转换过程图9.2

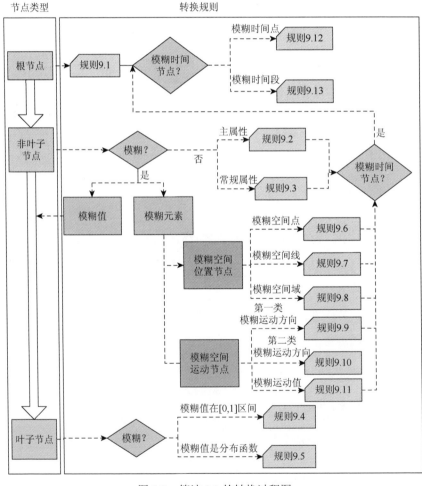

图 9.2　算法 9.1 的转换过程图

将提供很大的帮助。过程图的左边表示转换的节点类型，右边表示使用的转换规则。参考过程图进行转换可以使转换进程更加方便和高效。

在转换时，首先要进行根节点的转换，使用规则 9.1。因为根节点可能包含模糊时间子节点，需要对其进行判断，如果包含模糊时间点，则使用规则 9.12；如果包含模糊时间段，则使用规则 9.13。按照步骤依次向下对非叶子节点进行转换。首先判断其是否是模糊的，如果不是模糊的，则使用规则 9.2 转换模糊时空 XML 数据模型中的主属性，使用规则 9.3 转换精确常规属性。如果非叶子节点是模糊的，又分为模糊值和模糊元素两大类。当为模糊值时，将转化为对叶子节点的转换，当为模糊元素时，则主要是模糊空间节点的转换。每一种模糊空间节点都有对应的转换规则，其中，模糊空间点对应规则 9.6，模糊空间线对应规则 9.7，模糊空间域对应规则 9.8，第一类模糊运动方向对应规则 9.9，第二类模糊运动方向对应规则 9.10，模糊运动值对应规则 9.11。以上非叶子节点都可能具有模糊时间点节点，如果判断为是，则使用规则 9.12。最后将转换叶子节点，如果叶子节点是模糊的，并且模糊值是一个在区间[0, 1]内的小数，将使用规则 9.4；如果模糊值是用可能性分布函数表示的，则使用规则 9.5。这就是模糊时空数据从平面式 XML 到面向对象数据库的转换过程。

接下来对所提出的方法在一个实例中运用并加以说明。因为本章主要做的是理论方面的研究，也为了证明所研究的方法具有双向性，所以列举的实例为 8.1 节实例的逆过程。首先存在一段 XML Schema，如图 9.3 所示。

```
  <xs:attribute name="OID" type="xs:ID"
use="required"/>
  <xs:element name="Name" type="original-
definition"/>
  <xs:element name="Rain"/>
  <xs:element name="SpatialPoint"/>
  <xs:element name="Direction_1"/>
  <xs:element name="TimePoint">
   <xs:restriction base="dateTime">
    <xs:minInclusive value="valueStart"/>
    <xs:maxInclusive value="valueEnd"/>
   </xs:restriction>
  </xs:element>
 </xs:complexType>
</xs:element>
<xs:complexType name="RainType"
minOccurs="0" maxOccurs="unbounded">
 <xs:sequence>
  <xs:element name="Val"/>
 </xs:sequence>
</xs:complexType>
<xs:element name="Val" minOccurs="0"
maxOccurs="unbounded">
 <xs:complexType>
  <xs:attribute name="Poss" type="xs:fuzzy"
default="1.0"/>
 </xs:complexType>
</xs:element>
<xs:element name="SpatialPoint"
minOccurs="0" maxOccurs="unbounded">
 <xs:complexType>
  <xs:element name="TimeInterval"/>
   <xs:sequence>
    <xs:element name="No." type="xs:integer"/
>
    <xs:element ref="Point"/>
    <xs:element name ="Val"/>
  </xs:sequence>
 </xs:complexType>
</xs:element>
<xs:element name="Point" minOccurs="1"
maxOccurs="unbounded">
 <xs:complexType>
  <xs:sequence>
   <xs:element name="Xaxis" type="
xs:integer"/>
   <xs:element name="Yaxis" type="
xs:integer"/>
  </xs:sequence>
 </xs:complexType>
 <xs:complexType>
<xs:attribute name ="Poss" type ="xs:fuzzy
default="1.0"/>
<xs:element name="Direction_1"
minOccurs="1" maxOccurs="unbounded">
 <xs:complexType>
  <xs:element name="TimeInterval"/>
  <xs:sequence>
   <xs:element ref="Degree"/>
  </xs:sequence>
 </xs:complexType>
</xs:element>
</xs:complexType>
</xs:element>
<xs:element name="Degree" minOccurs="2
maxOccurs="2">
 <xs:simpleType>
  <xs:restriction base="xs:integer">
   <xs:minInclusive value="degreeStart"/>
   <xs:maxInclusive value="degreeEnd"/>
  </xs:restriction>
 </xs:simpleType>
</xs:element>
<xs:element name="TimeInterval">
 <xs:complexType>
  <xs:sequence>
<xs:element name="timeStart"/>
<xs:element name="timeEnd"/>
</xs:sequence>
</xs:complexType>
</xs:element>
<xs:element name="timeStart"
minOccurs="0" maxOccurs="unbounded">
 <xs:simpleType>
  <xs:restriction base="xs:dateTime">
   <xs:minInclusive value="valueStart"/>
   <xs:maxInclusive value="valueEnd"/>
  </xs:restriction>
 <xs:simpleType>
</xs:element>
<xs:element name="timeEnd"
minOccurs="0" maxOccurs="unbounded">
 <xs:simpleType>
  <xs:restriction base="xs:dateTime">
   <xs:minInclusive value="valueStart"/>
   <xs:maxInclusive value="valueEnd"/>
  </xs:restriction>
 <xs:simpleType>
</xs:element>
```

图 9.3　根元素 DarkCloud 的 XML Schema

类	DarkCloud

属性	Fuzzy TimePoint{
	valueStart(Date),
	valueEnd(Date)}
	OID
	Name(original-definition)
	
	Fuzzy SpatialPoint{No.(integer),
	Point{Xaxis(integer),
	Yaxis(integer)} [1+],Poss(float)}
	Fuzzy TimeInterval{timeStart{
	valueStart(Date), valueEnd(Date)} timeEnd{
	valueStart(Date), valueEnd(Date)}}
	
	Fuzzy Direction_1
	{degree{degreeStart(integer),
	degreeEnd(integer)}[2]}
	Fuzzy TimeInterval{timeStart{
	valueStart(Date), valueEnd(Date)} timeEnd{
	valueStart(Date), valueEnd(Date)}}

方法	Rain WITH 0.6

图 9.4　根元素 DarkCloud 的转换结果

分析此根元素为 DarkCloud 的 XML Schema，首先确定根元素为 DarkCloud，使用规则 9.1 创建相应的类 DarkCloud。然后分析非叶子节点，其中存在两个精确的元素 OID 和 Name，可以分别使用规则 9.2 和规则 9.3。在确定所生成的 Name 属性数据类型时，在此 XML Schema 中，name 是 original-definition。此外，还有一个模糊常规元素节点 Rain，它的值是[0, 1]区间内的实数，使用规则 9.4。接着分析非叶子节点，其中存在一个元素 SpatialPoint，使用规则 9.6 映射出类 DarkCloud 中的 Fuzzy SpatialPoint 属性，它包含参数 NO.和 Point。接下来转换第一类模糊运动方向节点 Direction_1，使用规则 9.9。最后是模糊时间节点的转化，由于根节点 DarkCloud 本身具有模糊时间点属性，使用规则 9.12，它所对应的转换的数据类型为 Date。而元素 SpatialPoint 和 Direction_1 都附带模糊时间段属性，所以对应的映射规则为规则 9.13。在使用 UML 类图时，需要使用矩形框将 SpatialPoint 和 TimeInterval 圈在一起。最后的转换结果如图 9.4 所示。

9.2　模糊时空数据从嵌套式 XML 到面向对象数据库的转换

嵌套式 XML 增加了不同的 XML 文档树之间、根节点与根节点之间的关系。这些关系的引入，使得看似孤立的 XML 片段之间有了内在的联系。接下来分别讨论三种模糊关系的转换。

规则 9.14　对于根节点 R_i，如果它有一个名为 fuzzyAssociation 的子节点，并且使用标签 extension 标记了一个元素 R_j，R_j 表示的是另一个 XML 的根元素。则首先建立两个名字分别为 R_i 和 R_j 的类，确定类 R_i 和 R_j 之间的模糊关联关系，然后根据 fuzzyAssociation 的 linkage 子元素确定多重性，最后使用元素 Val 表示关系度，这些信息都会和 fuzzyAssociation 标注在一起。

规则 9.15　对于嵌套式 XML 中的根节点 R_i，它的一个子节点为 fuzzyGeneration，同时 fuzzyGeneration 的一个子节点用标签 extension 标记为 base = R_j。首先创建一个子类 R_i，然后创建其父类 R_j。此外，还生成一个名为 fuzzyGeneration 的模糊继承关系，用来表示所创建的类 R_i 和 R_j 之间的模糊关系，也就是根据 XML 中元素 Val 给出的值确定关系度。

规则 9.16　对于模糊 XML 中的一个根节点 R_i，如果它有一个子节点 fuzzy-Aggregation，且 fuzzyAggregation 的一个子元素 "ref = R_j"（可能存在不止一个 R_j，如 "ref = R_j"，"ref = R_k"）。则建立名为 R_i、R_j 或者存在 R_k 的根元素所对应的类。然后生成一个名为 fuzzyAggregation 的关系，用来确定类 R_i、R_j、R_k 之间的模糊关系。最后根据元素 Val 的值确定类与类之间的关系度。

在模糊时空 XML 中，所有的节点都已经被定义，并且规则 9.1～规则 9.16 也给出了这些节点转换到 FSODM 的方法。根据以上这些规则制定了算法 9.2，用来实现模糊时空数据从嵌套式 XML 到面向对象数据库的转换，算法 9.2 如下。

算法 9.2　从嵌套式 XML 到 FSODM 的转换

输入：嵌套式 XML Schema X

输出：FSODM Schema F

（1）遍历所有根节点，如果存在没有转换的，则按照算法 9.1 转换，并保存表示关系的节点。

（2）如果每个根节点都转换完成，则取出根节点和其对应的关系节点。

（3）如果关系节点是模糊关联关系，使用规则 9.14。

（4）如果关系节点是模糊继承关系，使用规则 9.15。

（5）如果关系节点是模糊聚合关系，使用规则 9.16。

对于算法的理解，依然采用辅以过程图的方式。这种直观的过程图可以使理解更为简单、直接。模糊时空数据从嵌套式 XML 到面向对象数据库的转换过程图如图 9.5 所示。首先需要使用循环过程将 XML Schema 中的所有根节点及其子节点依图 9.2 所示的过程转换；经过对所有根节点是否都已转换完成的判断后，开始转换根节点之间的关系，包括模糊关联、模糊继承和模糊聚合，分别使用规则 9.14、规则 9.15 和规则 9.16。

根据算法 9.2 和图 9.5 所示的转换过程图，本章使用了一个实例来支持模糊时空 XML Schema 的转换过程，具体实例的 XML Schema 如图 9.6 所示。因为本章所有的内容是一个有机整体，所以在数据进行双向转换的时候，所列举的实例会保持一致，这样更能证明这种转换的畅通性。

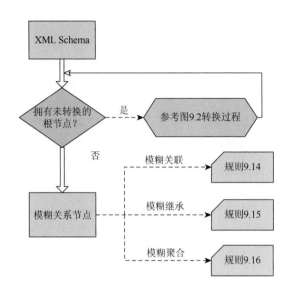

图 9.5　算法 9.2 的转换过程图

　　通过这个实例，本章中所定义的规则都会被加以使用。首先要分析 XML Schema。这里有 7 段单独的 XML Schema，每一段都有一个根节点，并且在根节点之间是存在模糊关系的。接着转换每一个根节点到相应的类，所应用的是规则 9.1。对于所建立的类 City，其属性 Fuzzy SpatialRegion 可以通过规则 9.8 转换。方法 Own 的映射使用规则 9.3。对于类 Cloud，使用规则 9.2 将 KAT 转换成 OID。Name 是一个精确常规属性，可以使用规则 9.3。对于根元素 Cloud 的子元素 SpatialPoint，使用的是规则 9.6。对于类 DarkCloud，其对应的根节点包括的子节点有模糊时间段节点、模糊运动节点以及模糊常规属性节点 Rain（模糊值为实数），所以将分别使用规则 9.12、规则 9.10 和规则 9.4。

　　对于根元素 WhiteCloud，它有一个子元素 Direction，并且该子元素具有模糊时间点属性，所以使用规则 9.9 转换 Direction，使用规则 9.12 转换 TimePoint。对于确定的常规树方法，同样使用规则 9.3。对于根元素 LivingQuarter，其存在 3 个子元素，分别为模糊常规元素 Year（模糊值为分布函数）、精确常规元素 Market 和模糊空间线元素，分别运用规则 9.5、规则 9.3 和规则 9.7。对于类 IndustrialDistrict、属性 Product 和 Factory，则可以按照规则 9.2 进行映射。对于类 Land 和属性 Population 的转换也是使用规则 9.2，模糊时间点的转换则使用的是规则 9.11。所有的类都分析完毕，每个类的转换结果如图 9.7 所示。

　　最后，当所有类都被转换完成后，接下来讨论类与类之间关系的转换。由根元素为 Cloud 的 XML Schema 可知，类 Cloud 和类 City 之间是模糊关联关系。与

1. Schema of root element City
```
<xs:element name="City" minOccurs="0"
maxOccurs="unbounded">
<xs:complexType>
 <xs:element name="Own" type
="original-definition"/>
 <xs:element name="SpatialRegion"/>
 </xs:complexType>
</xs:element>
<xs:element name="SpatialRegion"
minOccurs="0" maxOccurs="unbounded">
<xs:complexType>
 <xs:sequence>
 <xs:element ref="Point "/>
 </xs:sequence>
</xs:complexType>
</xs:element>
<xs:element name="Point "
minOccurs="2" maxOccurs="2">
<xs:complexType>
 <xs:sequence>
 <xs:element name="Xaxis"
type="xs:integer"/>
 <xs:element name="Yaxis"
type="xs:integer"/>
 </xs:sequence>
</xs:complexType>
</xs:element>
```

2. Schema of root element Cloud
```
<xs:element name="Cloud"
minOccurs="0" maxOccurs="unbounded">
<xs:complexType>
 <xs:element name="fuzzyAssociation">
  <xs:complexType>
   <xs:extension base="City"/>
   <xs:element name="Val"/>
  </xs:complexType>
 </xs:element>
<xs:attribute name="OID" type="xs:ID"
use="required"/>
<xs:element name="Name"
type="original-definition"/>
<xs:element name="SpatialPoint"/>
</xs:complexType>
</xs:element>
<xs:element name="SpatialPoint">
<xs:complexType>
 <xs:sequence>
 <xs:element name="No."
type="xs:integer"/>
 <xs:element ref="Point"/>
 <xs:element name="Val"/>
 </xs:sequence>
</xs:complexType>
<xs:element name="Point" minOccurs="1"
maxOccurs="unbounded">
<xs:complexType>
 <xs:element name="Xaxis" type="
xs:integer"/>
 <xs:element name="Yaxis" type="
xs:integer"/>
 </xs:sequence>
</xs:complexType>
<xs:element name="Val" minOccurs ="0"
maxOccurs="unbounded">
<xs:complexType>
 <xs:attribute name="Poss" type
="xs:fuzzy" default="1.0"/>
</xs:complexType>
</xs:element>
```

3. Schema of root element DarkCloud
```
<xs:element name="DarkCloud"
minOccurs="0" maxOccurs="unbounded">
<xs:complexType>
 <xs:element name="fuzzyGeneration" >
  <xs:complexType>
   <xs:extension base="Cloud"/>
   <xs:element name="Val"/>
  </xs:complexType>
 </xs:element>
 <xs:element name="Rain"/>
 <xs:element name="MotionValue"/>
 <xs:element name="TimeInterval"/>
</xs:complexType>
<xs:element name="Rain" minOccurs="0"
maxOccurs="unbounded">
<xs:complexType>
 <xs:element name="Val"/>
</xs:complexType>
<xs:element name="Val" minOccurs="0"
maxOccurs="unbounded">
<xs:complexType>
```

```
<xs:attribute name="Poss" type="xs:fuzzy"
default="1.0"/>
</xs:complexType>
</xs:element>
<xs:element name="MotionValue">
<xs:simpleType>
 <xs:restriction base="xs:integer">
  <xs:minInclusive value="valueStart"/>
  <xs:maxInclusive value="valueEnd"/>
 </xs:restriction>
</xs:simpleType>
</xs:element>
<xs:element name="TimeInterval">
<xs:complexType>
 <xs:sequence>
 <xs:element name="timeStart"/>
 <xs:element name="timeEnd"/>
 </xs:sequence>
</xs:complexType>
</xs:element>
<xs:element name="timeStart"
minOccurs="0" maxOccurs="unbounded">
<xs:simpleType>
 <xs:restriction base="xs:dateTime">
  <xs:minInclusive value="valueStart"/>
  <xs:maxInclusive value="valueEnd"/>
 </xs:restriction>
</xs:simpleType>
<xs:element name="timeEnd"
minOccurs="0" maxOccurs="unbounded">
<xs:simpleType>
 <xs:restriction base="xs:dateTime">
  <xs:minInclusive value="valueStart"/>
  <xs:maxInclusive value="valueEnd"/>
 </xs:restriction>
</xs:simpleType>
</xs:element>
```

4. Schema of root element WhiteCloud
```
<xs:element name="WhiteCloud"
minOccurs="0" maxOccurs
="unbounded">
<xs:complexType>
 <xs:element name="fuzzyGeneration" >
  <xs:complexType>
   <xs:extension base="Cloud"/>
   <xs:element name="Val"/>
  </xs:complexType>
 </xs:element>
 <xs:element name="Sunshade"
type="original-definition"/>
 <xs:element name="Direction"/>
</xs:complexType>
<xs:element name="Direction"
minOccurs="0" maxOccurs="unbounded">
<xs:complexType>
 <xs:restriction base="xs:dateTime">
  <xs:minInclusive value="valueStart"/>
  <xs:maxInclusive value="valueEnd"/>
 </xs:restriction>
</xs:element>
 <xs:sequence>
 <xs:element name="Degree"
type="xs:integer"/>
 <xs:element name ="Val"/>
 </xs:sequence>
</xs:complexType>
<xs:element name="Val" minOccurs="0"
maxOccurs="unbounded">
<xs:complexType>
 <xs:attribute name="Poss"
type="xs:fuzzy" default="1.0"/>
</xs:complexType>
</xs:element>
```

5. Schema of root element LivingQuarter
```
<xs:element name="LivingQuarter"
minOccurs="0" maxOccurs="n">
<xs:complexType>
 <xs:element name="fuzzyAssociation">
  <xs:extension base="City"/>
  <xs:element name="Val"/>
  <xs:complexType>
   <xs:attribute name="Poss" type
="xs:fuzzy" default="1.0"/>
  </xs:complexType>
 </xs:complexType>
 </xs:element>
 <xs:element name="Year"/>
 <xs:element name="Market"
type="original-definition"/>
 <xs:element name="SpatialLine"/>
</xs:complexType>
</xs:element>
```

```
<xs:element name="Year" minOccurs="0"
maxOccurs="unbounded">
<xs:complexType>
 <xs:element name="Val"/>
</xs:complexType>
</xs:element>
<xs:element name="Val" minOccurs="0"
maxOccurs="unbounded">
<xs:complexType>
 <xs:element name="Func"
type="xs:string"/>
</xs:complexType>
</xs:element>
<xs:element name="Spatialline">
<xs:complexType>
 <xs:element name="No."
type="xs:integer"/>
 <xs:element ref="Point "/>
 <xs:attribute name="Offset"
type="xs:integer"/>
</xs:complexType>
<xs:element name="Point" minOccurs="2"
maxOccurs="2">
<xs:complexType>
 <xs:element name="Xaxis"
type="xs:integer"/>
 <xs:element name="Yaxis"
type="xs:integer"/>
 </xs:sequence>
</xs:complexType>
</xs:element>
```

6. Schema of root element IndustrialDistrict
```
<xs:element name="IndustrialDistrict"
minOccurs="0" maxOccurs="unbounded">
<xs:complexType>
 <xs:element name="Produce"
type="original-definition"/>
 <xs:element name="Factory"
type="original-definition"/>
 <xs:element name="SpatialLine"/>
</xs:complexType>
</xs:element>
<xs:element name="Spatialline">
<xs:complexType>
 <xs:sequence>
 <xs:element name="No."
type="xs:integer"/>
 <xs:element ref="Point "/>
 </xs:sequence>
 <xs:attribute name="Offset"
type="xs:integer"/>
</xs:complexType>
<xs:element name="Point" minOccurs="2"
maxOccurs="2">
<xs:complexType>
 <xs:sequence>
 <xs:element name="Xaxis"
type="xs:integer"/>
 <xs:element name="Yaxis"
type="xs:integer"/>
 </xs:sequence>
</xs:complexType>
</xs:element>
```

7. Schema of root element Land
```
<xs:element name="Land" minOccurs="0"
maxOccurs="unbounded">
<xs:complexType>
 <xs:element name="fuzzyAggregation" >
  <xs:complexType>
   <xs:element ref="LivingQuarter"/>
   <xs:element ref="IndustrialDistrict"/>
   <xs:element name="Val" minOccurs
="0" maxOccurs="unbounded">
    <xs:complexType>
     <xs:attribute name="Poss" type
="xs:fuzzy" default="1.0"/>
    </xs:complexType>
   </xs:element>
  </xs:complexType>
 </xs:element>
 <xs:element name="Population"
type="original-definition"/>
 <xs:element name="TimePoint"/>
</xs:complexType>
</xs:element>
<xs:element name="TimePoint"
minOccurs="0" maxOccurs="unbounded">
<xs:restriction base="xs:dateTime">
 <xs:minInclusive value="valueStart"/>
 <xs:maxInclusive value="valueEnd"/>
</xs:restriction>
</xs:element>
```

图 9.6　算法 9.2 的验证实例

City	Cloud	DarkCloud	WhiteCloud
Fuzzy SpatialRegion	OID Name Fuzzy SpatialPoint	Fuzzy TimeInterval Fuzzy MotionValue	Fuzzy Direction Fuzzy TimePoint
Own	Method	Rain WITH Poss	Sunshade

LivingQuarter	IndustrialDistrict	Land
Year WITH Func Market Fuzzy SpatialLine	Product Factory Fuzzy spatialLine	Population Fuzzy TimePoint
Method	Method	Method

图 9.7　各个根元素的转换结果

此同时，由根元素为 LivingQuarter 的 XML Schema 可以得知，类 LivingQuarter
与 City 之间的关系也是模糊关联关系，在此可以使用规则 9.14 对模糊关联关系进
行转换。由根元素为 WhiteCloud 和 DarkCloud 的 XML Schema 可知，所生成的类
Cloud 是一个超类，而类 WhiteCloud 和类 DarkCloud 是两个子类。因此，使用规
则 9.15 对这种模糊继承关系进行转换。然后从根元素为 Land 的 XML Schema 中
确认生成类 Land 是一个整体类，而类 LivingQuarter 和 IndustrialDistrict 是两个部
分类，所以使用规则 9.16 来转换这里的模糊聚合关系。通过分析，所有的内容都
转换完成，最终的转换结果如图 9.8 所示。

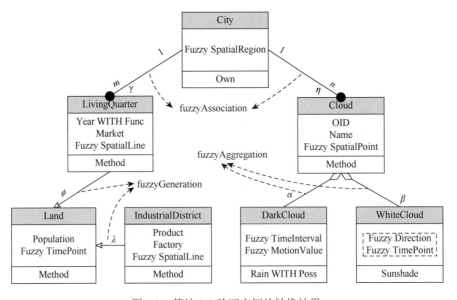

图 9.8　算法 9.2 验证实例的转换结果

至此，模糊时空数据从 XML 到面向对象数据库的转换理论研究已经完成，下面分析这种转换的使用场合。现在很多网络应用都会应用到 XML，尤其是当数据存储的数据量比较少时，XML 应用非常普遍。现在对于定位系统和气候监测的应用也有很多，都涉及模糊时空数据。所以在这些应用中存在的数据，如果需要迁移到面向对象数据库中，就会用到本章所研究的理论方面的内容。

9.3　应用与验证（Sandy 的 XML Schema 到 FSODM Schema 的转换）

根据 8.3 节的分析可知，在模糊时空 XML 数据模型中会生成三段 XML Scheme，它们的根节点分别为 P_1、P_2、P_3。它们对应的 XML Schema 将会分别给出。P_1 的 XML Schema 如下：

```
<?xml version="1.0" encoding="UTF-8"?>
<xs:schema xmlns:xs="http://www.w3.org/
2001/XMLSchema" elementFormDefault="qualified"
attributeFormDefault="unqualified">
<xs:element name="P1">
<xs:complexType>
<xs:sequence>
<xs:element name="Pressure" type=
"xs:integer"/>
<xs:element name="WindSpeed"/>
<xs:element name="Develop" type="xs:string"/>
<xs:element name="Damage"/>
<xs:element name="SpatialPoint"/>
<xs:element name="Direction_2"/>
<xs:element name="TimePoint"/>
</xs:sequence>
<xs:attribute name="OID" type="xs:
string" use="required"/>
</xs:complexType>
</xs:element>
<xs:element name="WindSpeed">
<xs:simpleType>
<xs:restriction base="xs:integer">
<xs:minInclusive value="39"/>
<xs:maxInclusive value="73"/>
</xs:restriction>
</xs:simpleType>
</xs:element>
<xs:complexType name="Damage">
<xs:sequence>
<xs:element name="Val"/>
</xs:sequence>
</xs:complexType>
<xs:element name="SpatialPoint">
<xs:complexType>
<xs:sequence>
<xs:element name="No." type="xs:integer"/>
<xs:element ref="point"/>
</xs:sequence>
</xs:complexType>
</xs:element>
<xs:element name="point">
<xs:complexType>
<xs:sequence>
<xs:element name="Lat" type="xs:float"/>
<xs:element name="Lon" type="xs:float"/>
</xs:sequence>
</xs:complexType>
</xs:element>
<xs:complexType name="Direction_2Type">
<xs:sequence>
<xs:element name="degree" type="xs:integer"/>
```

```
<xs:element name="Val"/>
</xs:sequence>
</xs:complexType>
<xs:element name="Val">
<xs:complexType>
<xs:attribute name="Poss" type="xs:
float" default="1.0"/>
</xs:complexType>
</xs:element>
```

```
<xs:element name="TimePoint">
<xs:simpleType>
<xs:restriction base="xs:dateTime">
<xs:minInclusive value="2012-10-22T00:00:00"/>
<xs:maxInclusive value="2012-10-31T23:59:59"/>
</xs:restriction>
</xs:simpleType>
</xs:element>
</xs:schema>
```

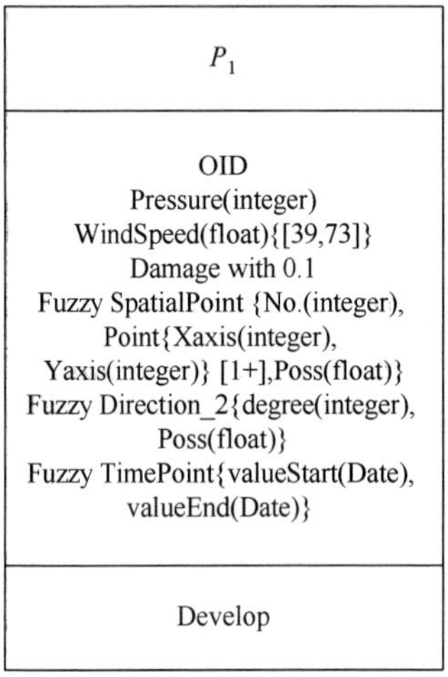

分析 P_1 的 XML Schema。首先要根据根节点 P_1，使用规则 9.1 映射出对应的类 P_1，然后分析 P_1 的子元素，根据规则 9.2 映射根节点的 OID。非叶子元素 Pressure 和 WindSpeed 都是精确常规属性，使用规则 9.3，但是 WindSpeed 有限制条件，它的值域为 39～73。在 P_1 中还存在具有模糊常规属性的节点 Damage，其值为[0, 1]区间内的实数，所以使用规则 9.4。在 P_1 的 XML Schema 中，还可以知道 P_1 具有模糊时间点属性，使用规则 9.12。而对于 SpatialPoint，其对应 FSODM 中的第一层模糊性，首先使用 Fuzzy 标识，然后生成模糊空间点属性 SpatialPoint，最后使用规则 9.11 映射第二类模糊运动方向。根节点 P_1 的转换结果如图 9.9 所示。

P_1
OID Pressure(integer) WindSpeed(float){[39,73]} Damage with 0.1 Fuzzy SpatialPoint {No.(integer), Point{Xaxis(integer), Yaxis(integer)} [1+],Poss(float)} Fuzzy Direction_2{degree(integer), Poss(float)} Fuzzy TimePoint{valueStart(Date), valueEnd(Date)}
Develop

图 9.9　根节点 P_1 的转换结果

P_2 的 XML Schema 如下：

```
<?xml version="1.0" encoding="UTF-8"?>
<xs:schema xmlns:xs=
"http://www.w3.org/2001/XMLSchema"
elementFormDefault="qualified"
attributeFormDefault="unqualified">
<xs:element name="P2">
<xs:complexType>
<xs:sequence>
<xs:element name="fuzzyAssociation">
<xs:complexType>
<xs:sequence>
<!--xs:extension base="P1"/-->
<xs:element name="Val">
<xs:complexType>
```

```
<xs:attribute name="Poss" type="xs:float"
default="1.0"/>
</xs:complexType>
</xs:element>
</xs:sequence>
</xs:complexType>
</xs:element>
<xs:element name="Pressure" type=
"xs:integer"/>
<xs:element name="WindSpeed"/>
<xs:element name="Develop" type=
"xs:string"/>
<xs:element name="Damage"/>
<xs:element name="SpatialLine"/>
```

```
<xs:element name="Direction_1"/>
<xs:element name="TimeInterval"/>
</xs:sequence>
<xs:attribute name="OID" type="xs:string"
use="required"/>
</xs:complexType>
</xs:element>
<xs:element name="WindSpeed">
<xs:simpleType>
<xs:restriction base="xs:integer">
<xs:minInclusive value="74"/>
<xs:maxInclusive value="95"/>
</xs:restriction>
</xs:simpleType>
</xs:element>
<xs:complexType name="DamageType">
<xs:sequence>
<xs:element name="Val"/>
</xs:sequence>
</xs:complexType>
<xs:element name="Val">
<xs:complexType>
<xs:attribute name="Poss" type="xs:float"
default="1.0"/>
</xs:complexType>
</xs:element>
<xs:complexType name="SpatiallineType">
<xs:sequence>
<xs:element name="No." type="xs:integer"/>
<xs:element ref="point"/>
</xs:sequence>
<xs:attribute name="offset" type=
"xs:integer"/>
</xs:complexType>
<xs:element name="point">
<xs:complexType>
<xs:sequence>
<xs:element name="Lat" type="xs:float"/>
<xs:element name="Lon" type="xs:float"/>
</xs:sequence>
</xs:complexType>
```

```
</xs:element>
<xs:complexType name="Direction_1Type">
<xs:sequence>
<xs:element ref="degree"/>
</xs:sequence>
</xs:complexType>
<xs:element name="degree">
<xs:simpleType>
<xs:restriction base="xs:integer">
<xs:minInclusive value="0"/>
<xs:maxInclusive value="360"/>
</xs:restriction>
</xs:simpleType>
</xs:element>
<xs:complexType name="TimeIntervalType">
<xs:sequence>
<xs:element name="timeStart"/>
<xs:element name="timeEnd"/>
</xs:sequence>
</xs:complexType>
<xs:element name="timeStart">
<xs:simpleType>
<xs:restriction base="xs:dateTime">
<xs:minInclusive value="2012-10-
22T00:00:00"/>
<xs:maxInclusive value="2012-10-
31T23:59:59"/>
</xs:restriction>
</xs:simpleType>
</xs:element>
<xs:element name="timeEnd">
<xs:simpleType>
<xs:restriction base="xs:dateTime">
<xs:minInclusive value="2012-10-
22T00:00:00"/>
<xs:maxInclusive value="2012-10-
31T23:59:59"/>
</xs:restriction>
</xs:simpleType>
</xs:element>
</xs:schema>
```

P_2
OID
Pressure(integer) WindSpeed(float){[74,95]} Damage with 0.5 Fuzzy SpatialLine { No.(integer), Point{Xaxis(integer), Yaxis(integer)} [2], offset(string)} Fuzzy Direction_1 {degree{degreeStart(integer), degreeEnd(integer)}[2]} Fuzzy TimeInterval{timeStart{ valueStart(Date), valueEnd(Date)} timeEnd{ valueStart(Date), valueEnd(Date)}}
Develop

图 9.10　根节点 P_2 的转换结果

根节点 P_2 的转换与 P_1 有很多共同之处，因为在实际问题中，这些对象本身就具有很多相同点。首先还是使用规则 9.1 映射出类 P_2，接下来使用规则 9.2 转换属性 Pressure 和 WindSpeed，WindSpeed 的约束条件是取值必须在区间[74, 95]中，而 Pressure 的数据类型为 integer。在转换 SpatialLine 时，首先进行 Fuzzy SpatialLine 的转换，在 SpatialLine 元素中，有 NO.、Point 和 offset 三个子元素，对应地，属性 Fuzzy SpatialLine 的参数也要被转化。接下来使用规则 9.10 转换 Direction_1。分析发现根节点 P_2 具有模糊时间段的子元素，所以对应于 FSODM 中的第二层模糊性，使用规则 9.13 对相应的 Fuzzy TimeInterval 进行转换。P_2 最终转换结果如图 9.10 所示。

P_3 的 XML Schema 如下：

```
<?xml version="1.0" encoding="UTF-8"?>
<xs:schema xmlns:xs=
"http://www.w3.org/2001/XMLSchema"
elementFormDefault="qualified"
attributeFormDefault="unqualified">
<xs:element name="P3">
<xs:complexType>
<xs:sequence>
<xs:element name="fuzzyAssociation">
<xs:complexType>
<xs:sequence>
<!--xs:extension base="P2"/-->
<xs:element name="Val">
<xs:complexType>
<xs:attribute name="Poss" type="xs:
float" default="1.0"/>
</xs:complexType>
</xs:element>
</xs:sequence>
</xs:complexType>
</xs:element>
<xs:element name="Pressure" type=
"xs:integer"/>
<xs:element name="WindSpeed"/>
<xs:element name="Develop" type=
"xs:string"/>
<xs:element name="Damage"/>
<xs:element name="SpatialRegion"/>
<xs:element name="Direction_1"/>
<xs:element name="TimeInterval"/>
</xs:sequence>
<xs:attribute name="OID" type="xs:
string" use="required"/>
</xs:complexType>
</xs:element>
<xs:element name="WindSpeed">
<xs:simpleType>
<xs:restriction base="xs:integer">
<xs:minInclusive value="96"/>
<xs:maxInclusive value="110"/>
</xs:restriction>
</xs:simpleType>
</xs:element>
<xs:complexType name="DamageType">
```

```
<xs:sequence>
<xs:element name="Dist"/>
</xs:sequence>
</xs:complexType>
<xs:complexType name="DistType">
<xs:sequence>
<xs:element name="Val"/>
</xs:sequence>
</xs:complexType>
<xs:element name="Val">
<xs:complexType>
<xs:sequence>
<xs:element name="Vi" type="xs:string"/>
</xs:sequence>
</xs:complexType>
</xs:element>
<xs:element name="SpatialRegion">
<xs:complexType>
<xs:sequence>
<xs:element name="No." type="xs:integer"/>
<xs:element ref="point"/>
</xs:sequence>
</xs:complexType>
</xs:element>
<xs:element name="point">
<xs:complexType>
<xs:sequence>
<xs:element name="Lat" type="xs:float"/>
<xs:element name="Lon" type="xs:float"/>
</xs:sequence>
</xs:complexType>
</xs:element>
<xs:complexType name="Direction_1Type">
<xs:sequence>
<xs:element name="MotionValue">
<xs:simpleType>
<xs:restriction base="xs:integer">
<xs:minInclusive value="0"/>
<xs:maxInclusive value="1000"/>
</xs:restriction>
</xs:simpleType>
```

```
</xs:element>
<xs:sequence>
<xs:element ref="degree"/>
</xs:sequence>
</xs:sequence>
</xs:complexType>
<xs:element name="degree">
<xs:simpleType>
<xs:restriction base="xs:integer">
<xs:minInclusive value="0"/>
<xs:maxInclusive value="360"/>
</xs:restriction>
</xs:simpleType>
</xs:element>
<xs:complexType name="TimeIntervalType">
<xs:sequence>
<xs:element name="timeStart"/>
<xs:element name="timeEnd"/>
</xs:sequence>
</xs:complexType>
<xs:element name="timeStart">
<xs:simpleType>
<xs:restriction base="xs:dateTime">
<xs:minInclusive value="2012-10-
22T00:00:00"/>
<xs:maxInclusive value="2012-10-
31T23:59:59"/>
</xs:restriction>
</xs:simpleType>
</xs:element>
<xs:element name="timeEnd">
<xs:simpleType>
<xs:restriction base="xs:dateTime">
<xs:minInclusive value="2012-10-
22T00:00:00"/>
<xs:maxInclusive value="2012-10-
31T23:59:59"/>
</xs:restriction>
</xs:simpleType>
</xs:element>
</xs:schema>
```

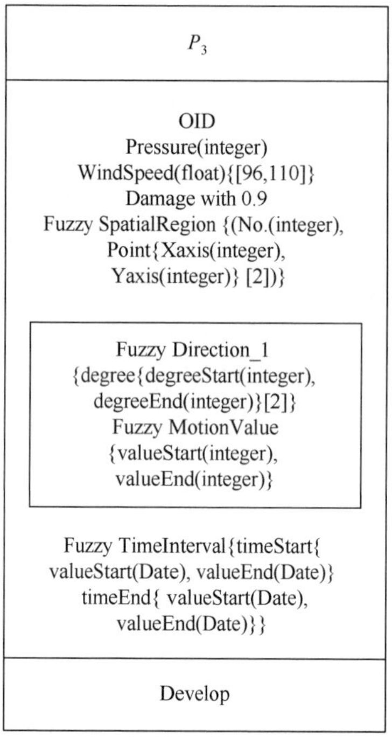

```
                    P₃

              OID
          Pressure(integer)
      WindSpeed(float){[96,110]}
          Damage with 0.9
    Fuzzy SpatialRegion {(No.(integer),
        Point{Xaxis(integer),
        Yaxis(integer) [2]})}

      Fuzzy Direction_1
    {degree{degreeStart(integer),
      degreeEnd(integer)}[2]}
      Fuzzy MotionValue
      {valueStart(integer),
        valueEnd(integer)}

   Fuzzy TimeInterval{timeStart{
   valueStart(Date), valueEnd(Date)}
   timeEnd{ valueStart(Date),
        valueEnd(Date)}}

              Develop
```

图 9.11　根节点 P_3 的转换结果

对于根节点 P_3 的转换，首先还是根据规则 9.1 创建一个名为 P_3 的类，然后根据规则 9.2 创建精确常规属性 Pressure 和 WindSpeed。从 XML Schema 中分析得到 WindSpeed 的约束条件为取值在[99, 110]中。对于元素 SpatialRegion 的转换，使用规则 9.8，在 FSODM 中生成相应的 Fuzzy SpatialRegion，同时它的参数根据元素 SpatialRegion 作相应的转换。接下来转换 Direction_1，使用规则 9.9，需要注意的是，元素 Direction_1 具有子元素 MotionValue，所以使用规则 9.11，先对 Fuzzy MotionValue 进行转换，然后将此属性作为 Fuzzy Direction_1 的子属性。对于元素 TimeInterval 的转换，在 P_2 中也使用过，使用规则 9.13 即可。最终根节点 P_3 的转换结果如图 9.11 所示。

当所有单独的 XML Schema 都转换完成（也就是所有的根节点都转换完成）后，接下来将对根节点之间存在的关系进行转换。从 P_1、P_2 和 P_3 的 XML Schema 可知，P_1 和 P_2 之间、P_2 和 P_3 之间存在的关系都是模糊关联关系。首先根据规则 9.14 在类 P_1 和类 P_2 之间创建一个名为 FuzzyAssociation 的关系标签，根据 involvment 确定它们之间的多重性为一对一，此信息标识在 UML 类图中类 P_1 和 P_2 连线的端点处。最后根据 Val 确定类 P_1 和 P_2 的关系度，根据规则 9.14 在类 P_2 和 P_3 之间创建模糊关联关系。最终的转换结果如图 9.12 所示。

9.4　本章小结

本章主要研究了模糊时空数据从 XML 到面向对象数据库的转换过程。9.1 节研究了平面式 XML 中的元素转换到面向对象数据库的过程。在研究中，对不同的节点进行分类，对不同的模糊性分类，对不同的内容定义不同的转换规则，最后举例验证所提出的方法。9.2 节研究的是模糊时空数据从嵌套式 XML 到面向对象数据库的转换过程，这部分是在 9.1 节的基础上，增加了不同的 XML 之间的关系的转换，然后制定相应的算法，最后也使用实例验证。9.3 节应用了一个台风的例子，提取并分析其中的数据，建立模糊时空数据模型，并且在 FSODM Schema 和 XML Schema 中表示了根据此实例建立的模型。9.3 节还研究了此实例从 XML 转换到面向对象数据库的过程。

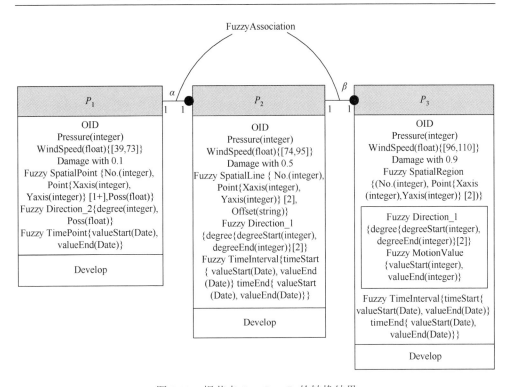

图 9.12　根节点 P_1、P_2、P_3 的转换结果

参 考 文 献

[1] Mane A, Babu D R, Anand M C. XML representation of spatial data//Proceedings of the IEEE India Conference. INDICON, 2004: 490-493.

[2] Mitakos T, Almaliotis I. Representing geographic information in multidimensional XML: Appling dimensions in spatial databases//International Conference on Systems, Signals and Image Processing. IEEE, 2009: 1-4.

[3] Mendelzon A O, Rizzolo F, Vaisman A. Indexing temporal XML documents//Thirtieth International Conference on Very Large Data Bases. VLDB Endowment, 2004: 216-227.

[4] Baazizi M A, Bidoittollu N, Colazzo D. Efficient encoding of temporal XML documents// Eighteenth International Symposium on Temporal Representation and Reasoning. IEEE, 2011: 15-22.

[5] Franceschet M, Montanari A, Gubiani D. Modeling and validating spatio-temporal conceptual schemas in XML schema//International Conference on Database and Expert Systems Applications. IEEE Computer Society, 2007: 25-29.

[6] Liu X H, Wan Y C. Storing spatio-temporal data in XML native database//International Workshop on Database Technology and Applications. IEEE, 2010: 1-4.

[7] Camossi E, Bertolotto M, Bertino E. A multigranular object-oriented framework supporting spatio-temporal granularity conversions. International Journal of Geographical Information Science, 2006, 20 (5): 511-534.

[8] Lohfink A, Carnduff T, Thomas N, et al. An object-oriented approach to the representation of spatiotemporal geographic features//ACM International Symposium on Advances in Geographic Information Systems. IEEE, 2007: 35-43.

[9] Wu X, Zhang C, Zhang S. Database classification for multidatabase mining. Information Systems, 2005, 30 (1): 71-88.

[10] Fong J, Cheung S K. Translating relational schema into XML schema definition with data semantic preservation and XSD graph. Information Software Technology, 2005, 47: 437-462.

[11] Liu C, Vincent M W, Liu J. Constraint preserving transformation from relational schema to XML schema. World Wide Web-Internet & Web Information Systems, 2006, 9 (1): 93-110.

[12] Lo A, Ozyer T, Kianmehr K, et al. VIREX and VRXQuery: Interactive approach for visual querying of relational databases to produce XML. Journal of Intelligent Information Systems, 2010, 35 (1): 21-49.

[13] Wang C, Lo A, Alhajj R, et al. Novel approach for reengineering relational databases into XML// International Conference on Data Engineering Workshops. IEEE Computer Society, 2005: 1284.

[14] Bai L, Yan L, Ma Z M. Incorporating fuzziness in spatiotemporal XML and transforming fuzzy

spatiotemporal data from XML to relational databases. Applied Intelligence, 2015, 43 (4): 707-721.

[15] Naser T, Alhajj R, Ridley M J. Reengineering XML into object-oriented database//IEEE International Conference on Information Reuse and Integration. IEEE, 2008: 1-6.

[16] Naser T, Alhajj R, Ridley M J. Two-way mapping between object-oriented databases and XML. Informatica, 2009, 33 (3): 297-308.

[17] Naser T, Kianmehr K, Alhajj R, et al. Transforming object-oriented databases into XML//IEEE International Conference on Information Reuse and Integration. DBLP, 2007: 600-605.

[18] Terwilliger J F, Bernstein P A, Melnik S. Full-fidelity flexible object-oriented XML access. VLDB, 2009: 1030-1041.

[19] Frihida A, Marceau D J, Theriault M. Spatio-temporal object-oriented data model for disaggregate travel behavior. Transactions in GIS, 2002, 6 (3): 277-294.

[20] Oliboni B, Pozzani G. Representing fuzzy information by using XML schema//International Workshop on Database and Expert Systems Application. IEEE, 2008: 683-687.

[21] Liu J, Ma Z M, Feng X. Formal approach for reengineering fuzzy XML in fuzzy object-oriented databases. Applied Intelligence, 2013, 38 (4): 541-552.

[22] Liu J, Ma Z M. Formal transformation from fuzzy object-oriented databases to fuzzy XML. Applied Intelligence, 2013, 39 (3): 630-641.

[23] Bai L, Yan L, Ma Z M. Determining topological relationship of fuzzy spatiotemporal data integrated with XML Twig pattern. Applied Intelligence, 2013, 39 (1): 75-100.

[24] Bai L, Yan L, Ma Z M. Fuzzy spatiotemporal data modeling and operations in XML. Applied Artificial Intelligence, 2015, 29 (3): 259-282.

[25] 麻志毅. 面向对象开发方法. 北京: 机械工业出版社, 2011.

[26] Weather Underground. https://www.wunderground.com.

第五部分　模糊时空 XML 数据查询

随着信息技术的高速发展，人们可以通过网络接收来自世界各地的信息，而信息交换过程中的一个突出问题就是数据格式的异构性。XML 的出现正是针对这一问题而提出的解决方案。随着计算机和网络技术的不断发展，XML 技术不断应用于银行之间的数据交换、证券公司对其上市公司的相关数据进行统计、图书馆书目检索以及搜索引擎和电子商务等领域。

大量的 XML 数据查询规范和查询技术在众多应用需求下被提出，如 Lorel[1]、XML-QL[2]、XQL[3]、Quilt[4]、XQuery[5]等。这些查询语言都将路径表达式作为核心内容，使用路径表达式来描述 XML 元素在数据层次中的定位。目前众多的 XML 查询处理方法中，应用最广泛的是结构连接和整体 Twig 查询。结构连接就是将 Twig 模式分解为一系列二元结构关系，结构连接算法从 XML 数据库中获得与二元结构匹配的数据，将这些匹配的数据连接起来形成最终结果。这种方法会产生大量冗余的中间结果，当内存无法容纳时，频繁地换页会产生大量的 I/O 操作，严重影响系统的性能。然而，整体匹配算法无须执行对给定的 Twig 查询进行分解处理再合并的操作，可以最大程度地减少不必要的中间结果，从而达到提高查询性能的目的。所以，近年来整体匹配的 Twig 查询成为一个热门研究课题。

整体 Twig 查询的研究日趋成熟，但是该查询方法是针对一般数据的。随着大量地理信息系统等基于时空信息应用的发展，时空数据应运而生。由于时空数据的时间和空间属性在实际应用中通常是模糊的，关于模糊时空数据的研究，尤其是查询模糊时空数据，已经获得了相关领域学者的广泛关注。XML 作为新一代互联网信息交换的标准语言，应该具有查询模糊时空数据的能力。同时，模糊时空数据中复杂的模糊时间和模糊空间属性不同于传统关系型数据库中的二维表，使得模糊时空数据查询应用的研究受到了很大的限制。XML 的树型结构可以很好地解决这一限制问题，同时在处理模糊数据方面也相对容易。然而，尽管关于模糊集合理论的研究为研究查询模糊时空数据和查询模糊 XML 数据提供了理论基础，但是在定量查询模糊时空 XML 数据领域提出的相关理论还是远远不够的。在众多基于时空数据应用的需求中，对模糊时空 XML 数据的定量查询研究已迫在眉睫。

随着地理信息系统的快速发展，大量时空数据应用出现在人们日常的生产和生活中[6-8]，如交通管制、地籍管理、气象预报和环境管理等。时空数据通常包含时间[9]和空间[10]属性，如某一区域的绿化带随着季节发生改变、湖泊的海岸线高度随着季节性的蒸发和降雨发生升高或降低变化。时空数据的数据类型丰富而且结构复杂，因此，对于时空数据的研究需要建立在可以很好地表示时空数据的时空数据模型的基础上。在文献[11]中，一些时空数据模型被提出，包括快照模型、基于事件模型和历史图模型等。一些基于时空数据模型的时空数据操作也被广泛研究[7, 8, 12-15]。在众多时空数据操作的研究中，查询显得尤为重要。

模糊性是时空数据固有的属性之一。例如，描述云的边界、运动方向和特定时间点变化的物体的位置等都可能是模糊的现象。由于模糊性对时空数据具有重大意义，大量的将模糊性和时空数据结合起来的研究已经被提出[14, 15]。在文献[14]中，Sözer 等在关系型数据库的基础上提出了各种类型的模糊时空数据和模糊时空语义的研究，数据库中存储着具有模糊性的地理信息对象（如城市和乡村）和气象信息对象（如温度、降水量和风力）。在此基础上，Sözer 等还将模糊的面向对象数据模型与知识库相结合来减少应用中的必要条件[15]。由此可见，模糊时空数据的查询在日常应用中占有很重要的地位，并且已经受到了学者的广泛关注。

尽管现有的数据类型和模糊概念已经被扩展用于支持模糊时空数据的研究，但是目前提出的解决方案仍存在一些问题，这些问题主要来源于时空数据的结构关系[12, 16]和数据类型[17]的严格限制。基于目前在研究模糊时空数据领域出现的种种问题，一种新型的、高效的时空数据存储介质应运而生。XML（extensible markup language）作为一种互联网交换的标准语言，在作为中间介质整合和交换数据上扮演着越来越重要的角色。更重要的是，由于 XML 保持树型结构的同时可以将节点或子树作为源数据进行处理等优点，它在数据管理方面[18]具有很大的优势。操作模糊时空 XML 数据的另一个优势就是地理信息系统支持以 XML 为基础的地理标记语言（geography markup language，GML）[19]。除此之外，由于模糊性是时空数据的一个固有属性，XML 可以通过使用概率理论[20]和相似度关系[21]将模糊性与 XML 数据进行很好的融合。基于以上分析，XML 的出现为研究模糊时空 XML 数据操作提供了很大的发展契机，并且 XML 可以很好地解决前面提到的限制问题。

在各种模糊时空 XML 数据操作中，查询无疑是在模糊时空 XML 数据上最有研究价值的操作之一。现有的在 XML 上的查询操作多是针对一般数据的，很少一部分研究是与空间数据、时间数据和时空数据相关的。高效而精确地查询模糊时空 XML 数据仍是一个需要进行深入研究的领域，这也是这部分的主要研究问题。

由于时空数据在应用中的快速发展，越来越多的研究者已经发现在 XML 上管理时空数据[22-26]的巨大应用价值。但是，在 XML 上实现时空数据查询的研究依然相对较少[22, 23]，一些与时空 XML 数据有关的查询大都是关于时间属性[16, 27]或空间属性[28, 29]查询的。在文献[27]中，Nørvåg 概述了时间 XML 查询语言的未来发展趋势，并介绍了执行这样的查询操作对查询操作研究的必要性。文献[16]提出了一种支持时间查询的时间 XML 查询语言。对于时间数据查询的研究只能处理时间数据，当实际应用中遇到涉及空间属性的数据时，这些研究就暴露了它们的局限性。因此，在将目光集中于时间数据研究的同时，也不能忽略了对空间数据的研究。一些处理空间数据的方法[28, 29]也已经在一些文献中被提出。在文献[29]中，Córcoles 等提出了一种解决方案，用于查询地理标记语言中表示的空间和非空间数据，这种方法采用 RDF（resource description framework）来整合空间 XML 文档。在文献[28]中，Chang 等在动态集成的分布式 GIS 组件基础上通过应用动态 XML Web 服务和具有互操作性的互联网 GIS 应用提出了一个新的模型。对于实际应用中既有时间属性又有空间属性的数据，单方面查询时间或空间信息的理论很难应用到实际中。例如，一辆在公路上行驶的汽车，它的空间位置随着时间的推移发生变化，如果我们想要知道某一确定时间汽车的具体位置，将查询时间数据和空间数据的理论结合起来更具有应用价值。因此，越来越多的学者关注模糊时空 XML 数据查询的研究。在文献[30]中，Chen和 Revesz 提出了一种层级代数，这种层级代数是 XML 上关系代数的一种扩展，并且为 XML 查询的评估和优化提供了理论基础。他们提出了一种基于规则的 XML 查询语言——DataFox（datalog for XML），这种查询语言将简单的数据记录结合到约束性数据库中以支持时空数据的处理。在查询模糊时空 XML 数据时，可以将模糊集合理论与时空 XML 数据相结合，以达到查询模糊的时空 XML 数据的目的。在文献[22]中，Bai 等提出利用 XQuery 查询模糊时空数据的思想，将模糊集合理论扩展到 XQuery 中，其中包括真度、模糊时空语言专业术语和 FLWR（for、let、where、return）表达式。这只是一种定性的模糊时空 XML 数据查询，如果想将这项技术应用到实际中，对模糊时空 XML 数据的定量查询的研究是必不可少的。

大多数 XML 数据的定量查询都是针对一般数据的，要想实现在 XML 上查询模糊时空数据，需要在原有的理论基础上进行扩展，使原有的查询技术能够适用于查询模糊时空 XML 数据。目前，在 XML 上的定量查询操作主要是基于小枝模式的[31-33]。在文献[31]中，Bruno 等提出了一种无分支的高效匹配 XML 的根到叶子节点路径的路径连接算法——PathStack。PathStack 算法在所有需要读取全部输入信息的算法中是 I/O 和 CPU 消耗最优的算法，更重要的是，该算法具有与输入/输出信息大小呈线性的时间复杂度并且与中间结果的多少无关的特点。但是，当查询路径中有许多无法形成最终结果的解决方案时，匹配到对应的小枝模式所需要花费的整体时间不仅与输入/输出文件的大小成比例，还与中间结果的大小成比例。在这种情况下，PathStack 算法不是最优的。为了克服这一缺点，Bruno 等在文献[31]中提出了一种新的算法——TwigStack，它使用一系列的链栈表示单个从根节点到叶子节点的查询路径的部分结果，该方法在所有需要读取完整的仅具有子孙结构关系的小枝输入时具有最好的 I/O 和 CPU 消耗。对于需要查询具有父子结构关系的小枝，该算法不能控制中间结果的大小。在文献[33]中，Lu 等提出了一个叫作 TwigStackList 的整体小枝连接算法。该算法在查询只具有子孙结构关系的小枝时具有和 TwigStack 相同的查询效率，但是在查询具有父子结构关系的小枝时，该算法的查询效率优于 TwigStack 算法。TwigStackList 算法需要从非叶子节点流中读取更多的元素，并且当查询节点的多个祖先具有相同的标签名字时，它的处理过程非常复杂。为了解决这一问题，文献[32]提出了一种基于扩展 Dewey 编码的查询算法——TJFast。由于 TJFast 算法只扫描查询叶子节点，它比那些基于区域编码的算法需要存取更少的元素，并且在查询具有通配符的中间节点时更加高效。尽管目前在 XML 中定量查询数据的研究多是基于一般数据的，但是在 XML 上定量查询一般数据的理论为本书的研究提供了基础，可以将一般数据的定量查询进行扩展，实现在 XML 上对模糊时空数据的定量查询。

前人的研究对这部分实现定量查询模糊时空 XML 数据提供了很重要的借鉴作用，是这部分研究能够顺利进行的理论基石。通过以上研究现状的分析，这部分展开了基于小枝模式模糊时空 XML 数据查询的研究以及模糊时空 XML 数据查询系统的建立。主要贡献可以总结为以下两点。

（1）扩展了 Dewey 编码，使其能够对模糊时空 XML 数据编码进行标识，进而实现对模糊时空 XML 文档中节点间结构关系的确定。在此基础上，提出模糊时空 XML 节点的模糊时空属性的匹配方法。

（2）提出一个名为 FSTTwigFast 的算法，基于小枝模式实现从叶子节点到根节点整体匹配模糊时空 XML 数据。

第 10 章　模糊时空 XML 数据查询方法

目前，大多数 XML 上的查询操作都是针对一般数据的，随着时空数据应用的不断增加，在 XML 上查询一般数据已经不能满足应用需求，对于时空 XML 数据查询的研究获得了大量关注。Twig 模式作为 XML 查询的核心操作，Twig 查询匹配算法的效率在很大程度上影响了 XML 数据查询处理效率。在提出模糊时空属性匹配方法之后，还提出了模糊时空 XML 数据的查询算法，并对算法进行了理论和实例分析。本章讨论基于 Twig 模式实现整体匹配模糊时空 XML 数据的算法 FSTTwigFast，该算法不仅可以查询一般数据，还可以查询模糊时空数据，同时该算法基于扩展的 Dewey 编码实现从叶子节点到根节点的整体匹配，由此提高了查询效率。本章的查询方法用到了许多前人的研究成果，如 Dewey 编码和模糊度计算问题，但是现有的研究成果都是针对一般数据的处理方法，在处理本章的模糊时空 XML 数据时并不适用。因此，在正式提出本章的处理方法之前，需要对现有的 Dewey 编码和模糊度计算的理论知识进行扩展，以适用于本章的研究。

10.1　Dewey 编码扩展

现有的 Dewey 编码以及扩展的 Dewey 编码都是为处理一般 XML 数据服务的。本节的工作主要针对模糊时空 XML 数据，因此，Dewey 编码需要再度扩展使其可以很好地为处理模糊时空 XML 数据服务。

Dewey 编码在确定 XML 文档节点间的结构关系（父子关系和祖孙关系）时具有良好的性能，可以将节点间的结构关系转化为编码间的字符串匹配问题。但是，模糊时空 XML 文档中的模糊时空 XML 数据节点间的结构关系是不同于一般 XML 文档的。一些模糊时间和模糊空间节点只存在于某一特定的时间和特定的空间中，节点间的结构关系随着时间和空间的变化而发生改变。例如，有一辆汽车在上午 10：00～10：15 这段时间内是在某一加油站内的，此时加油站的位置和汽车的位置构成父子关系，汽车在加油站内，但随着时间的推移，当 11：30 时，汽车的位置发生改变不在加油站内，加油站与汽车的位置并不能构成父子关系。同时，当我们想要获取根节点到某一特定节点间的节点名字时，Dewey 编码并不具备这一功能。Dewey 编码的另一个限制是它只能编码一般数据，并不能编码模糊时空 XML 数据，因为模糊时空 XML 数据的时间属性和空间属性使得它严格不同于一般 XML 数据。模糊时空 XML 文档中的模糊时空 XML 节点的查询匹配需要对其进行特殊标记和处理。以前的 Dewey 编码以及它的扩展都不适用于模糊时空 XML 文档。因此，本章对 Dewey 编码进行扩展使其能够适用于模糊时空 XML 数据查询过程。

定义 10.1（编码）　t 为 XML 文档中的一个标签，本章使用 CT(t)= {$t_0, t_1, \cdots, t_{n-1}$} 表示从与 XML 文档对应的 DTD 约束文本中获取的 t 的所有孩子节点。Label(u) (= label(s).x)表示节点 u 的 Dewey 编码，节点 s 是节点 u 的父亲节点。x 的值可以通过如下规则确定。

（1）如果 u 是一个模糊时空 XML 节点，则

$$x = \begin{cases} 01, & \text{模糊时空点} \\ 10, & \text{模糊时空线} \\ 11, & \text{模糊时空面} \end{cases} \tag{10.1}$$

（2）如果 u 不是模糊时空 XML 数据，假设 u 是标签为 t_s 的节点的第 $k(k = 0, 1, 2, \cdots, n-1)$个孩子节点，并且 u 的最左非时空兄弟节点的 Dewey 编码为 label(s).y，那么

$$x = \begin{cases} -1, & \text{文本节点} \\ k, & \text{最左非时空节点} \\ \lfloor y/n \rfloor \times n + k, & y\%n < k \\ \lceil y/n \rceil \times n + k, & y\%n > k \end{cases} \tag{10.2}$$

一般节点只需要在父亲节点的基础上加入一个整数对节点进行编码，但是时空数据要与一般数据进行区别处理，因此，在标记时空数据时，本章采用两位整数进行编码标记。同时，时空数据又分为时空点、时空线和时空面，针对不同的时空数据类型需要不同的处理过程，还需要对三种不同的时空数据类型进行区别标记，标记如下。

（1）01 表示模糊时空 XML 点数据。

（2）10 表示模糊时空 XML 线数据。

（3）11 表示模糊时空 XML 面数据。

图 10.1（a）是一个 XML 文档的某个片段的 DTD 约束，由 DTD 约束文档的内容可知，val 的扩展 Dewey 编码为 0。val 节点的子节点包含节点 a、节点 fstp、节点 b 和节点 c 四个子节点。节点 b 的扩展 Dewey 编码可以按如下方法计算得出。

（1）val 节点具有四个子节点，并且 b 是其第三个子节点，所以 $k = 2$，$n = 4$。

（2）节点 b 的最左非时空兄弟节点 a 的 Dewey 编码为 0.0，所以 $y = 0$。

（3）$y\%4 = 0 < k$，所以 $x = \lfloor 0/4 \rfloor \times 4 + 2 = 2$。

由上述计算结果可知，节点 b 的扩展后的 Dewey 编码为 0.2。由于 fstp 节点是一个模糊时空点，所以 x = 01，故 fstp 节点的扩展 Dewey 编码为 0.01。采用扩展的 Dewey 编码可以很好地区分一般数据和时空数据，同时并不影响对节点间的结构关系的判断。

扩展的 Dewey 编码不仅可以标识时空数据和确定结构的关系，还可以通过编码确定根节点到该节点路径上的各节点名字。对于扩展的 Dewey 编码的这个功能，本章采用一个有限状态机来表示，如图 10.1（b）所示。

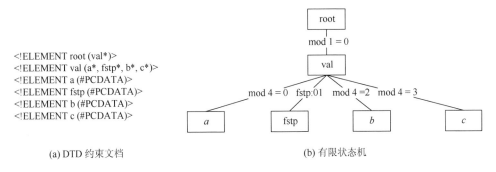

```
<!ELEMENT root (val*)>
<!ELEMENT val (a*, fstp*, b*, c*)>
<!ELEMENT a (#PCDATA)>
<!ELEMENT fstp (#PCDATA)>
<!ELEMENT b (#PCDATA)>
<!ELEMENT c (#PCDATA)>
```

(a) DTD 约束文档　　　　　　　　　　　　　　(b) 有限状态机

图 10.1　模糊时空 XML 片段的 DTD 与有限状态机

定义 10.2（有限状态机，FST）　有限状态机 FST 可以用一个五元组（I, S, ϑ, δ, Ψ）表示，其中，FST 五个维度的含义如下。

（1）$I = \mathbf{Z} \cup \{-1\}$，$\mathbf{Z}$ 是一个非负整数集。

（2）$S = \Sigma \cup \{\text{PCDATA}\}$，PCDATA 表示文本。

（3）ϑ 的初始状态是根节点在 XML 文档中的元素名称。

（4）有限状态机的功能被定义为：如果 $x = 01$，那么 $\delta(t,x) = \text{fstp}$，表示模糊时空点；如果 $x = 10$，那么 $\delta(t,x) = \text{fstl}$，表示模糊时空线；如果 $x = 11$，那么 $\delta(t,x) = \text{fstr}$，表示模糊时空面；如果 $x = -1$，那么 $\delta(t,x) = \text{PCDATA}$，表示文本节点，否则 $\delta(t,x) = t_k$，$k = x\%n$，表示一般属性节点。

（5）Ψ 表示当前状态的名字。

图 10.1（b）为与图 10.1（a）的 DTD 相对应的有限状态机，根节点只有 val 一个子节点，0%1 = 0，所以 Dewey 编码为 0 的是 val 节点。假定现在有一个 Dewey 编码为 0.2 的节点，它的前缀为 0，即 val 节点。val 节点具有四个子节点，2%4 = 2；故 0.2 表示的是 val 节点下的第三个子节点，即节点 b。所以 Dewey 编码为 0.2 的根节点到该节点路径上的节点集为 {root，val，b}。

定义 10.3（时空范围的包含关系）　节点 p 和节点 c 是模糊时空 XML 文档中的两个模糊时空 XML 数据节点。$\Im(p)$ 定义为模糊时空 XML 节点 p 所表示的时空范围；$\Im(c)$ 定义为模糊时空 XML 节点 c 所表示的时空范围。如果节点 c 表示的时空范围存在于节点 p 表示的时空范围中，则将这种关系表示为 $\Im(c)$Ю$\Im(p)$。

定理 10.1　节点 p 和节点 c 是模糊时空 XML 文档中的两个模糊时空 XML 数据节点，如果时空节点 p 是时空节点 c 的祖先节点，那么时空节点 p 和时空节点 c 之间的时空关系可以表示为 $\Im(c)$Ю$\Im(p)$。

证明　模糊时空 XML 文档中的两个节点间的结构关系是不同于一般 XML 文档的，其依赖于模糊时空 XML 节点的时空特性。时空节点存在于某一特定的时间和空间范围内，随着时间和空间的变化，当前的时间不在时空节点所描述的时间段内，或者当前的空间不在时空节点所描述的空间范围内，此时，时空节点会随着时间的推移和位置的移动而消失，XML 中时空节点间的结构关系也会随着时空节点的消失而消失。

根据现有的已知条件，模糊时空 XML 节点 p 是时空节点 c 的祖先节点。假设时空节点 c 表示时空范围不在时空节点 p 表示的时空范围内，即 $\Im(c) \neg$ Ю$\Im(p)$。那么必有一个时间段或者空间区域存在于时空节点 c 表示的时空区域内，而不存在于时空节点 p 表示的时空区域内。在这种情况下，当某一时空范围内时空节点 p 消失但是时空节点 c 仍然存在时，由于祖先节点消失，时空节点 c 独立存在于时空 XML 文档中。由于 XML 文档中的每个节点要求能够从根节点遍历到该节点，故此时的时空节点 c 的存在是不合法的。

根据以上分析可知，如果时空节点 p 是时空节点 c 的祖先节点，那么时空节点 p 和时空节点 c 的时空范围关系为 $\Im(c)$Ю$\Im(p)$。

定义 10.4（路径的包含关系）　节点 i 和 n 是模糊时空 XML 文档中的两个节点，$\Re(root, n)$ 表示根节点 root 到节点 n 的路径。如果根节点到 i 节点的路径 $\Re(root, i)$ 包含根节点到节点 n 的路径 $\Re(root, n)$，则本章将其表示为 $\Re(root, n) \prec \Re(root, i)$。

定理 10.2　D_i 和 D_n 表示节点 i 和节点 n 的扩展后的 Dewey 编码。如果 $D_i = D_n . t^*$，那么 $\Re(root, n) \prec \Re(root, i)$。

证明　模糊时空 XML 文档中的任意节点的路径都表示为一个节点集，节点集中的各个节点元素都是通过扩展后的 Dewey 编码确定的。由已知条件可知 $D_i = D_n . t^*$，这里的*是一个通配符，t^* 可以表示一个字符，也可以表示一个字符串。

当 $t^* = k$ 时，t^* 表示的是一个字符。$D_i = D_n k$ 表示节点 n 是节点 i 的父亲节点。本章采用 VS(root, α) 和 ES(root, α) 分别表示根节点到 α 节点的节点集和边集，$E(k_1, k_2)$ 表示 k_1 和 k_2 之间的边。根据节点 n 和节点 i 之间的父子关系可知，VS(root, i)= VS(root, n)$\cup\{k\}$ 且 ES(root, i)= ES(root, n)$\cup\{E(n, k)\}$，即 VS(root, n)$\subseteq$ VS(root, i)且 ES(root, n)$\subseteq$ES(root, i)。此时有根节点到节点 i 的路径包含根节点到节点 n 的路径，即 $\Re(root, n) \prec \Re(root, i)$。

当 $t^* = (k_1, k_2, \cdots, k_m)$ 时，t^* 表示的是一个字符串。$D_i = D_n.(k_1, k_2, \cdots, k_m)$ 表示的是节点 n 是节点 i 的祖先节点。本章采用 VS(root, α) 和 ES(root, α) 分别表示根节点到 α 节点的节点集和边集，$E(k_1, k_2)$ 表示 k_1 和 k_2 之间的边。根据节点 n 和节点 i 之间的祖孙关系可知，VS(root, i) = VS(root, n) $\cup \{k_1, k_2, \cdots, k_m\}$ 且 ES(root, i) = ES(root, n) $\cup \{E(k_1, k_2), \cdots, (k_{m-1}, k_m), E(k_m, n)\}$，即 VS(root, n) $\subseteq$ VS(root, i) 且 ES(root, n) $\subseteq$ ES(root, i)。此时有根节点到节点 i 的路径包含根节点到节点 n 的路径，即 $\Re$(root, n) $\prec$ $\Re$(root, i)。

根据以上分析可得结论：当 $D_i = D_n.t^*$ 时，有根节点到节点 i 的路径包含根节点到节点 n 的路径，即 $\Re$(root, n) $\prec$ $\Re$(root, i)。

定理 10.3 D_i 和 D_n 表示节点 i 和节点 n 的扩展后的 Dewey 编码，$\lfloor D_i \cap D_n \rfloor$ 表示 D_i 和 D_n 的共同前缀。如果 $\lfloor D_i \cap D_n \rfloor = D_{\text{root}}$，那么根节点到节点 i 的路径和根节点到节点 n 的路径之间的关系既不是 $\Re$(root, n) $\prec$ $\Re$(root, i)，也不是 $\Re$(root, i) $\prec$ $\Re$(root, n)。

证明 对于定理 10.3 提到的问题，这里将其分为两种情况进行讨论：节点 i 和节点 n 在同一路径上和不在同一路径上。

当节点 n 和节点 i 不在同一路径上时，可以很清楚地知道根节点到节点 i 的路径和根节点到节点 n 的路径间不存在任何包含关系，即既不是 $\Re$(root, n) $\prec$ $\Re$(root, i)，也不是 $\Re$(root, i) $\prec$ $\Re$(root, n)。

当节点 n 和节点 i 在同一路径上时，假设 $\Re$(root, n) $\prec$ $\Re$(root, i)，此时节点 i 的祖先节点至少有两个，即根节点和节点 n，那么 $\lfloor D_i \cap D_n \rfloor$ 的最小集合为 $\{D_{\text{root}}, D_n\}$。已知 $\lfloor D_i \cap D_n \rfloor = D_{\text{root}}$，假设与已知条件不符，所以节点 i 和节点 n 的路径关系 $\Re$(root, n) $\prec$ $\Re$(root, i) 不成立。同理可以证明节点 i 和节点 n 的路径关系 $\Re$(root, i) $\prec$ $\Re$(root, n) 也不成立。

由以上分析可知，当 $\lfloor D_i \cap D_n \rfloor = D_{\text{root}}$ 时，根节点到节点 i 的路径和到节点 n 的路径之间的关系既不是 $\Re$(root, n) $\prec$ $\Re$(root, i)，也不是 $\Re$(root, i) $\prec$ $\Re$(root, n)。

以上定理说明了扩展后的 Dewey 编码的重要性，它可以很高效地确定模糊时空 XML 文档中节点间的结构关系以及节点的路径间的关系，并且可以确定节点是否存在于某一路径上，这一标签模式是本章后续工作的基础。

10.2 模糊度计算

在模糊时空 XML 文档中，有些节点是模糊的，并且孩子节点模糊会导致父亲节点模糊。本章采用概率来衡量一个模糊节点的模糊度，即模糊节点隶属于真实节点的概率，并且父亲节点的模糊度可以通过孩子节点的模糊度由条件概率的计算方法计算得出。

定义 10.5（模糊度计算） 给定一个模糊小枝片段 F，F 中存在 i 个模糊节点，各节点的模糊度用概率 $p(v_i)$ 表示。F 的整体模糊度 $p_{\text{whole}}(F)$ 可以由出现在 F 中的所有非根节点的概率计算得出，计算方法如下

$$
\begin{aligned}
p_{\text{whole}}(F) &= p(v_0, v_1, \cdots, v_{i-1}) \\
&= p(v_0) \times p(v_1, v_2, \cdots, v_{i-1} | v_0) \\
&= p(v_0) \times p(v_1 | v_0) \times p(v_2, \cdots, v_{i-1} | v_0 v_1) \\
&= p(v_0) \times p(v_1 | v_0) \times p(v_2 | v_0 v_1) \times \cdots \times p(v_{i-1} | v_0 v_1 \cdots v_{i-2})
\end{aligned}
\tag{10.3}
$$

在模糊时空 XML 树中存在四种结构的小枝结构，如图 10.2 所示。

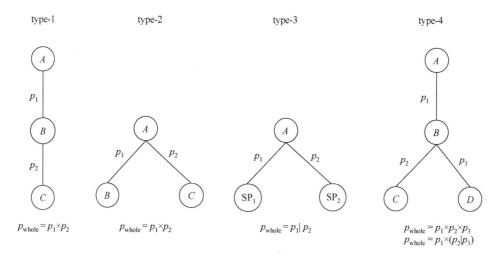

图 10.2　不同小枝结构的复杂度

type-1：模糊节点只存在于单个路径中。

type-2：模糊节点存在于分支中，并且节点间的存在是相互独立的。

type-3：模糊节点存在于分支中，并且节点表示的都是时空信息，一个对象不能同时存在于不同的空间中，此时两个节点取其中模糊度值较大的。

type-4：模糊节点存在于一个复杂的结构中。

当模糊时空 XML 文档中的一个节点是模糊时空节点时，该节点模糊度的计算方法是不同于一般节点的模糊度计算方法的。如果该节点表示的是一个模糊时空节点，则可能会有多个带有概率的时空信息，概率描述的是多个时空信息隶属于真实的时空信息的程度。如果查询节点匹配到该节点集中的一个，模糊时空点的概率值等于匹配到的时空节点的概率值。由于一个时空点不可能同时存在于不同的时空中，故只能有其中的一个是符合查询条件的。如果节点的时空信息表示的是一个模糊时空线，那么将模糊时空线分割成多个小的模糊时空线，各个小线

段采用和模糊时空点类似的计算方法。如果节点的时空信息表示的是一个模糊时空域，本章采用 α-cut 模型将模糊时空域看作一个圆形区域，并将圆形区域划分为各个不同模糊度的环，此时的模糊时空区域的模糊度为满足查询条件的最外层环的模糊度。

图 10.3 所示为一个复杂的 XML 片段的树型结构，其中， sp_1 和 sp_2 为两个模糊时空点，该 XML 文档片段中根节点 A 的模糊度计算如下。

（1） D、 sp_1 和 sp_2 三个节点形成的结构如图 10.2 中 type-3 所示，因此 $p(D) = p_4 \mid p_5$。 sp_1 和 sp_2 节点只有一个是符合查询条件的，假设 sp_1 符合查询条件，那么 $p(D) = p_4$。

（2） A、 B、 C、 D 四个节点形成的结构如图 10.2 中 type-4 所示，因此 $p(A) = p_1 \times p_2 \times p_3 \times p_4$。

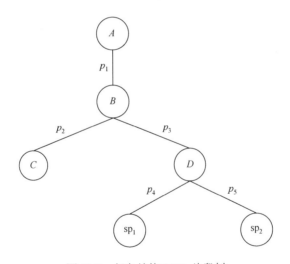

图 10.3　复杂结构 XML 片段树

该 XML 片段树由图 10.2 中的 type-2 和 type-4 两种结构组合而成，根节点的模糊度也由 type-2 和 type-4 的计算方法计算得出。由此可见，任何复杂的模糊时空 XML 树型结构都可由以上四种结构组合形成。

10.3　模糊时空属性匹配

模糊时空数据被划分为模糊时空点、模糊时空线和模糊时空域。在日常生活和实际应用中人们也会经常接触到时空中的点、线和面的概念，但是都只是一些定性的描述和概念性的认识。在关系型数据库中查询时空数据的研究已被人们所熟知，但是由于关系型数据库中存储的数据类型的限制，时空数据的建模和查询过程都受到了很大的限制。同时，在关系型数据库中对时空数据的查询方法一般都只适用于特定的应用，还没有普遍适用于大多数应用的方法被提出。不同于关系型数据库的是，XML 文档始终保持树型存储结构，可以通过在一般节点上加入时空属性来表示时空数据，同时查询过程也比在关系型数据库中更容易实现，只是存在对 XML 的遍历问题。本节提出在 XML 中表示和匹配模糊时空信息的方法，具体如下。

（1）模糊时空点：本章采用一个三元组 $\{(x, y), (t_0, t_1), \varepsilon\}$ 表示模糊时空 XML 点。其中，(t_0, t_1) 表示时间信息，当 $t_0 = t_1$ 时，(t_0, t_1) 表示的是一个时间点；当 $t_0 < t_1$ 时，(t_0, t_1) 表示的是一个时间段。(x, y) 表示的是在时间 (t_0, t_1) 时的位置。ε 表示的是这个模糊时空 XML 点隶属于真实的时空 XML 点的概率。

（2）模糊时空线：模糊时空线可能是弯曲的，本章将其分割成多条直线，通过对每一条直线判断是否匹配模糊时空 XML 查询线段来判断整条线段是否满足查询条件。本章只取其中的一条直线进行处理，采用四元组 $\{(x_1, y_1), (x_2, y_2), (t_0, t_1), \varepsilon\}$ 表示。其中，(t_0, t_1) 的含义与模糊时空点中的 (t_0, t_1) 含义相同；(x_1, y_1) 和 (x_2, y_2) 表示的是模糊时空线的起点和终点；ε 表示的是这个模糊时空线隶属于真实的时空线的概率。

（3）模糊时空域：本章采用 $\alpha\text{-cut}$ 模型将模糊时空区域表示为一个圆形区域。该圆形区域由多个带有不同模糊度的环形区域组成，各个环的模糊度从中心点开始向外不断降低。本章采用 $n+2$ 元组 $\{(x, y), (t_0, t_1), \{\varepsilon, r\}_n\}$ 表示模糊时空 XML 数据描述的圆形区域。其中，(x, y) 表示圆形区域的中心点；$\{\varepsilon, r\}_n$ 表示的是 n 个 (ε, r) 对，每个 (ε, r) 对表示的是一个环形区域，ε 和 r 分别表示环形区域的模糊度和半径。

当查询模糊时空 XML 数据时，模糊时空属性匹配是查询的关键问题之一。带有模糊时空节点的处理是十分复杂的，根据节点类型（模糊时空点、模糊时空线、模糊时空域）的不同，需要对模糊时空数据进行不同的处理。由于数据类型的限制，目前还没有一种能够很好地实现不同类型数据统一处理的方法。

当模糊时空属性表示一个模糊时空点时，本章采用带有概率的点集来表示真实的节点可能出现的位置，每个节点的概率值表示这个点隶属于真实节点的可能性。给定一个带有模糊时空点的查询条件的查询小枝，模糊时空点具有一个阈值属性，该阈值表示所允许的匹配节点隶属于真实节点的概率的最小值。本章首先将点集中的每个节点的概率与查询小枝中模糊时空点查询条件的阈值相比较，过滤掉不满足查询条件阈值要求的节点。在点集中剩下的节点都是满足阈值要求的节点，在第一次过滤后将进行第二次过滤，并进行位置信息的匹配。将位置信息不匹配的节点过滤掉，剩下的节点就是满足 Twig 查询中模糊时空点查询条件的结果。

图 10.4 是一个模糊时空点的查询过程。假设带有概率的点集为 $\{\{(3, 4), 0.8\},$ $\{(2, 7), 0.4\}, \{(4, 2), 0.5\}, \{(1, 4), 0.7\}\}$。给定一个 Twig 查询中的模糊时空点查询条件：位置信息为（3，4），阈值为 0.6。模糊时空点的匹配过程如下。

（1）将点集中各节点与查询条件的阈值相比较，过滤掉节点 $\{(2, 7), 0.4\}$ 和 $\{(4, 2), 0.5\}$，点集中剩余节点信息如图 10.4（b）所示。剩余节点的模糊度都是满足查询阈值要求的，但是位置信息的满足也是匹配的一大重要条件。

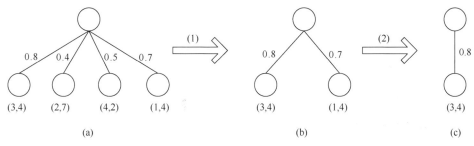

图 10.4　模糊时空点查询过程

（2）进行位置信息匹配，将点集中剩余各节点的位置信息与 Twig 查询中模糊时空点的位置信息进行比较，过滤掉位置信息不满足的节点，剩余的节点就是与查询节点匹配的模糊时空点。

经过两次过滤，查询过程匹配到了满足查询条件的节点 $\{(3, 4), 0.8\}$。该节点的位置信息与查询节点的位置信息完全匹配，该节点隶属于查询节点表示的空间点的概率为 0.8，满足查询条件 0.6 的阈值要求。

当模糊时空属性表示的是模糊时空线时，时空线可能是弯曲不规则的。本章将弯曲模糊时空线分割为多条直线，通过对每条直线的匹配性判断整个弯曲的时空线是否匹配。本节只对其中的一条直线进行说明。对于 XML 文档中的模糊时空线是否匹配 Twig 查询中的模糊时空线查询条件，可以通过判断 Twig 中模糊时空线的起止点是否在 XML 文档中的模糊时空线上，并进行模糊度匹配进行判断。现有 XML 文档中的一条线段 $L(x_0, y_0)$，(x_1, y_1)，Twig 查询中的线段查询条件 $L_q(x_{q_0}, y_{q_0})$，(x_{q_1}, y_{q_1})。XML 文档中满足查询条件的线段需满足 (x_{q_0}, y_{q_0}) 和 (x_{q_1}, y_{q_1}) 两个点都在线段 L 上。其中，(x_{q_0}, y_{q_0}) 在线段 L 上必须满足 $(y_1 - y_{q_0})/(x_1 - x_{q_0}) = (y_{q_0} - y_0)/(x_{q_0} - x_0)$，或者点 (x_{q_0}, y_{q_0}) 与线段 L 上的点 (x_0, y_0) 或 (x_1, y_1) 表示相同点；L_q 上的点 (x_{q_1}, y_{q_1}) 是否在线段 L 上的确定过程同上。当 L_q 线段上的两个点表示的是相同点时，查询条件表示一个模糊时空点，此时为点在线上的匹配。

当模糊时空属性表示一个模糊时空域时，每个模糊时空域由一个中心点和多个带有模糊度的环形区域以及界外区域组成。如果这个模糊时空域满足查询条件，那么查询条件表示的模糊时空域必然在 XML 文档的模糊时空节点表示的模糊时空域内。

定理 10.4 假设存在一个模糊时空域 R_a，该区域由中心点 o_1 和三个 (ε, r) 对：从 $r=0$ 到 $r=r_1$ 的模糊度为 α；从 $r=r_1$ 到 $r=r_2$ 的模糊度为 β；从 $r=r_2$ 到 $r=r_s$ 的模糊度为 γ 的三个环形组成。一个查询区域 R_b 由中心点 o_2、区域半径 r_q 和模糊度阈值 η 组成。如果 R_a 满足查询条件，那么 $r \geq r_q$ 并且 $|r-r_q| \geq o_1 o_2$，其中，r 是满足模糊度阈值的圆形区域半径。

证明 首先，假设 $r < r_q$，可以很容易地确定 R_b 不在 R_a 内。因此，由于不满足查询条件，该假设是不成立的，所以 $r \geq r_q$。

其次，假设 $|r-r_q| < o_1 o_2$。当查询条件满足时，R_b 的中心必然在 R_a 内。那么有 $|r-r_q| = o_1 o_2 + d$；d 是 R_b 和 R_a 中满足模糊度阈值的圆形区域（R）的边界之间的最小距离。如果假设成立，R_b 和 R 区域的边界的最小距离 $d = |r-r_q| - o_1 o_2 < 0$。由于距离不可能为负值，所以 $d = |r-r_q| - o_1 o_2 < 0$ 是违反规则的，即假设是不成立的。

根据以上分析，XML 文档中的模糊时空域 R_a 如果满足查询条件表示的区域 R_b，那么 $r \geq r_q$ 并且 $|r-r_q| \geq o_1 o_2$，其中，r 是满足查询条件模糊度阈值的圆形区域的半径。

定理 10.4 表示模糊时空域间的匹配，当进行点在区域内的匹配时，原理与定理 10.4 类似，不同的是此时的查询条件中的区域半径为 0；当进行线段在区域内的匹配时，过程同样类似于定理 10.4，不同的是将线段划为两个半径为 0 的区域，此时的 $o_1 o_2$ 为 XML 文档表示的模糊时空域的中心点与线段的两个端点之间距离的最大值。

10.4　Twig 查询算法

10.4.1　数据结构

Twig 查询用 Q 表示，Q 中根节点到节点 $f(f \in Q)$ 的路径用 P_f 表示。在算法 FSTTwigFast 中，查询节点 q 上用到的函数包括：leafNodes(q) 返回在 Twig 查询中所有以 q 为根节点的叶子节点；isFSP(q) 确定节点 q 是否是一个模糊时空数据节点；parent(q) 返回节点 q 的父亲节点；isLeafNode(q) 确定节点 q 是否是叶子节点。算法 FSTTwigFast 为每一个 Twig 查询中的叶子节点 f 关联了一个流 T_f，为每一个查询节点 s 关联了一个链表 L_s。链表 L_s 内的每一个元素用二元组（元素 e，数组指针）表示。T_f 上用到的函数有：eof(T_f)判断指向 T_f 的头指针是否指向 T_f 的尾部，即流 T_f 是否为空；advance(T_f)将 T_f 的头指针指向下一个元素；delete(T_f)将头指针指向的当前元素移除；getElement(T_f)返回头指针指向的当前元素。L_s 上的操作函数有：addtoList(L_s, element a, pointers)添加一个二元组（element a, pointers）到链表 L_s 尾部；addPointer(L_p, tuple_p, pointer to tuple_f)添加一个指向 tuple_f 的指针到 L_p 中的二元组 tuple_p。

10.4.2　FSTTwigFast 算法

本节将模糊时间属性和模糊空间属性加入到一般 XML 数据中，以表示模糊时空 XML 数据，并提出 FSTTwigFast 算法来实现对模糊时空 XML 数据的查询处理。在算法中，首先通过调用 locateMatchedLabel 函数来确定 XML 文档中与 Twig 查询中叶子节点相匹配的节点，然后建立查询 Twig 中节点的匹配节点栈，在此基础上调用 DBL 函数对叶子节点排序确定叶子节点处理的先后顺序，最后调用 buildList 函数形成叶子节点到根节点的输出结果链表。该算法实现模糊时空 XML 数据查询的详细过程如下：

```
Algorithm FSTTwigFast
01:for each f∈leafNodes(root)
02:    locateMatchedLabel(f)
03:SortNodeArray[]=DBLSort(TopBranchingNode)
04:i=0
05:while(¬end(root)and i<SortNodeArray.length)
06:    f=SortNodeArray[i]
07:    while(¬eof(Tf))
08:        buildList(f,getElement(Tf),parent(f))
09:        advance(Tf)
10:    i++
11:outputSolutions()
Function locateMatchedLabel(f)
/*假设从根节点到元素getElement(Tf)的路径是n1/n2/…/nk;Pf表示根节点到叶子节点f的路径*/
01:while(¬eof(Tf))
02:if(¬((n1/n2/…/nk matches pattern Pf)∧fitness(nk,f)))
03: delete(Tf)
04:else
05: advance(Tf)
```

```
06:reset the pointer of T_f to the first element of T_f
Function fitness(e,f)
01:if(isFSP(e))
02: if(!isFSP(f))
03:  return false
//α是查询条件中允许的模糊度阈值
04: else
05:  if(f is a fuzzy point node)
06   if(∃f_k satisfies f_k·x_k=e. x_0 && f_k. y_k=e. y_0 ^ ε>α)
07:     return true
08: else return false
09:  if(f is a fuzzy line node)
10:  if(∃f_k satisfies( f_k. x_0 , f_k. y_0 )=(e. x_0 ,e. y_0 ) &&
( f_k. x_1 , f_k. y_1 )=(e. x_1 ,e. y_1 ^ ε>α)
11:     return true
12: else return false
13:  if(f is a fuzzy region node)
// r_max 是 f 的满足 ε>α 的最大半径
14:  if(( r_max - r_e )>d((f. x_0 ,f. y_0 ),(e. x_0 ,e. y_0 )))
15:     return true
16: else return false
17:else if(e==f)
18:  return true
19:else return false
```

　　算法 FSTTwigFast 是一个单阶段算法。它首先调用 locateMatchedLabel 函数过滤叶子节点 f 的流 T_f（第 1～2 行）。该函数删除流 T_f 中不满足查询条件的模糊时空 XML 节点，并且过滤掉不满足 Twig 查询路径 P_f 的叶子节点。在 locateMatchedLabel 函数中对节点的路径进行匹配，并且调用 fitness 子函数实现节点内容的匹配，一般节点只匹配节点的名称，时空节点根据节点类型不同采用不同的处理方式。其次经过 locateMatchedLabel 函数过滤之后调用 DBL(TopBranchingNode) 函数，对最顶分支节点 TopBranchingNode 的叶子节点进行排序，确定叶子查询节点的处理顺序（第 3 行），形成按处理顺序排序的节点数组。然后在第 6 行算法获取排序过的叶子节点 f，并且在第 7～9 行建立流 T_f 中元素的输出链表。最后，在第 12 行将查询到的整体匹配结果输出。

　　DBL 排序函数在 FSTTwigFast 算法中是至关重要的，该函数确定了叶子查询节点的处理顺序。DBLSort(n) 函数返回 Twig 查询子树中以 n 为根节点的所有分支节点 b 和叶子节点 f，b 和 f 满足的条件是：根节点 n 到 b 和 f 的路径上没有其他分支。DBL 函数的实现细节如下：

```
Function DBLSort(n)
/*每个查询节点 n 的初始 nodeCount(n)值为 0*/
01:if(isLeafNode(n))
02:    locateMatchedLabel(n)
03:    nodeCount[n]=Tₙ.length
04:else
05:    s=L_DBL(n)
06:    for each node a in list s
07:        DBLSort(a)
08:    sort the list s by the value nodeCount[a] ascending for each a in s
09:    nodeCount[n] is the minimal node count in list s
```

在函数 DBLSort 中，本节为每一个节点 n 定义一个变量 nodeCount，表示 XML 文档中匹配 Twig 查询中查询节点 n 的个数。如果 n 是一个叶子查询节点（第 1 行），则 nodeCount 的值等于流 T_n 中元素的个数（第 2～3 行），否则 n 为非叶子查询节点，此时 nodeCount 的值等于节点 n 的孩子节点的 nodeCount 值的最小值（第 5～9 行）。

图 10.5 所示为一个查询 Twig，其中，单线表示的是父子结构关系，双线表示的是祖孙结构关系。节点 a 是该 Twig 查询的最顶分支节点，DBLSort(a)的结果为节点 b 和节点 c 的 nodeCount 的最小值，此时节点 c 依旧是一个分支节点，DBLSort(c)的结果是节点 f 和节点 g 的 nodeCount 的最小值。假设 nodeCount(b)=100；nodeCount(f)=30；nodeCount(g)=400。因为 nodeCount(c)的值为最小值 30，所以通过函数 DBLSort(a)确定的处理顺序是 c、b。由于节点 c 不是叶子节点，需要调用 DBLSort(c)函

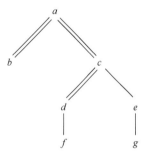

图 10.5　Twig 查询模式 Q

数确定以节点 c 为根的叶子节点的处理顺序。DBLSort(c)的结果是 f、g，因为 nodeCount(f) < nodeCount(g)，所以以节点 c 为根节点的叶子节点的处理顺序是 f、g。因此，调用 DBLSort(a)得到的 Twig 叶子查询节点的处理顺序是 f、g、b。

在算法 FSTTwigFast 中，调用了 buildList 函数建立每一个查询节点的输出链表。该函数是整体匹配的一个重要环节，决定着能否正确地查询到所有匹配小枝，其实现细节如下：

```
Function buildList(f,e,p)
01:if(f==SortNodeArray[0])
02:    if(tuple(e,null)∉L_f)
03:        addtoList(L_f,e,null)
```

```
04:else
//假定 f 在 SortNodeArray[]中的索引为 i
05:    a=closestCommonAncestor(SortNodeArray[i],SortNodeArray[i-1])
06:    if(P_a matches P_f)
07:        if(tuple(e,null)∉L_f)
08:            addtoList(L_f,e,null)
09:buildInternalList(f,e,p,pointer to the tuple(e,null))
```

在函数 buildList 中，第 1～8 行将每一个匹配的叶子查询节点加入到输出结果链表中，第 9 行通过调用 buildInternalList 函数将每一个满足条件的内部节点加入到输出结果链表中。如果节点 f 是 SortNodeArray 数组中的第一个节点，并且在链表 L_f 中没有二元组（e, null），则将二元组（e, null）加入结果链表 L_f 中（第 1～3 行）。如果节点 f 不是 SortNodeArray 数组中的第一个节点（第 4 行），欲将二元组（e, null）加入结果链表 L_f 中（第 8 行），f 必须满足如下条件。

（1）节点 f 和节点 f 在 SortNodeArray 数组中的前一个节点的共同祖先节点链表为 L_a，L_a 中包含二元组（element e_2, pointers）（第 5 行）。

（2）元素 e_2 及其祖先节点匹配 e 的查询路径 p（第 6 行）。

（3）在 L_f 中不存在二元组（e, null）。

在建立结果链表的过程中，先对每一个叶子节点进行链表建立，然后从叶子节点向根节点建立内部节点结果链表。在函数 buildList 中通过调用 buildInternalList 函数实现该功能（第 9 行）。buildInternalList 函数的具体实现细节如下：

```
Function buildInternalList(f,e,b,tuple_f(e,pointers))
/*b 是节点 e 的一个祖先节点，s 是 b 的一个集合，其中 b 与节点 e 的路径 P_e 中的节点 p 相匹配*/
01:if(b!=null)
02:    for ∀b∈s
03:        if(tuple_b(b,pointers array_b)∈L_b ∧ P_b matches P_f)
04:            addPointer(L_b,tuple_b,pointer to tuple_f)
05:        else
06:            addtoList(L_b,b,pointer to tuple_f)
07:            buildInternalList(p,b,parent(p),tuple_new)
```

在函数 buildInternalList 中，b 是节点 e 的一个祖先节点，s 是 b 的一个集合，其中，b 节点所在路径与查询节点 f 的路径 P_f 相匹配。对于集合 s 中的每一个元素 b（第 2 行），如果 L_b 链表中有二元组 tuple_b(b, pointers array_b)，并且这个二元组与其祖先匹配查询节点 f 的路径 P_f 相匹配（第 3 行），那么将一个指向 tuple_f 的指针加入到 tuple_b 的指针数组中（第 4 行）。当在 L_p 链表中不存在二元组 tuple_p(b, pointers array_b)时，结果链表中不存在节点 b，所以在链表 L_b 中加入新的二元组(b, pointer to tuple_f)（第 6 行）。此时叶子节点查询节点的父亲节点的结果链表建立完成，当父亲节点存在于结果链表中时，将新的指向叶子查询节点的指针加入到父亲节点的指针数组中；当父亲节点不存在于结果链表中时，需要在结果链表中加入新的父亲节点，并在父亲节点的指针数组中加入指向叶子查询节点的指针，形成父子关系的链表。最后循环调用 buildInternalList 函数回溯到根节点（第 7 行），此过程是一个递归的过程，与为叶子节点建立父亲节点连接过程类似，一直执行到根节点。

10.5　算 法 分 析

本节对本章提出的整体匹配算法进行理论分析，其中主要包括正确性分析和时间查询效率分析。

定理 10.5　给定一个 Twig 查询 Q 和一个模糊时空 XML 文档 D，FSTTwigFast 算法可以查询出 D 中所有匹配 Q 的结果。

证明　假设 Twig 查询 Q 为以 A_1 为根节点的序列（A_1，A_2，…，A_n），其中，$\{A_k, A_{k+1}, …, A_n | 1 \leqslant k \leqslant n\}$ 是叶子节点，$A_j (1 \leqslant j \leqslant n)$ 是最顶分支节点。当（a_1，a_2，…，a_n）匹配（A_1，A_2，…，A_n）时，$a_i (i = k, k+1, …, n)$ 一定在经过算法 FSTTwigFast 的第 $1 \sim 2$ 行过滤后的流 T_{A_i} 中。在第 $5 \sim 10$ 行，算法获取经过 DBL 排序后的下一个叶子查询节点。调用函数 buildList 来建立输出结果链表，根据 buildList 的处理过程，$\{a_1, a_2, …, a_n\}$ 中每一个节点与 Q 中对应节点匹配，每一个节点所在路径与 Q 中对应节点所在路径匹配，则 $\{a_1, a_2, …, a_n\}$ 的每一个元素都在对应的链表 L_{A_i} 中。对于模糊时空节点，那些不满足阈值要求（是时空条件的节点）的都在模糊时空信息匹配过程中被过滤掉，所以 T_f 中的每一个元素都是与 Twig 查询中的叶子节点相匹配的。因此，每一个匹配（A_1，A_2，…，A_n）的序列（a_1，a_2，…，a_n）都会被建成输出链表，在 outputSolution 函数中输出。

当算法输出 $\{a_1, a_2, …, a_n\}$ 时，$a_i (i = 1, 2, …, n)$ 必然在链表 L_{A_i} 中。根据 buildList 函数的处理过程可知，a_j 一定在 A_1 到 A_j 的路径上，同时 a_j 与 A_j 相匹配。对于 FSTTwigFast 算法的第 11 行，outputSolution 函数输出结果中的每一个节点都与 Q 中的对应节点和路径相匹配，因此，节点间的结构关系也满足查询条件。所以输出的结果 $\{a_1, a_2, …, a_n\}$ 是满足 Twig 查询（A_1，A_2，…，A_n）的。

经以上分析可知，FSTTwigFast 算法可以查询出模糊时空 XML 文档中所有满足 Twig 查询的正确结果。

定理 10.6　给定一个 Twig 查询 Q 和一个模糊时空 XML 文档 D，FSTTwigFast 算法的最坏时间复杂度是 $O(n_1 \times d)$，其中，n_1 为所有叶子节点对应的流 T_f 中的叶子节点总数，d 为 Q 和 D 的深度的最大值。

证明　在算法 FSTTwigFast 中，第 1～2 行对 T_f 中的所有叶子节点进行过滤处理，时间复杂度为 $O(n_1 \times d)$，将过滤后的流 T_f 中所有叶子查询节点个数和记为 n_2。第 5～10 行为 T_f 中每一个叶子节点调用 buildList 函数建立结果链表，时间复杂度为 $O(n_2 \times d)$。算法中的时间消耗为 $O(n_1 \times d + n_2 \times d)$，由于 $n_1 > n_2$，该算法的时间复杂度为 $O(n_1 \times d)$。

10.6　实 例 分 析

图 10.6 所示为一个模糊时空 XML 数据的 Twig 查询实例。其中，Twig 中的叶子查询节点为 C 和 D，与之相对应的流分别是 $T_c = \{c_1, c_4\}$ 和 $T_d = \{d_1, d_2, d_3, d_4\}$。在 XML 文档中与 Twig 中的 C 叶子查询节点相对应的是 $\{c_1, c_2, c_3, c_4\}$，c_2 在进行模糊度与阈值比较之后由于不满足阈值要求被过滤掉，c_3 由于不满足查询节点 C 的位置查询条件也被过滤掉。在图 10.6 的 Twig 中，最顶分支节点为 B，由图可知，parent(c) = B，ancestor(D) = B，并且 parent (B) = A。因此，DBLSort(B)= $\{C, D\}$。在算法 FSTTwigFast 中，nodeCount(C) = 2，nodeCount(D) = 4，则调用 DBLSort 函数得到的 SortNodeArray 数组中的元素为 $\{C, D\}$。

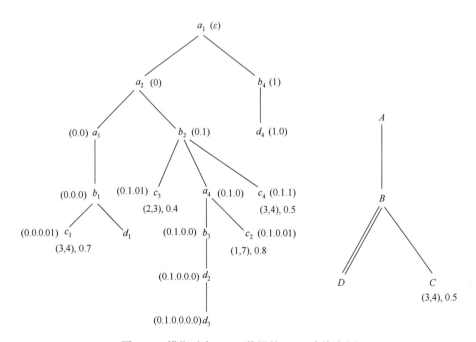

图 10.6　模糊时空 XML 数据的 Twig 查询实例

结果链表的建立过程如下。

第一步，SortNodeArray 中的第一个叶子查询节点是 C，流 T_c 中的每一个元素调用 buildList 函数。第一次调用 buildList 函数时，getElement(T_c)的结果是 c_1。由于 C 是 SortNodeArray 数组中的第一个元素，并且在 L_c 中不存在二元组（ c_1,null），所以将二元组（ c_1,null）加入到链表 L_c 中。然后函数 buildInternalList(C, c_1, B, tuple_f(c_1, null))被调用，c_1 向根节点回溯建立内部节点的匹配结果链表。从 buildInternalList 函数的第二行可知，$S = \{b_1\}$。由于 L_b 目前是一个空链表，将一个新的二元组 tuple_new(b_1, there is only one pointer that points to tuple_f)加入到链表 L_b 中。循环调用 buildInternalList(B, b_1, A, tuple_new)函数，由于 $S = \{a_3\}$，并且 L_a 为空，将一个新的二元组（ a_3, there is only one pointer that points to tuple_new in pointer array）加入到 L_a 中。此时的链表结构如图 10.7（a）所示。

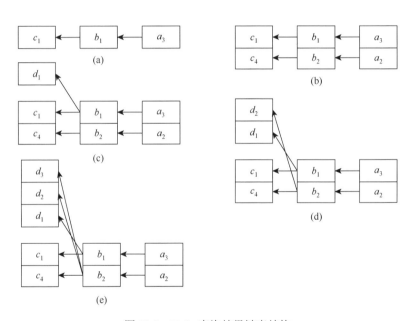

图 10.7　Twig 查询结果链表结构

第二步，流 T_c 中的当前元素是 c_4，与处理 c_1 的过程相似，将一个新的二元组（ c_4, null）加入到链表 L_c 中。然后 buildInternalList 函数被循环调用，将一个新的二元组 tuple_new(b_2, there is only one pointer that points to tuple_f in pointer array)加入到链表 L_b 中。由于 $S = \{b_2\}$，并且 L_b 中不存在二元组（ b_2, null），同理将一个新的二元组（ a_2, there is only one pointer that points to tuple_f in pointer array）加入到链表 L_a 中。此时的链表结构如图 10.7（b）所示。

第三步，在处理完流 T_c 中的所有元素后，FSTTwigFast 算法的第 6 行叶子节点 f 被设置为 D，此时的 D 不是 SortNodeArray 数组中的第一个节点。在 SortNodeArray 数组中，节点 D 与其前一节点 C 的最近共同祖先为节点 B。二元组 tuple_p(b_1, pointer array)及其祖先与 d_1 对应的查询路径 P_d 相匹配，由于 L_d 为空，则将二元组 tuple_f(d_1, null)加入到 L_d 中，同时，将一个指向 tuple_f 的指针加入到指向 tuple_p 的指针数组中。此时的链表结构如图 10.7（c）所示。

第四步，流 T_d 中的当前元素是 d_2，在第四次调用 buildList 函数时，与处理 d_1 过程相同，将一个新的二元组 tuple_f(d_2, null)加入到链表 L_d 中。二元组 tuple_p(b_2, pointer array)以及它的祖先节点组成的路径与 d_2 的查询路径相匹配，此时将一个指向 tuple_f 的指针加入到 tuple_p 的指针数组中。此时的链表结构如图 10.7（d）所示。

第五步，一个新的二元组 tuple_f(d_3, null)被加入到链表 L_d 中，在第五次调用 buildList 函数之后，与上一步相同，将一个指向 tuple_f 的指针加入到 tuple_p(b_2, pointer array)的指针数组中。此时的链表结构如图 10.7（e）所示。

最后，查询结果被输出：（a_3, b_1, d_1, c_1），（a_2, b_2, d_2, c_4），（a_2, b_2, d_3, c_4）。

10.7　实　验　评　估

本节着重对 FSTTwigFast 算法的执行效率进行测试。首先针对不同查询条件的执行效率进行比较，包括一般查询条件、带有时间数据的查询条件、带有空间数据的查询条件和带有时空数据的查询条件；其次对不同类型的时空数据查询效率进行测试；最后将本算法与传统的 TwigStack 算法[31]进行比较。此外，在实验验证算法优越性的基础上，还将算法应用到实际建立的模糊时空 XML 数据查询系统中，详见第 11 章。

10.7.1　实验环境

本节所做的所有测试所用的软硬件环境如下。

CPU：Intel Pentium G3250 3.20GHz。

RAM：4.00GB。

ROM：500GB。

操作系统平台：Windows 7。

编程环境：JDK 1.7，Eclipse 4.2 编译工具。

本节采用大西洋飓风天气预报[34]的真实数据集。选择大西洋飓风天气预报的真实数据集，是因为它可以很好地表示一般数据（大西洋风力的平均值）、空间数据（飓风等级为风暴的地区）、时间数据（飓风等级为风暴的日期）和时空数据（某一天飓风等级为风暴的地区）。但是该数据集在模糊时空数据表示方面仍存在一定的缺陷。从天气预报中获得的数据集信息多为精确的，因此本节采用文献[35]中提到的数据模糊性处理方法对该数据集进行模糊度处理，使其能够更好地表示模糊时空数据，并为本章的算法测试所使用。

算法的查询效率随着查询 Twig 的种类不同而不同，因此本节在表 10.1 中给出了四种不同的 XML 查询 Twig。

表 10.1　四种查询 Twig

查询	说明
Q_1	一般 XML 查询 Twig
Q_2	时间 XML 查询 Twig
Q_3	空间 XML 查询 Twig
Q_4	时空 XML 查询 Twig

Q_1、Q_2、Q_3 和 Q_4 分别表示一般 XML 查询 Twig、时间 XML 查询 Twig、空间 XML 查询 Twig 和时空 XML 查询 Twig。与表 10.1 给出的四种 Twig 查询对应的具体小枝如图 10.8 所示。本节在给出四种不同类型的查询 Twig 的基础上，对每种查询 Twig 进行了说明，并分析了这几种查询 Twig 的执行时间。

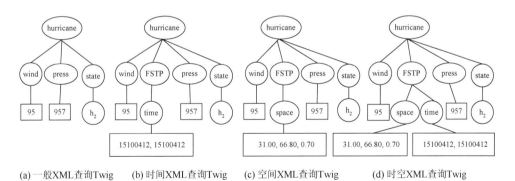

(a) 一般XML查询Twig　　(b) 时间XML查询Twig　　(c) 空间XML查询Twig　　(d) 时空XML查询Twig

图 10.8　四种不同类型查询 Twig 实例

1. Q_1（一般 XML 查询 Twig）

Q_1 是一个一般 XML 查询 Twig，如图 10.8（a）所示。它查询的是平均风力为 95、气压为 957 并且风力等级为 h_2 的飓风。

XML 数据集中有很多 wind 节点和 press 节点。在进行整体 Twig 查询过程中，首先，在经过过滤之后，与查询节点相匹配的 XML 文档中的节点被筛选出来，并对叶子查询节点进行排序。这个排序过程可以加快算法的整体连接效率，有效地减少算法执行时间和内存消耗。对于那些与前一节点没有共同祖先节点的节点，它们无法形成最终结果，所以这些节点不被加入到结果链表中。其次，每两个相邻节点通过它们的最近祖先节点进行连接。最后，最近共同祖先节点向根节点回溯，建立内部节点的结果链表，形成最终整体匹配结果。

2. Q_2（时间 XML 查询 Twig）

Q_2 是一个时间 XML 查询小枝，如图 10.8（b）所示。它查询的是发生在 2015 年 10 月 4 日上午 12 时、等级为 h_2、风力为 95 并且气压为 957 的飓风。

在 Q_2 的整个 Twig 匹配过程中，一般数据的匹配与 Q_1 的匹配过程是相同的。不同的是，在 Q_2 的匹配过程中需要处理具有时间属性的节点。对于时间属性，它可以分为时间点（开始时间等于结束时间）和时间段（开始时间小于结束时间）。给定一个时间查询节点 $q(t_0, t_1)$ 和一个 XML 文档中的时间节点 $t(t_{start}, t_{end})$，XML 文档中的时间节点是否匹配时间查询节点的确定过程可描述如下。

（1）如果 $t_0 = t_1$，那么它表示时间查询节点，是一个时间点。

（2）如果 $t_{start} = t_{end}$，那么它表示 XML 文档中的时间节点也是一个时间点，此时只要满足 $t_0 = t_{start}$，t 和 q 就被判定为匹配。

（3）否则，此时 XML 文档中的时间节点表示的是一个时间段，如果满足 $t_{start} < t_0 < t_{end}$，那么 q 在 t 所在的时间段内视为匹配，否则视为不匹配。

（4）如果 $t_0 < t_1$，它表示时间查询节点是一个时间段。

（5）如果 $t_{start} < t_{end}$，那么它表示 XML 文档中的时间节点是一个时间段，如果满足 $t_{start} < t_0$ && $t_1 < t_{end}$，则 t 和 q 被判定为匹配。

（6）否则两个节点被判定为不匹配。

3. Q_3（空间 XML 查询 Twig）

Q_3 是一个空间 XML 查询小枝，如图 10.8（c）所示。它查询的是等级为 h_2、风力为 95、气压为 957 的飓风；该飓风发生的位置为经度 31°纬度 66.8°，并且该飓风的位置允许的模糊度为 0.7。

在 Q_3 的整个 Twig 匹配过程中，一般数据的匹配与 Q_1 的匹配过程是相同的。不同的是，在 Q_3 的匹配过程中需要处理具有空间属性的节点。在处理具有空间属性的节点时，本章需要对空间节点的空间信息进行匹配，同时对空间位置信息的模糊度与查询 Twig 中的模糊度阈值进行匹配。给定一个带有空间属性的查询节点 QFS，其空间信息为（$Long_0$，Lat_0，T_0）；XML 文档中的三个空间节点分别为

$FS_1(Long_0, Lat_0, T_1)$，$FS_2(Long_0, Lat_0, T_2)$和 $FS_3(Long_1, Lat_1, T_3)$，其中，T_i 表示该节点的模糊度。由节点的位置信息可知，空间节点 FS_1 和 FS_2 的空间位置与查询 Twig 中的空间节点的位置信息相匹配，然而空间节点 FS_3 的位置信息与查询 Twig 中的空间节点位置信息不匹配。在位置匹配过程中，XML 文档中的空间节点 FS_3 被过滤掉。现假设 $T_0 < T_1$ 并且 $T_0 > T_2$，由于只有节点 FS_1 的模糊度大于查询 Twig 的隶属度阈值，所以节点 FS_2 在第二次过滤过程中被删除，只有 FS_1 节点满足查询 Twig 中的空间节点的查询条件。

4. Q_4（时空 XML 查询 Twig）

Q_4 是一个时空 XML 查询 Twig，如图 10.8（d）所示。它查询的是发生在 2015 年 10 月 4 日上午 12 时、等级为 h_2、风力为 95 并且气压为 957 的飓风；该飓风发生的位置为经度 31°纬度 66.8°，并且该飓风的位置允许的隶属度为 0.7。Q_4 的查询过程是对 Q_1、Q_2 和 Q_3 查询过程的综合。查询结果为对节点的一般属性、时间属性和空间属性都进行过滤，对其匹配的节点结构进行连接之后形成的整体结果。

10.7.2　查询效率比较

本节主要针对算法匹配四种不同查询小枝（Q_1、Q_2、Q_3 和 Q_4），其查询效率随着数据量大小和结果小枝数量变化的测试。本节将进行两组实验测试。

在第一组实验测试中，主要分析算法 FSTTwigFast 查询 Q_1、Q_2、Q_3 和 Q_4 所用的时间随着结果小枝数量的变化。该算法具有查询一般 Twig、时间 Twig、空间 Twig 和时空 Twig 的能力。对于不同的 Twig 查询，算法的执行时间是不同的，具体的算法执行效率如图 10.9 所示。

图 10.9 显示 Q_1、Q_2、Q_3 和 Q_4 查询的执行时间随着结果小枝数的增加而增加。当结果小枝数增加时，每个 Twig 查询中的叶子节点的 nodeCount 值变大，即与查询 Twig 中的叶子查询节点匹配的叶子节点数增加。当匹配的 Twig 结果数增加时，函数 buildList 和 buildInternalList 被调用的次数增加。因此，Q_1、Q_2、Q_3 和 Q_4 查询的执行时间都会随着匹配的 Twig 结果数的增加而增加。本节将 Q_1、Q_2、Q_3 和 Q_4 的执行时间分别表示为 T_{Q1}、T_{Q2}、T_{Q3} 和 T_{Q4}。由图可知，无论匹配到的结果小枝数量多少都有 $T_{Q1} < T_{Q2} \approx T_{Q3} < T_{Q4}$。Twig 查询 Q_1 只需要处理一般节点的匹配，当节点的名称和内容相同时即视为匹配；Twig 查询 Q_2 和 Q_3 在处理一般数据的同时，还要分别对时间和空间属性进行匹配，在处理时间和空间属性时要消耗额外的时间，但是消耗的额外时间是基本相同的，因为在处理时间和空间属性时，都是对时

间和空间属性表示的时间和空间信息进行匹配性的判断；Twig 查询 Q_4 是一个时空 Twig 查询，处理一般节点的同时还要对时间和空间节点进行处理。对时间和空间都进行处理消耗的时间高于只对时间或空间单一处理的时间消耗，同时对于模糊度的处理也要消耗一定的时间。因此，可看到图中所示的 $T_{Q1} < T_{Q2} \approx T_{Q3} < T_{Q4}$，但是不同类型的 Twig 查询之间的时间消耗差并不是很大，因此本节的时空属性处理并不会消耗查询过程过多的时间。

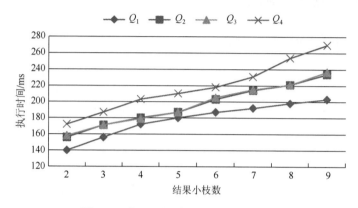

图 10.9　执行时间随结果小枝数的变化

在第二组实验测试中，主要分析 FSTTwigFast 算法查询 Q_1、Q_2、Q_3 和 Q_4 所用的时间随数据量大小的变化。实验测试结果如图 10.10 所示。

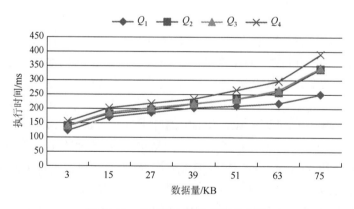

图 10.10　执行时间随数据量的变化

实验数据显示，Q_1、Q_2、Q_3 和 Q_4 查询的执行时间随着测试数据量的增加而增加。FSTTwigFast 算法在处理查询过程中需要对整个 XML 文档进行遍历，随着测试数据量的增加，遍历 XML 文档消耗的时间也在不断增加，基本呈线性增长。本节将 Q_1、Q_2、Q_3 和 Q_4 的执行时间分别表示为 T_{Q1}、T_{Q2}、T_{Q3} 和 T_{Q4}。由图 10.10 可知，无论匹配到的结果小枝数量多少都有 $T_{Q1} < T_{Q2} \approx T_{Q3} < T_{Q4}$。Twig 查询 Q_1 只需要处理一般节点的匹配；Twig 查询 Q_2 和 Q_3 在处理一般数据的同时，要分别对时间和空间属性进行匹配；Twig 查询 Q_4 还要对时间和空间节点都进行处理。在处理时间和空间节点时需要进行额外的匹配判断，因此 Q_4 查询的时间消耗高于 Q_2 和 Q_3，同理 Q_2 和 Q_3 的时间消耗要高于 Q_1。

从以上两组实验结果还可以看出，不同类型的查询 Twig 都会随着结果占比和数据量的增加而增加；同时随着结果占比和数据量的变化，具有时空节点的小枝查询的时间消耗高于只具有时间节点或空间节点的查询小枝的时间消耗，具有时间节点或空间节点的查询小枝的时间消耗高于一般查询小枝的时间消耗。对于时间和空间节点匹配的处理过程中所消耗的额外时间是大致相同的，都只是一个额外的判断过程，并不会因为节点的类型而发生变化。虽然处理时间和空间属性需要消耗额外的时间，但是额外消耗的时间并不是很多，对查询效率的影响也比较小。

10.7.3　不同类型时空数据查询效率比较

时空数据被划分为时空点、时空线和时空面。对于三种不同类型的时空数据，处理过程是不同的，但都是进行一次匹配判断。本节主要针对不同类型时空数据在不同的结果占比情况下的时间消耗进行测试。测试结果如图 10.11 所示。

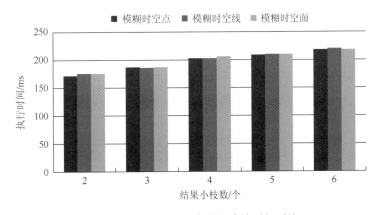

图 10.11　不同类型时空数据查询时间对比

由实验结果可知，时空点、时空线和时空面三种 Twig 查询在结果小枝数相同时，查询的执行时间是基本相同的；同时随着结果小枝数的增加，三种 Twig 查询的执行时间也不断增加。显而易见，当结果小枝数增加时，整体匹配的结果数增加导致需要建立更多的结果链表，即 buildList 和 buildInternalList 函数被调用次数增加，因此查询的执行时间增加。当结果小枝数相同时，三种查询的执行时间基本相同，说明虽然时空点、时空线和时空面需要分别作不同的处理，但是处理所需要的时间大致是相同的。虽然三种不同类型的时空节点的匹配处理细节不同，但都是一个算术表达式的判断。因此，三种不同类型的时空 Twig 查询的时间消耗是几乎无差别的，该算法在执行不同类型时空 Twig 查询时的效率基本相同，可见执行效率与时空 Twig 查询的类型无关。

10.7.4　FSTTwigFast 算法与 TwigStack 算法查询效率比较

TwigStack 算法[31]是最经典的基于 Twig 的整体匹配算法。本节主要将本章提出的算法与传统的整体匹配算法 TwigStack 在算法的数据处理能力、执行效率随数据量大小和结果占比变化三方面进行对比。

算法的数据处理能力对比如表 10.2 所示。

表 10.2　查询能力对比

算法　　适用类型	一般数据	时间数据		空间数据		时空数据	模糊性
		时间点	时间段	空间点	空间线		
FSTTwigFast	是	是	是	是	是	是	是
TwigStack	是	否	否	否	否	否	否

本章提出的 FSTTwigFast 算法与 TwigStack 算法原理相同，都具有查询一般 XML 数据的能力，但是在处理时空 XML 数据方面，FSTTwigFast 算法更具有优越性。本章提出的算法在可以处理一般 XML 数据的同时，还具有处理时间 XML 数据、空间 XML 数据和时空 XML 数据的能力。此外，FSTTwigFast 算法还具有处理模糊数据的能力。

在比较完算法的查询能力之后，本节主要进行两组实验，从数据量大小和结果占比两方面分别比较 FSTTwigFast 算法和 TwigStack 算法查询一般数据时的执行效率。两种算法的执行时间都会随着数据量和结果占比的增加而增加，但是在相同数据量和结果占比时两种算法的执行效率是不同的。

第一组实验主要测试两种算法的执行时间随着结果占比的变化情况，测试结果如图 10.12 所示。实验结果显示两种算法的执行时间都随着结果占比的增加而增加。当查询的结果占比增加时，有更多的匹配节点需要建立结果链表，这导致查询过程需要更多的时间开销。此外，在查询具有相同的结果占比时，本章提出的算法消耗的时间更少。

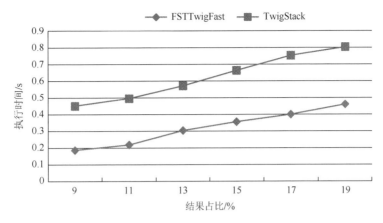

图 10.12　TwigStack 算法和 FSTTwigFast 算法执行时间随着结果占比变化的对比

由于 FSTTwigFast 算法在匹配节点时，将不能形成最终结果的节点过滤掉，所以本章提出的算法不需要处理那些不能形成最终结果的中间结果，主要的时间都消耗在节点匹配和结果链表的建立过程中。因此，FSTTwigFast 算法在相同结果占比情况下具有更好的查询效率。

第二组实验主要测试两种算法的执行时间随着数据量大小的变化情况，测试结果如图 10.13 所示。

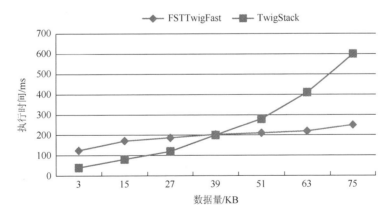

图 10.13　TwigStack 算法和 FSTTwigFast 算法执行时间随数据量变化的对比

实验结果显示，两种算法的执行时间都随着数据量的增加而增加。由于两种算法都需要读取 XML 文档，当数据量增加时，算法在遍历 XML 文档时需要读取更多的节点，从而会消耗更多的时间。因此，两种算法的执行时间都会随着数据量的增加而增加。当数据量相同时，由实验结果可知，当数据量小于 39KB 时，TwigStack 算法具有更高的查询效率；当数据量大于 39KB 时，FSTTWigFast 算法具有更高的查询效率。原因是当数据量较小时，TwigStack 算法的中间结果较少，在不能形成最终结果的中间结果上浪费的时间较少；而 FSTTwigFast 算法需要消耗额外的时间对叶子查询节点进行排序。排序消耗的时间在数据量小的情况下多于 TwigStack 算法对少量中间结果处理消耗的时间。随着数据量的增加，TwigStack 算法的中间结果增多，处理中间结果消耗的时间也随之增加，直至多于 FSTTwigFast 算法对叶子查询节点排序所消耗的时间。

10.8　本　章　小　结

本章首先对 Dewey 编码进行扩展，使其能够很好地标识模糊时空节点、确定模糊时空节点间的结构关系，以及通过节点的扩展 Dewey 编码确定节点所有祖先节点名称，并将节点的结构关系转化为字符串匹配问题。其次改进了模糊度的计算，加入了出现模糊时空节点时的处理方法，使得任何复杂的树型结构都可以由本章改进的四种小枝形成。前面的内容是对本章算法基于前人提出的理论进行改进，使其能够适用于本章的处理，是本章算法得以实现的重要基础。扩展了本章用到的理论基础之后，又提出了模糊时空属性的匹配方法，针对模糊时空点、模糊时空线和模糊时空域三种模糊时空数据类型，针对不同类型模糊时空数据分别提出了不同的处理方法。在提出模糊时空 XML 数据的匹配方法之后，本章详细阐述了所提出的整体匹配模糊时空 XML 数据算法的处理过程，还对本章提出的算法进行了理论分析和实例分析。最后通过实验验证算法的好坏，针对提出的算法进行性能测试、与传统 TwigStack 算法进行比较以及建立查询系统。首先给出了软硬件测试环境和实验数据。实验数据采用真实数据与虚拟数据相结合，其中，真实数据采用的是大西洋飓风天气预报数据，虚拟数据是将真实数据集进行模糊性处理。在测试之前，还给出了四种不同的查询条件为本章的实验服务。最后从查询能力和查询效率两方面对 FSTTwigFast 算法进行了测试，其中，查询效率测试包括不同查询小枝测试、不同时空数据类型测试以及与传统 TwigStack 算法的比较。

第 11 章　模糊时空 XML 数据查询系统

在第 10 章中扩展了 Dewey 编码，使其能够对模糊时空 XML 数据编码标识，进而实现对模糊时空 XML 文档中节点间的结构关系的确定。在此基础上提出模糊时空 XML 节点的模糊时空属性的匹配方法；还提出一个名为 FSTTwigFast 的算法，基于小枝模式实现从叶子节点到根节点整体匹配模糊时空 XML 数据。本章基于第 10 章的研究内容，建立模糊时空 XML 数据查询系统，首先进行系统设计，然后针对所建立的查询系统在不同领域的查询应用进行说明和分析，以证明所建立的 XML 查询系统的实用性。

11.1　查询系统的设计

本节主要对模糊时空 XML 数据查询系统进行设计并完成系统的建立，将第 10 章提出的查询算法封装到查询系统中，实现在带有时空节点的 XML 文档中整体匹配查询 Twig。本节设计的查询系统结构如图 11.1 所示。

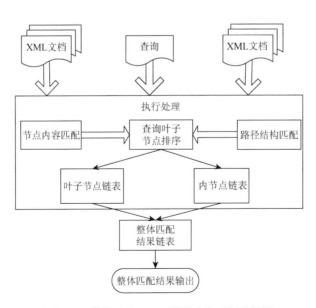

图 11.1　模糊时空 XML 数据查询系统结构图

　　如图 11.1 所示，整个查询系统分为三部分，首先，输入文档，其中包括存储数据的模糊时空 XML 文档和查询条件 Twig。其次，有了存储数据的文档和查询条件之后，进入查询的执行处理过程，在查询处理过程中首先进行节点的匹配，其中包括节点所在路径的匹配和节点内容的匹配，只有在节点的内容和路径结构都满足查询条件时，该节点才被认为是匹配的。将匹配的节点进行匹配节点栈的建立，并根据匹配节点个数对叶子节点进行排序，确定叶子节点的处理顺序。在确定了叶子节点的处理顺序后，按照该顺序进行叶子节点匹配结果链表的建立，并从叶子节点向根节点进行内部节点的结果链表的建立。最后，叶子节点结果链表和内部节点的结果链表共同构成本模糊时空 XML 数据查询系统的查询结果，并将最终结果返回查询系统的结果显示区域。本章的模糊时空 XML 数据查询系统的界面如图 11.2 所示。

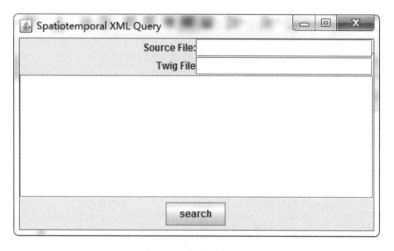

图 11.2　查询系统界面

　　在 Source Files 栏输入 XML 文档路径，在 Twig File 栏输入 Twig 查询条件。单击 search 按钮触发查询事件，执行第 10 章提出的查询算法。中间空白区域为结果显示区域，最终查询结果在该区域显示。查询系统的类图如图 11.3 所示。

　　整个查询系统中主要包含七个类：UserInterface、FSTTwigFast、DBLSort、BuildList、DeweyCode、LocatedMatchedLabel、Fitness。UserInterface 类主要包含 init()函数，实现界面的初始化；并调用 FSTTwigFast 类中的 query 函数执行查询，查询结束后调用 outputSolution 函数将查询结果显示在界面的结果显示区。FSTTwigFast 算法调用 DBLSort 类中的 DBLSort 函数，对匹配的节点进行排序确定处理顺序，并对排序后的节点调用 BuildList 类中的 buildLists 函数和 buildInternalList 函数建立结果链表。在 DBLSort 函数中需要调用 DeweyCode 类

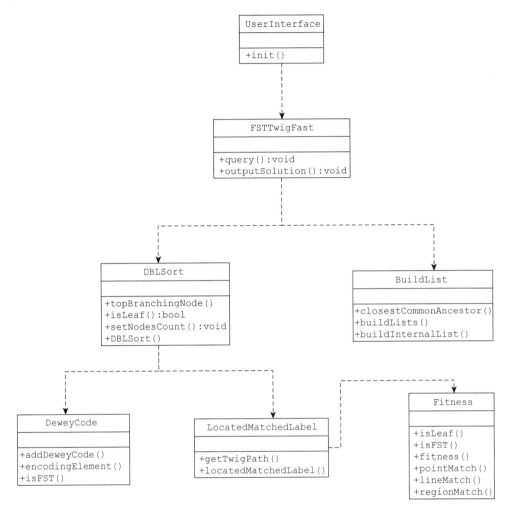

图 11.3　查询系统类图

中的 encodingElement 函数，对 XML 文档中的节点进行扩展的 Dewey 编码，并调用 LocatedMatchedLabel 类中的 locatedMatchedLabel 函数，确定与查询小枝中的查询节点相匹配的节点。在节点匹配过程中调用 Fitness 类中的 fitness 函数确定节点是否匹配，其中包括一般属性、时空点 pointMatch、时空线 lineMatch 和时空面 regionMatch 的匹配。执行查询操作之后结果显示在用户界面。

　　查询结果在用户界面的显示如图 11.4 所示。查询过程匹配到与带有模糊时空信息的查询 Twig 完全匹配的整体结果，并以 XML 文档的规范形式显示在用户界面的结果显示空白区域。

图 11.4　查询结果显示图

11.2　查询系统的应用

随着地理信息系统的不断发展，基于时空查询的研究具有越来越重要的学术和应用价值。在实际应用中，时空数据并不都是精确的，模糊性是时空数据固有的属性之一。XML 作为新一代互联网信息交换的标准之一，应该具有查询模糊时空数据的能力。因此，本章进行模糊时空 XML 数据查询系统的建立。模糊时空 XML 数据查询系统应用十分广泛，在天气预报系统、交通管制、灾害监测以及地籍管理等领域都有着广泛的应用。本节将从不同应用方向对本章建立的模糊时空 XML 数据查询系统进行详细的应用说明。

应用 1：城市降雨量是城市自然灾害监控的一个重要指标，降雨量分布随着城市区域的不同表现出差异性。图 11.5 所示为 2016 年 10 月 18 日中国香港降雨分布[36]，不同区域的降雨量大小采用具有数值含义的不同颜色加以区分，查询当天香港发生洪涝自然灾害的区域。

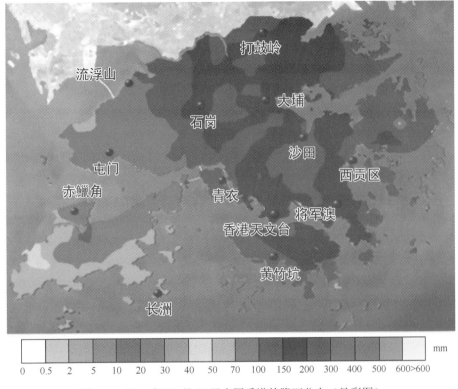

图 11.5　2016 年 10 月 18 日中国香港的降雨分布（见彩图）

该查询的查询过程及分析如下。

（1）本应用中查询香港受洪涝灾害区域问题，是一个对模糊时空域查询的应用，降雨量多少并不能完全定义一个地区是否受到洪涝灾害，只是降雨量大的区域发生洪涝灾害的可能性大一些。因此，本应用中的遭受洪涝灾害区域是一个模糊概念，需要对发生洪涝灾害这一模糊性概念进行定义。在洪涝灾害模糊度定义过程中，x 表示降雨量大小，以 $x = 400$ 为模糊函数的分界点，分界点及其以上的模糊度为 1，定义为必定受到洪涝灾害；以降雨量大小为 150mm（记为 y）作为起始点，定义为可能发生洪涝灾害。起始点模糊度为 0，以 0～1 的概率值定义发生洪涝灾害的模糊度，其中，0 表示未受到洪涝灾害，1 表示必然受到洪涝灾害，随着模糊度值的增加，各区域遭受洪涝灾害的可能性增大，洪涝灾害的模糊度函数定义为

$$f(x) = \begin{cases} 0, & x \leqslant y \\ (x-y)/(400-y), & y < x < 400 \\ 1, & x \geqslant 400 \end{cases} \qquad (11.1)$$

（2）确定了灾害模糊度函数之后，查询函数对时间属性进行过滤，选取 2016 年 10 月 18 日香港各地区的降雨量信息。

（3）经过时间属性过滤之后，查询函数对降雨量进行过滤，查找符合查询条件的区域。根据灾害模糊度函数定义可知：降雨量在 150～200mm 的地区发生洪涝灾害的模糊度为 0～0.2；降雨量在 200～300mm 的地区发生洪涝灾害的模糊度为 0.2～0.6；降雨量在 300～400mm 的地区发生洪涝灾害的模糊度为 0.6～1。

（4）返回查询结果，即 2016 年 10 月 18 日暴雨发生时香港可能发生洪涝灾害的地区。查询结果见图 11.6 中各颜色对应的区域，其中各地区发生灾害的模糊度大小也标注在对应的区域。

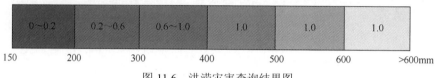

图 11.6　洪涝灾害查询结果图

本章查询系统返回的结果如图 11.7 所示。本章的模糊时空 XML 数据查询系统返回的结果显示：2016 年 10 月 18 日香港发生的暴雨中可能存在四个区域发生洪涝灾害；这四个区域分别是 Sha Tin、Shek Kong、Wong Chuk Kong 和 Ta Kwu Ling。返回结果中的＜name＞＜/name＞标记对中表示可能发生洪涝灾害的区域名字；＜FSTR＞＜/FSTR＞标记对表示的是其中信息包含的是时空区域信息。例如，Sha Tin 区域的灾害情况，在＜FSTR＞＜/FSTR＞标记对中，＜time＞＜/time＞标记对中的"16101800, 16101900"表示的是降雨发生在 2016 年 10 月 18 日 0 点到 2016 年 10 月 19 日 0 点，即 2016 年 10 月 18 日全天发生的降雨；＜space＞＜/space＞标记对中的"（114.22，22.26），15，0.7，21，0.2"表示的是该地区中心区域的经纬度分别是 114.22°和 22.26°，中心向外 15km 范围内发生的洪涝灾害严重程度为 0.7，15～21km 内发生洪涝灾害的严重程度为 0.2。

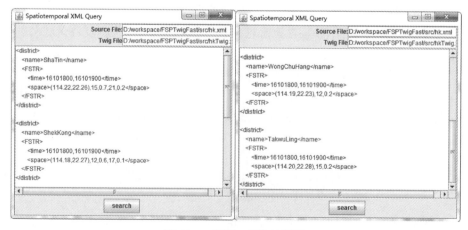

图 11.7　应用一查询结果图

本应用中查询的是模糊时空域，查询结果可以再次应用。现有一名胜古迹在香港某一区内，在这次暴雨过后，想要查询该古迹是否遭受洪涝灾害。

将上述查询结果形成 XML 文档数据库，由于查询结果中都是 2016 年 10 月 18 日遭受洪涝灾害区域，在此查询过程中省去了对时间信息的过滤，只需对该古迹地址与当日香港遭受洪涝灾害区域进行匹配即可。该应用在本节的查询过程中是一个点在区域内的匹配过程。只需确定该古迹与洪涝灾害区域中心点之间的距离 $d<r$，其中，r 是遭受洪涝灾害区域的半径，遭受洪涝灾害的模糊度为该古迹所在洪涝灾害的环形区域的模糊度。

本章实现的模糊时空 XML 数据查询系统可以应用在发生暴雨时查询发生洪涝灾害区域，通过降雨量的信息查询受灾区域，同时可以对某个固定区域暴雨过后的受灾情况进行查询。此时该应用就是一个模糊时空 XML 区域的匹配问题，即这部分提出的两个区域中心点与区域半径的关系满足 $|r-r_q| \geqslant o_1o_2$。确定查询条件所在区域之后就可以知道该区域的降雨量，从而确定该区域的洪涝灾害情况。同时，本章提出的模糊时空 XML 数据查询系统也可以确定香港某一地点在暴雨中是否发生洪涝灾害。

应用 2：城市道路交通错综复杂，两个地点之间的路线并不唯一。从一个地点到另一个地点的路线有多种，但是有时需要避开交通拥堵路段，如救护车派遣问题。如图 11.8 所示，东北大学秦皇岛分校需要一辆救护车，离它最近的秦皇岛市中医院进行救护车派遣，图中所示有三条线路 L_1、L_2 和 L_3[37]。在车辆派遣之前选定预计行驶的路线为 L_2，现要查询该条行驶路线的交通状况。

图 11.8　道路交通监控实例图

L_1、L_2 和 L_3 是三条空间中的路线。根据三条路线的形状以及交叉路口出现的位置，可以将三条路线分解为多个子线段集。空间中的线段 L_1 被分解的线段集为 $\{P_0P_1, P_1P_9\}$；线段 L_2 被分解的线段集为 $\{P_0P_1, P_1P_2, P_2P_3, P_3P_7, P_7P_8, P_8P_9\}$；线段 L_3 被分解的线段集为 $\{P_0P_1, P_1P_2, P_2P_4, P_4P_5, P_5P_6, P_6P_8, P_8P_9\}$。

本应用中需要查询的是在三条从秦皇岛市中医院到东北大学秦皇岛分校的行驶路线中，路线 L_2 的拥堵情况。本章的查询系统在此应用中的处理过程如下。

本应用中查询路线 L_2 的拥堵情况是一个模糊性问题，是否拥堵并不能完全严格定义。本应用中通过路线上的红绿灯处的车辆数反映该条路线发生拥堵的模糊度。以红绿灯路口处车辆数 $x = 100$ 定义为必定发生拥堵，此时的模糊度为 1；以红绿灯路口处车辆数 30（记为 y）表示该处可能发生拥堵，模糊度定义为 0；随着模糊度值在 0～1 的增加，发生交通拥堵的可能性增加。交通拥堵情况的模糊度函数定义如下

$$f(x) = \begin{cases} 0, & x \leqslant y \\ (x-y)/(100-y), & y < x < 100 \\ 1, & x \geqslant 100 \end{cases} \tag{11.2}$$

（1）确定模糊度函数之后，对时间属性进行过滤，XML 中存储的有各个时间点的三条路线上的红绿灯路口处的车辆数，将不是当前时间的数据过滤掉。

（2）在过滤了时间属性之后，本章查询系统对三条线路的空间信息进行过滤。此查询过程是一个线和线之间的匹配过程。应用第 10 章提出的线段间的匹配，它要求查询条件中的线段在 XML 文档中的某条线段上视为匹配。图中三条线路被对应地分解为线段集合，每条线路由对应的线段集合中的线段组成，路线 L_2 被分解的线段集为 $\{P_0P_1, P_1P_2, P_2P_3, P_3P_7, P_7P_8, P_8P_9\}$，现要在存有各条路线的 XML 文档中匹配到 L_2 路线，只需对 L_2 路线分解的各个子线段是否在从秦皇岛市中医院到东北大学秦皇岛分校的某条路线上进行判断。

（3）将查询结果反馈到本章的查询系统进行显示。结果显示 L_2 各子线段的拥堵情况，整条线路的拥堵模糊度为各子线段的模糊度的最大值。

本节查询系统返回的结果如图 11.9 所示。本节的模糊时空 XML 查询系统返回在行驶路线 XML 文档中匹配到的 L_2 路线。路线 L_2 被分解的线段集为 $\{P_0P_1, P_1P_2, P_2P_3, P_3P_7, P_7P_8, P_8P_9\}$，各子线段上的拥堵状况在相应的线段中标注。由查询结果可知，L_2 路线上发生拥堵状况的模糊度为该路线的各子线段的模糊度的最大值，因此，L_2 路线发生拥堵的可能性为 0.6。

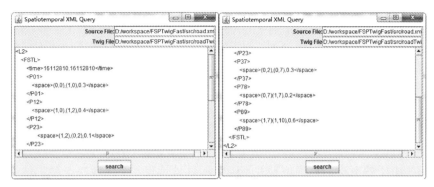

图 11.9 应用二查询结果图

医院在派遣救护车前对可以到达事发地点的几条路线进行道路交通情况查询，避免救护车驶入交通拥堵路段，从而达到救护车以最快速度到达事发地点的目的。本章的模糊时空 XML 数据查询系统可以查询出救护车派遣前一时刻各条行驶路线的拥堵情况，从而确定救护车选择该路线是否适合。

应用 3：车辆调配是模糊时空数据的一大重要应用。现有一车辆管理公司，在早上 7:30 所有车辆外出去加油站加油，7:35 公司急需一辆车去秦皇岛市第八中学。各辆车选择的加油地点不同，可能出现在图 11.10 所示的 1～7 号位置中的任何一个，每辆车所在的位置是模糊的，模糊度标志着每辆车出现在每个加油站的可能性。在众多车辆中寻找离目的地最近的一辆，是进行这次车辆调配的关键问题。距离秦皇岛市第八中学最近的是 5 号加油站，可以寻找可能出现在 5 号加油站的车辆，并对模糊度较高的车辆进行核实调遣。本应用中查询的是出现在 5 号加油站，并且模糊度高于 0.5 的车辆。

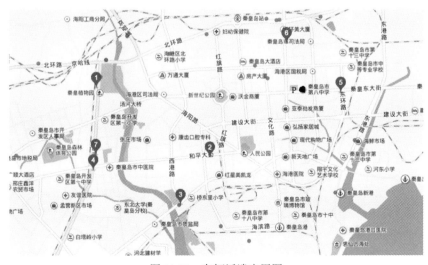

图 11.10 车辆派遣应用图

该应用在本节提出的模糊时空 XML 数据查询系统中的处理过程如下。

（1）将车辆信息存储在 XML 文档中，并根据每辆车以往选择的加油站以及车辆公司与加油站的距离等因素，给定每辆车在每个加油站的模糊度。由于本应用是实际应用的简化版，对于本应用中的模糊度数据自行给定一个值进行演示，说明所创建系统的可应用领域。

（2）将 5 号加油站与各车的位置信息进行匹配，寻找到可能出现在 5 号加油站的车辆。

（3）由于各辆车的精确位置并不确定，只是具有一个出现在 5 号加油站的模糊度，本应用中要求出现在 5 号加油站的模糊度不得低于 0.5。在这一环节中需要进行模糊度过滤，将模糊度值低于 0.5 的车辆排除。

（4）返回可能出现在 5 号加油站的车辆，以及各车辆出现在 5 号加油站的模糊度，并根据模糊度从高到低的顺序对车辆进行核实调配。

本节的查询系统返回的结果如图 11.11 所示。在此次查询过程中匹配到两辆车可能在 5 号加油站加油，并且模糊度值都大于 0.5。此应用中查询出的结果是带有一定模糊度的模糊数据，只标志着一定的可能性，需要管理人员根据模糊度值从大到小进行核实，一经核实确实在 5 号加油站即可进行调配。

通过以上应用分析可知，本章的模糊时空 XML 数据查询系统在很多领域都可以有很好的应用。根据不同的应用领域设置不同的数据以及查询条件，这部分提出的查询算法都可以很好地实现相应的查询功能。

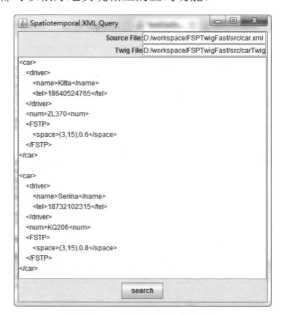

图 11.11　应用三查询结果图

11.3　本 章 小 结

　　本章进行模糊时空 XML 数据查询系统建立工作，主要从系统设计和查询系统应用两方面介绍本章的工作。首先在系统设计阶段，描述了查询系统的各模块以及查询处理流程并展示了查询结果。在建立查询系统之后，从洪涝监控、道路拥堵情况查询以及车辆调配三方面阐述了本章的查询系统在各领域中的应用。面对不同应用领域的数据类型和查询条件，这部分提出的查询核心算法都可以很好地实现查询功能。其中，对于不同领域应用，还需要对查询系统进行不同的、更具专业特色的相关扩展。同时，本章建立的模糊时空 XML 数据查询系统在查询其他具有时空数据的领域也可以得到很好的应用。

参 考 文 献

[1]   Abiteboul S, Quass D, Mchugh J, et al. The Lorel query language for semistructured data. International Journal on Digital Libraries, 1997, 1 (1): 68-88.

[2]   Deutsch A, Fernandez M, Florescu D, et al. A query language for XML. Computer Networks, 1998, 31 (11-16): 1155-1169.

[3]   Robie J, Lapp J, Schah D. XML query language (XQL). Proceedings of the W3C Query Language Workshop (QL'98), 1998: 3-4.

[4]   Chamberlin D, Robie J, Florescu D. Quilt: An XML query language for heterogeneous data sources//The World Wide Web and Databases. Berlin: Springer, 2000: 53-62.

[5]   Chamberlin D. XQuery: A query language for XML//ACM SIGMOD International Conference on Management of Data. ACM, 2003: 682-682.

[6]   Bai L Y, Yan L, Ma Z M. Determining topological relationship of fuzzy spatiotemporal data integrated with XML Twig pattern. Applied Intelligence, 2013, 39 (1): 75-100.

[7]   Ferreira N, Poco J, Vo H T, et al. Visual exploration of big spatio-temporal urban data: A study of New York city taxi trips. IEEE Transactions on Visualization and Computer Graphics, 2013, 19 (12): 2149-2158.

[8]   Pfoser D, Tryfona N. Requirements, definitions and notations for spatiotemporal application environments//ACM International Symposium on Advances in Geographic Information Systems. ACM, 1998: 124-130.

[9]   Obeid N. A formalism for representing and reasoning with temporal information, event and change. Applied Intelligence, 2005, 23 (2): 109-119.

[10]   Hu L, Ku W S, Bakiras S, et al. Spatial query integrity with voronoi neighbors. IEEE Transactions on Knowledge and Data Engineering, 2013, 25 (4): 863-876.

[11]   Pelekis N, Theodoulidis B, Kopanakis I, et al. Literature review of spatio-temporal database models. The Knowledge Engineering Review, 2004, 19 (3): 235-274.

[12]   Baharam M, Peay K G, Tedersoo L. Local-scale biogeography and spatiotemporal variability in communities of mycorrhizal fungi. New Phytologist, 2015, 205 (4): 1454-1463.

[13]   Emrich T, Kriegel H P, Mamoulis N, et al. Indexing uncertain spatio-temporal data//ACM International Conference on Information and Knowledge Management. ACM, 2012: 395-404.

[14]   Sözer A, Yazici A, Oğuztüzün H. Indexing fuzzy spatiotemporal data for efficient querying: A meteorological application. IEEE Transactions on Fuzzy Systems, 2015, 23 (5): 1399-1413.

[15]   Sözer A, Yazici A, Oğuztüzün H. Modeling and querying fuzzy spatiotemporal databases. Information Sciences, 2008, 178 (19): 3665-3682.

[16] Rizzolo F, Vaisman A A. Temporal XML: Modeling, indexing and query processing. Very Large Data Bases, 2008, 17 (5): 1179-1212.

[17] Claramunt C, Thériault M. Managing time in GIS an event-oriented approach//Recent Advances in Temporal Databases, Proceedings of the International Workshop on Temporal Databases. DBLP, 1995: 23-42.

[18] Senellart P, Abiteboul S. On the complexity of managing probabilistic XML data//ACM SIGMOD-SIGACT-SIGART Symposium on Principles of Database Systems. ACM, 2007: 283-292.

[19] Open GIS Consortium Inc. geography markup language (GML). http: //www. opengis. net/gml/ 01-029/GML2. html.

[20] Zadeh L A. Fuzzy sets as a basis for a theory of possibility. Fuzzy Sets and Systems, 1978, 1 (1): 3-28.

[21] Buckles B P, Petry F E. A fuzzy representation of data for relational databases. Fuzzy Sets and Systems, 1982, 7 (3): 213-226.

[22] Bai L Y, Yan L, Ma Z M. Querying fuzzy spatiotemporal data using XQuery. Integrated Computer-Aided Engineering, 2014, 21 (2): 147-162.

[23] Huang B, Yi S, Chan W T. Spatio-temporal information integration in XML. Future Generation Computer Systems, 2004, 20 (7): 1157-1170.

[24] Bai L, Yan L, Ma Z M, et al. Incorporating fuzziness in spatiotemporal XML and transforming fuzzy spatiotemporal data from XML to relational databases. Applied Intelligence, 2015, 43 (4): 707-721.

[25] Bai L, Lin Z, Xu C. Spatiotemporal operations on spatiotemporal XML data using XQuery// International Conference on Natural Computation, Fuzzy Systems and Knowledge Discovery (ICNC-FSKD). IEEE, 2016: 1278-1282.

[26] Bai L, Yan L, Ma Z M. Fuzzy spatiotemporal data modeling and operations in XML. Applied Artificial Intelligence, 2015, 29 (3): 259-282.

[27] Nørvåg K. Temporal query operators in XML databases//ACM Symposium on Applied Computing. ACM, 2002: 402-406.

[28] Chang Y S, Park H D. XML Web service-based development model for Internet GIS applications. International Journal of Geographical Information Science, 2006, 20 (4): 371-399.

[29] Córcoles J E, González P. Using RDF to query spatial XML//Web Engineering-International Conference. DBLP, 2004: 316-329.

[30] Chen Y, Revesz P. Querying spatiotemporal XML using DataFox//Web Intelligence, IEEE/WIC International Conference on. IEEE, 2003: 301-309.

[31] Bruno N, Koudas N, Srivastava D. Holistic Twig joins: Optimal XML pattern matching//ACM SIGMOD International Conference on Management of Data. ACM, 2002: 310-321.

[32] Lu J, Ling T W, Chan C Y, et al. From region encoding to extended dewey: On efficient processing of XML Twig pattern matching//International Conference on Very Large Databases. VLDB Endowment, 2005: 193-204.

[33] Lu J, Chen T, Ling T W. Efficient processing of XML twig patterns with parent child edges: A look-ahead approach//ACM International Conference on Information and Knowledge Management. ACM, 2004: 533-542.

[34] Hurricane forecast of Atlantic. https: //www. wunderground. com/?MR = 1.

[35] Liu J, Ma Z M, Qv Q. Dynamically querying possibilistic XML data. Information Sciences, 2014, 261 (4): 70-88.

[36] Rainfall distribution of Hong Kong in October 18, 2016. http: //www. weather. gov. hk/wxinfo/ rainfall/isohyet_daily. shtml?form = rfmap&Selmonth = 10&Selday = 19.

[37] Data of application. http: //map. baidu. com.

彩 图

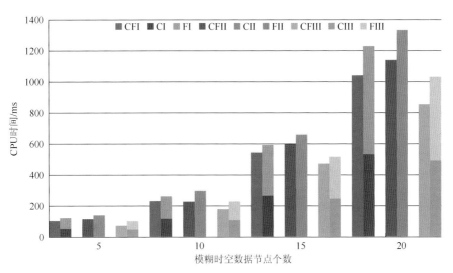

图 4.7　检查和修复不一致性的 CPU 时间

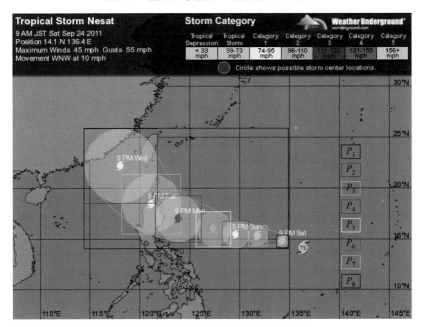

图 5.6　热带风暴 Nesat 的轨迹

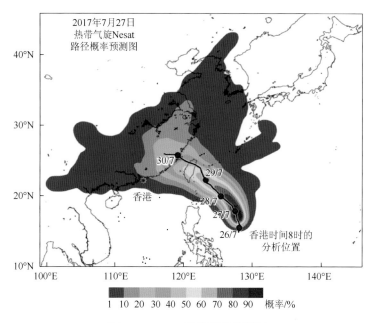

图 6.10　Nesat 路径概率预测图

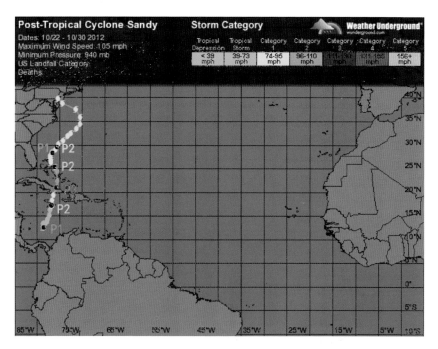

图 8.6　热带气旋 Sandy 的运行轨迹图

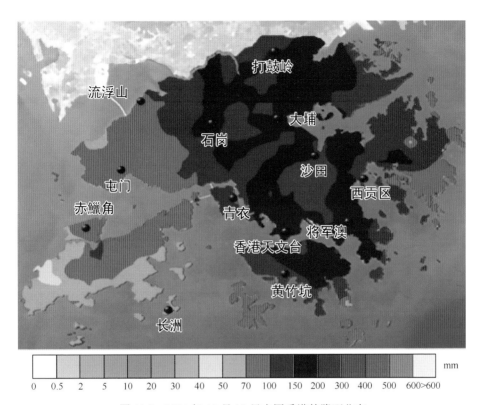

图 11.5 2016 年 10 月 18 日中国香港的降雨分布